21世纪普通高校计算机公共课程规划教材

大学计算机基础

（Windows 7+Office 2010）（第三版）

张开成 主编

陈东升 蒋传健 王宁 杨军 杨巧梅 崔婷婷 副主编

清华大学出版社

北京

内 容 简 介

本书是根据教育部《关于进一步加强高等学校计算机基础教学的意见》和《高等学校非计算机专业计算机基础课程教学基本要求》中的有关规定,并结合计算机的最新发展技术以及高等学校计算机基础课程深入改革的最新动向编写而成的。

本书主要内容包括计算机基础知识、Windows 7 操作系统、Word 2010 文字处理、Excel 2010 电子表格处理、PowerPoint 2010 演示文稿、数据库技术基础、计算机网络基础与应用和网页制作,概念清楚、层次清晰、注重实践、实用性强。本书还有配套的《大学计算机基础上机实验指导教程(Windows 7＋Office 2010)》(第三版)作为教学参考用书,用于指导学生上机操作和自主学习。

本书不仅可以作为高等学校各专业计算机基础课程的教材、教学参考书以及全国计算机等级考试(一级)、Office 二级和相关培训的教材,还可以作为广大计算机爱好者的自学用书。

图书在版编目(CIP)数据

大学计算机基础:Windows 7＋Office 2010/张开成等主编. —3 版. —北京:清华大学出版社,2018
(2021.6 重印)
 (21 世纪普通高校计算机公共课程规划教材)
 ISBN 978-7-302-50677-5

Ⅰ.①大… Ⅱ.①张… Ⅲ.①Windows 操作系统－高等学校－教材 ②办公自动化－应用软件－高等学校－教材 Ⅳ.①TP316.7 ②TP317.1

中国版本图书馆 CIP 数据核字(2018)第 161081 号

责任编辑:贾 斌 王冰飞
封面设计:何凤霞
责任校对:胡伟民
责任印制:沈 露

出版发行:清华大学出版社
 网 址:http://www.tup.com.cn,http://www.wqbook.com
 地 址:北京清华大学学研大厦 A 座 邮 编:100084
 社 总 机:010-62770175 邮 购:010-62786544
 投稿与读者服务:010-62776969,c-service@tup.tsinghua.edu.cn
 质量反馈:010-62772015,zhiliang@tup.tsinghua.edu.cn
 课件下载:http://www.tup.com.cn,010-62795954
印 装 者:小森印刷霸州有限公司
经 销:全国新华书店
开 本:185mm×260mm 印 张:20.5 字 数:515 千字
版 次:2014 年 6 月第 1 版 2018 年 11 月第 3 版 印 次:2021 年 6 月第 15 次印刷
印 数:35001～40000
定 价:49.00 元

产品编号:079446-01

出 版 说 明

　　随着我国改革开放的进一步深化,高等教育也得到了快速发展,各地高校紧密结合地方经济建设发展需要,科学运用市场调节机制,加大了使用信息科学等现代科学技术提升、改造传统学科专业的投入力度,通过教育改革合理调整和配置了教育资源,优化了传统学科专业,积极为地方经济建设输送人才,为我国经济社会的快速、健康和可持续发展以及高等教育自身的改革发展做出了巨大贡献。但是,高等教育质量还需要进一步提高以适应经济社会发展的需要,不少高校的专业设置和结构不尽合理,教师队伍整体素质亟待提高,人才培养模式、教学内容和方法需要进一步转变,学生的实践能力和创新精神亟待加强。

　　教育部一直十分重视高等教育质量工作。2007 年 1 月,教育部下发了《关于实施高等学校本科教学质量与教学改革工程的意见》,计划实施"高等学校本科教学质量与教学改革工程(简称'质量工程')",通过专业结构调整、课程教材建设、实践教学改革、教学团队建设等多项内容,进一步深化高等学校教学改革,提高人才培养的能力和水平,更好地满足经济社会发展对高素质人才的需要。在贯彻和落实教育部"质量工程"的过程中,各地高校发挥师资力量强、办学经验丰富、教学资源充裕等优势,对其特色专业及特色课程(群)加以规划、整理和总结,更新教学内容、改革课程体系,建设了一大批内容新、体系新、方法新、手段新的特色课程。在此基础上,经教育部相关教学指导委员会专家的指导和建议,清华大学出版社在多个领域精选各高校的特色课程,分别规划出版系列教材,以配合"质量工程"的实施,满足各高校教学质量和教学改革的需要。

　　本系列教材立足于计算机公共课程领域,以公共基础课为主、专业基础课为辅,横向满足高校多层次教学的需要。在规划过程中体现了如下一些基本原则和特点。

　　(1) 面向多层次、多学科专业,强调计算机在各专业中的应用。教材内容坚持基本理论适度,反映各层次对基本理论和原理的需求,同时加强实践和应用环节。

　　(2) 反映教学需要,促进教学发展。教材要适应多样化的教学需要,正确把握教学内容和课程体系的改革方向,在选择教材内容和编写体系时注意体现素质教育、创新能力与实践能力的培养,为学生知识、能力、素质协调发展创造条件。

　　(3) 实施精品战略,突出重点,保证质量。规划教材把重点放在公共基础课和专业基础课的教材建设上;特别注意选择并安排一部分原来基础比较好的优秀教材或讲义修订再版,逐步形成精品教材;提倡并鼓励编写体现教学质量和教学改革成果的教材。

　　(4) 主张一纲多本,合理配套。基础课和专业基础课教材配套,同一门课程有针对不同层次、面向不同专业的多本具有各自内容特点的教材。处理好教材统一性与多样化,基本教材与辅助教材、教学参考书,文字教材与软件教材的关系,实现教材系列资源配套。

　　(5) 依靠专家,择优选用。在制定教材规划时要依靠各课程专家在调查研究本课程教材建设现状的基础上提出规划选题。在落实主编人选时,要引入竞争机制,通过申报、评审确定主题。书稿完成后要认真实行审稿程序,确保出书质量。

　　繁荣教材出版事业,提高教材质量的关键是教师。建立一支高水平教材编写梯队才能保证教材的编写质量和建设力度,希望有志于教材建设的教师能够加入到我们的编写队伍中来。

21 世纪普通高校计算机公共课程规划教材编委会

联系人:魏江江 weijj@tup.tsinghua.edu.cn

前　言

根据各用书高校和读者们的意见反馈,编者在第二版的基础上对第 1～6 章的教学内容做了局部调整和修改,对第 7、8 章的教学内容进行了重新布局和编写。本书经修改后更加紧贴实际、紧贴应用,更便于教师教和学生学。本书可以与同期出版的《大学计算机基础上机实验指导教程(Windows 7＋Office 2010)》(第三版)配套使用,也可以单独使用。

修改后本书的主要内容包括计算机基础知识、Windows 7 操作系统、Word 2010 文字处理、Excel 2010 电子表格处理、PowerPoint 2010 演示文稿、数据库技术基础、计算机网络基础与应用和网页制作。各章内容相对独立,读者可以根据实际情况有选择地学习。

本书经修改后仍保留如下特点:

* 内容新颖,涵盖了计算机应用基础课程及全国计算机等级考试(一级)和 Office 二级考试大纲所要求的基本知识点,注重反映计算机发展的新技术,体现了高等教育教学改革的新思路,内容具有先进性。
* 体系完整、结构清晰、内容全面、讲解细致、图文并茂。
* 面向应用,突出技能,理论部分简明,应用部分翔实。书中所举实例都是编者从多年积累的教学经验中精选出来的,具有很强的代表性、实用性和可操作性。
* 本书将"计算机基础操作和汉字录入"列入第 1 章教学内容,其目的在于在进行第 1 章理论教学的同时便可进入实验,使讲课内容与教材内容相一致,从而克服了过去为了上机操作先讲第 2 章操作系统使得讲课内容和教材内容不一致的矛盾。

本书由张开成任主编,陈东升、蒋传健、王宁、杨军、杨巧梅、崔婷婷任副主编。本书的第 1、4 章由张开成编写,第 2 章由杨军编写,第 3 章由蒋传健编写,第 5 章由王宁编写,第 6 章由陈东升编写,第 7 章由杨巧梅编写,第 8 章由崔婷婷编写。全书由张开成统稿、定稿。

为配合各用书高校的教学,编者精心设计和制作了与教材内容相配套的教学课件、案例素材库、扩展的习题库及解答、考试题库和考试系统等,需要有关资料的教师可以访问清华大学出版社的网站,进入相关网页下载资源。

限于编者的水平,且时间仓促,书中难免有不妥之处,恳请读者不吝赐教。

编　者

2018 年 5 月

目 录

VII

第 1 章   计算机基础知识

计算机是 20 世纪人类最伟大的科技发明之一，是现代科技史上最辉煌的成果之一，它的出现标志着人类文明已进入一个崭新的历史阶段。如今，计算机的应用已渗透到社会的各个领域，它不仅改变了人类社会的面貌，而且正改变着人们的工作、学习和生活方式。在信息化社会中，掌握计算机的基础知识及操作技能是人们应具备的基本素质。本章将从计算机的发展起源讲起，介绍计算机的特点、分类、组成以及计算机中的信息表示、基础操作、多媒体技术和病毒防治等。

学习目标：

- 了解计算机的发展史、特点、分类及应用领域。
- 理解计算机系统的组成、计算机的性能和技术指标。
- 掌握 4 种进位记数制及相互转换，熟悉 ASCII 码，了解汉字编码。
- 熟悉计算机基础操作和汉字录入。
- 了解计算机病毒及其防治常识。
- 了解多媒体的基本概念及多媒体计算机的组成。

1.1   计算机概述

计算机是一种能够在其内部指令控制下运行，并能够自动、高速和准确地处理信息的现代化电子设备。它通过输入设备接收字符、数字、声音、图片和动画等数据；通过中央处理器进行计算、统计、文档编辑、逻辑判断、图形缩放和色彩配置等数据处理；通过输出设备以文档、声音、图片或各种控制信号的形式输出处理结果；通过存储器将数据、处理结果和程序存储起来以备后用。1946 年，世界上第一台计算机诞生，迄今为止已有 70 多年的历史，计算机技术得到了飞速发展。目前，计算机的应用非常广泛，已应用到工业、农业、科技、军事、文教卫生和家庭生活等各个领域，计算机已成为当今社会中人们分析问题和解决问题的重要工具。

1.1.1   计算机的起源与发展

计算机最初是为了计算弹道轨迹而研制的。世界上第一台计算机 ENIAC 于 1946 年诞生于美国宾夕法尼亚大学，该机的主要元件是电子管，重量达 30t，占地面积约 170m²，功率为 150kW，运算速度为 5000 次/秒。尽管它是一个庞然大物，但由于是最早问世的一台数字式电子计算机，所以人们公认它是现代计算机的始祖。在研制 ENIAC 计算机的同时，另外两位科学家冯·诺依曼与莫尔合作研制了 EDVAC，它采用存储程序方案，即程序和数据一样都存储在内存中，此种方案沿用至今。所以，现在的计算机都被称为以存储程序原理为基础的冯·诺依曼型计算机。

半个多世纪以来,计算机的发展突飞猛进。从逻辑器件的角度来看,计算机已经历了如下4个发展阶段。

第一代(1946—1958年)为电子管计算机,主要标志是逻辑器件采用电子管。其内存为磁鼓,外存为磁带,机器的总体结构以运算器为中心,使用机器语言或汇编语言编程,运算速度为几千次每秒。这一时期的计算机运算速度慢、体积较大、重量较重、价格较高、应用范围小,主要应用于科学和工程计算。

第二代(1959—1964年)为晶体管计算机,主要标志是逻辑器件采用晶体管。其内存为磁芯存储器,外存为磁盘,运算速度为几万次每秒到几十万次每秒,使用高级语言(例如Fortran、COBOL)编程,在软件方面还出现了操作系统。这一时期的计算机运算速度大幅度提高,重量减轻、体积显著减小,功耗降低,提高了可靠性,应用也愈来愈广,主要应用领域为数值运算和数据处理。

第三代(1965—1970年)为集成电路计算机,主要特征是逻辑器件采用集成电路。其内存除了磁芯以外,还出现了半导体存储器,外存为磁盘,运算速度为几千万次每秒,机器种类标准化、模块化、系列化,已成为计算机的指导思想,采用积木式结构及标准输入/输出接口,使用高级语言编程,用操作系统来管理硬件资源。这一时期的计算机体积减小,功耗、价格等进一步降低,而速度及可靠性有更大的提高,主要应用领域为信息处理(例如处理数据、文字、图形图像等)。

第四代(1971年至今)为大规模和超大规模集成电路计算机,主要特征是逻辑器件采用大规模和超大规模集成电路,实现了电路器件的高度集成化。其内存为半导体集成电路,外存为磁盘、光盘,运算速度可达几亿次每秒。第四代计算机的出现使得计算机的应用进入一个全新的领域,这也正是微型计算机诞生的时代。

从20世纪80年代开始,各发达国家先后开始研究新一代计算机,其采用一系列高新技术,将计算机技术与生物工程技术等边缘学科结合起来,是一种非冯·诺依曼体系结构的、人工神经网络的智能化计算机系统,这就是人们常说的第五代计算机。

1.1.2 计算机的发展趋势及展望

1. 计算机的发展趋势

目前,以超大规模集成电路为基础,未来的计算机正朝着巨型化、微型化、网络化、智能化及多媒体化方向发展。

1) 巨型化

科学和技术不断发展,在一些科技尖端领域,要求计算机有更快的速度、更大的存储容量和更高的可靠性,从而促使计算机向巨型化方向发展。

2) 微型化

随着计算机应用领域的不断扩大,对计算机的要求也越来越高,人们要求计算机体积更小、重量更轻、价格更低,能够应用于各种领域、各种场合。为了迎合这种需求,出现了各种笔记本式计算机、膝上型和掌上型电脑等,这些都是向微型化方向发展的结果。

3) 网络化

网络化指将计算机组成更广泛的网络,以实现资源共享及信息通信。

4）智能化

智能化指使计算机具有类似于人类的思维能力，例如推理、判断、感知等。

5）多媒体化

数字化技术的发展能进一步改进计算机的表现能力，使人们拥有一个图文并茂、有声有色的信息环境，这就是多媒体技术。多媒体技术使现代计算机集图形、图像、声音、文字处理为一体，改变了传统的计算机处理信息的主要方式。传统的计算机是人们通过键盘、鼠标和显示器进行交互，而多媒体技术使信息处理的对象和内容发生了变化。

2. 对未来计算机的展望

按照摩尔定律，每过 18 个月，微处理器硅芯片上晶体管的数量就会翻一番。随着大规模集成电路工艺的发展，芯片的集成度越来越高。然而，硅芯片技术的高速发展同时也意味着硅技术越来越接近其物理极限，为此，世界各国的科研人员正在加紧研究开发新型计算机，在不久的将来，计算机从体系结构的变革到器件与技术的革新都将产生一次量的乃至质的飞跃，新型的量子计算机、光子计算机、生物计算机、纳米计算机等将会在 21 世纪走进人们的生活，遍布各个领域。

1）量子计算机

量子计算机是指利用处于多现实态下的原子进行运算的计算机，这种多现实态是量子力学的标志。量子计算机以处于量子状态的原子作为中央处理器和内存，利用原子的量子特性进行信息处理。一台具有 5000 个左右量子位的量子计算机可以在大约 30s 内解决传统超级计算机需要 100 亿年才能解决的素数问题。事实上，它们速度的提高是没有止境的。

目前，正在开发中的量子计算机有核磁共振（NMR）量子计算机、硅基半导体量子计算机、离子阱量子计算机 3 种类型。科学家们预测，在 2030 年将普及量子计算机。

2）光子计算机

光子计算机利用光作为信息的传输媒体，是一种利用光信号进行数字运算、逻辑操作、信息存储和处理的新型计算机。光子计算机的工作原理与电子计算机的工作原理基本相同，其本质区别在于光学器件替代了电子器件。电子计算机采用冯·诺依曼方式，用电流传送信息，在运算高速并行化时往往会使运算部分和存储部分之间的交换产生阻塞，从而造成"瓶颈"。光子计算机采用非冯·诺依曼方式，它以光作为信息载体来处理数据，运算部分通过光内连技术直接对存储部分进行高速并行存取。由于光子的速度为 300 000km/s，所以光速开关的转换速度要比电子的高数千倍，甚至几百万倍。另外，光子计算机的各级都能并行处理大量数据，并且能用全息的或图形的方式存储信息，从而大大增加了容量，它的存储容量是现代计算机的几万倍。

1990 年初，美国贝尔实验室制成世界上第一台光子计算机。目前，许多国家投入巨资进行光子计算机的研究。随着现代光学与计算机技术、微电子技术的结合，在不久的将来，光子计算机将成为人类普遍使用的工具。

3）生物计算机

生物计算机主要是由生物电子元件构成的计算机。生物计算机的主要原材料是生物工程技术产生的蛋白质分子，并以此作为生物芯片，利用有机化合物存储数据。在这种生物芯片中，信息以波的方式传播。当波沿着蛋白质分子链传播时会引起蛋白质分子链中单键、双键结构顺序的变化，它们就像半导体硅片中的载流子那样来传递信息。生物计算机的运算过程就是蛋白质分子与周围物理/化学介质的相互作用过程。计算机的转换开关由酶来充当,而程序则在酶合成系统本身和蛋白质的结构中极其明显地表示出来。

用蛋白质制造的计算机芯片,它的一个存储点只有一个分子大小,所以存储容量大,可以达到普通计算机的 10 亿倍;它构成的集成电路小,其大小只相当于硅片集成电路的十万分之一;它的运转速度更快,比当今最新一代计算机快 10 万倍,它的能量消耗低,仅相当于普通计算机的十亿分之一;它具有生物体的一些特点,具有自我组织、自我修复功能;它还可以与人体及人脑结合起来,听从人脑指挥,从人体中"吸收营养"。

生物计算机将具有比电子计算机和光子计算机更优异的性能。现在,世界上许多科学家正在研制生物计算机,不少科学家认为,有朝一日生物计算机将出现在科技舞台上,有可能彻底实现现有计算机无法实现的人类右脑的模糊处理功能和整个大脑的神经网络处理功能。

4) 纳米计算机

"纳米"是一个计量单位,一个纳米等于 10^{-9} m($1\text{nm}=10^{-9}$ m),大约是氢原子直径的 10 倍。应用纳米技术研制的计算机内存芯片,其体积不过数百个原子大小,相当于人的头发丝直径的千分之一,内存容量大大提升,性能大大增强,几乎不需要耗费任何能源。

目前,在以不同原理实现纳米计算机方面,科学家们提出电子式纳米计算机技术、基于生物/化学物质与 DNA 的纳米计算机、机械式纳米计算机、量子波相干计算机 4 种工作机制。它们有可能发展成为未来纳米计算机技术的基础。

展望未来,计算机的发展必然要经历很多新的突破。从目前的发展趋势来看,未来的计算机将是微电子技术、光学技术、超导技术和电子仿生技术相互结合的产物。第一台超高速全光数字计算机已由英国、法国、德国、意大利和比利时等国的 70 多名科学家和工程师合作研制成功,运算速度比电子计算机快 1000 倍。在不久的将来,超导计算机、神经网络计算机等全新的计算机也会诞生。届时,计算机技术将发展到一个更高、更先进的水平。

1.1.3 计算机的特点、分类与应用

1. 计算机的特点

计算机是一种可以进行自动控制、具有记忆功能的现代化计算工具和信息处理工具。计算机之所以具有很强的生命力,并得以飞速的发展,是因为计算机本身具有诸多特点,具体体现在以下几个方面。

1) 运算速度快

运算速度是计算机性能的重要指标之一。计算机的运算速度指的是单位时间内所能执行指令的条数,一般以每秒能执行多少个百万条指令来描述。现代的计算机运算速度已达到每秒亿亿次,使得许多过去无法处理的问题都能得以解决。

在 2016 年的全球超级计算机 500 强榜单中,中国"神威·太湖之光"的峰值计算速度达每秒 12.54 亿亿次,持续计算速度为每秒 9.3 亿亿次,性能功耗比为 60.51 亿次每瓦,3 项关键指标均排名世界第一。

2) 计算精度高

计算机采用二进制数字运算,随着表示数字的设备的增加而提高,再加上先进的算法,一般可达几十位甚至几百位有效数字的计算精度。

3）存储容量大

计算机具有完善的存储系统，可以存储大量的信息。计算机不仅提供了大容量的主存储器存储计算机工作时的大量信息，还提供了各种外存储器来保存信息，例如移动硬盘、优盘和光盘等，实际上存储容量已达到海量。

4）逻辑判断能力

计算机不仅能进行算术运算和逻辑运算，还能对各种信息（例如语言、文字、图形、图像、音乐等）通过编码技术进行判断或比较，进行逻辑推理和定理证明，从而使计算机能解决各种不同的数据处理问题。

5）自动化

计算机是由程序控制操作过程的，在工作过程中不需要人工干预，只要根据应用的需要将事先编制好的程序输入给计算机，计算机就能根据不同信息的具体情况做出判断，自动、连续地工作，完成预定的处理任务。利用计算机的这个特点，人们可以让计算机去完成那些枯燥乏味、令人厌烦的重复性劳动，也可以让计算机控制机器深入到人类躯体难以胜任的、有毒有害的场所作业，这就是计算机在过程控制中的应用。

6）通用性

计算机能够在各行各业得到广泛的应用，原因之一就是其具有很强的通用性。它可以将任何复杂的信息处理任务分解成一系列基本算术运算和逻辑运算，反映在计算机的指令操作中，按照各种规律要求的先后次序把它们组织成各种不同的程序存入存储器中。在计算机的工作过程中，这种存储指挥和控制计算机进行自动、快速的信息处理，并且十分灵活、方便，易于变更，这就使计算机具有了极大的通用性。

7）网络与通信功能

目前广泛应用的"因特网"（Internet）连接了全世界 200 多个国家和地区的数亿台各种计算机。网上的计算机用户可以共享网上资料、交流信息。

2. 计算机的分类

计算机的分类方法有很多种，按计算机处理的信号特点可分为数字式计算机、模拟式计算机和混合计算机；按计算机的用途可分为通用计算机和专用计算机；按计算机的性能和规模可分巨型机、大型通用机、微型机。

随着计算机科学技术的发展，各种计算机的性能指标均会不断提高，因此对计算机的分类方法也会有多种变化。本书将计算机分为以下 5 类。

1）服务器

服务器必须功能强大，具有很强的安全性、可靠性、联网特性以及远程管理和自动控制功能，具有很大容量的存储器和很强的处理能力。

2）工作站

工作站是一种高档微型计算机，与一般高档微型计算机不同的是，工作站具有更强的图形处理能力，支持高速的 AGP 图形端口，能运行三维 CAD 软件，并且它有一个大屏幕显示器，以便于显示设计图、工程图和控制图等。工作站又可分为初级工作站、工程工作站、图形工作站和超级工作站等。

3）台式机

台式机就是人们通常所说的微型计算机，它由主机箱、显示器、键盘和鼠标等部件组成。

通常，厂家根据不同用户的要求，通过不同配置，又可将台式机分为商用计算机、家用计算机和多媒体计算机等。

4）便携机

便携机又称笔记本式计算机，它除了质量轻、体积小、携带方便以外，与台式计算机的功能相似，但价格比台式计算机贵。便携机使用方便，适合移动通信工作的需求。

5）嵌入式计算机

嵌入式计算机一般由嵌入式微处理器、外围硬件设备、嵌入式操作系统以及用户的应用程序4个部分组成。它是计算机市场中数量增长最快的机种，也是种类繁多、形态多种多样的计算机。

3. 计算机的应用

目前，计算机的应用非常广泛，遍及人们生活的各个领域，产生了巨大的经济效益和社会影响，概括起来可以归纳为以下几个方面。

1）科学计算

在科学实验或者工程设计中，利用计算机进行数值算法求解或者工程制图称为科学和工程计算。它的特点是计算量比较大，逻辑关系相对简单。科学和工程计算是计算机的一个重要的应用领域。

2）自动控制

根据冯·诺依曼原理，利用程序存储方法，将机械、电器等设备的工作或动作程序设计成计算机程序，让计算机进行逻辑判断，按照设计好的程序执行。这一过程一般会对计算机的可靠性、封闭性、抗干扰性等指标提出要求，可以应用于工业生产的过程控制，例如炼钢炉控制、电力调度等。

3）数据处理

数据处理是计算机的重要应用领域，数据是能转化为计算机存储信号的信息集合，具体指数字、声音、文字、图形、图像等。利用计算机可以对大量数据进行加工、分析和处理，从而实现办公自动化，例如财政、金融系统数据的统计和核算，银行储蓄系统的存款、取款和计息，企业的进货、销售、库存系统，学生管理系统，等等。

4）计算机辅助系统

计算机辅助系统是计算机的另一个重要应用领域，主要包括计算机辅助设计（CAD，例如服装设计CAD系统）、计算机辅助制造（CAM，例如电视机的辅助制造系统）、计算机辅助教学（CAI）、计算机辅助测试（CAT）和计算机辅助工程（CAE）等。

5）人工智能

计算机具有像人一样的推理和学习功能，能够积累工作经验，具有较强的分析问题和解决问题的能力，所以计算机具有人工智能。人工智能的表现形式多种多样，例如利用计算机进行数学定理的证明、进行逻辑推理、理解自然语言、辅助疾病诊断、实现人机对话及破译密码等。

6）网络应用

计算机网络是计算机技术和通信技术互相渗透、不断发展的产物，利用一定的通信线路，将若干台计算机相互连接起来形成一个网络，以达到资源共享和数据通信的目的，是计算机应用的另一个重要方面。

7）多媒体应用

信息与技术的交互发展推动了计算机多媒体技术的出现与推广使用。计算机多媒体技术实现了音、形、色的结合,丰富了传媒、会议以及教学等的开展形式,扩大了日常信息传递的方法途径,是未来生产生活中应用的主流技术之一。

8）嵌入式系统

随着科学技术的发展,人类已经进入基于 Internet 的后 PC 时代。传统的 IT 设备逐渐转变成嵌入式设备,小到智能卡、手机、水表,大到信息家电、汽车,甚至飞机、宇宙飞船,人们的生活已经被嵌入式系统所包围。

1.2　计算机系统的组成及工作原理

在了解了计算机的产生、发展、分类及应用的基础上,本节先讨论计算机系统的基本组成,然后介绍微型计算机的硬件系统、软件系统及系统的性能指标。

1.2.1　计算机系统的基本组成

一个完整的计算机系统通常由硬件系统和软件系统两大部分组成。其中,硬件系统是指实际的物理设备,主要包括控制器、运算器、存储器、输入设备和输出设备 5 个部分,如图 1-1 所示;软件系统是指计算机中的各种程序和数据,包括计算机本身运行时所需要的系统软件,以及用户设计的、用来完成各种具体任务的应用软件。

图 1-1　计算机硬件系统的工作示意图

计算机的硬件和软件是相辅相成的,二者缺一不可,只有硬件和软件齐备并协调配合才能发挥出计算机的强大功能,为人类服务。

1.2.2　计算机硬件系统

计算机硬件系统是由控制器、运算器、存储器、输入设备和输出设备 5 个部分组成的。其中,控制器和运算器又合称中央处理器(CPU),在微型计算机中又称为微处理器(MPU);CPU 和存储器统称为主机,输入设备和输出设备统称为外部设备。随着大规模、超大规模集成电路技术的发展,计算机硬件系统将控制器和运算器集成在一块微处理器芯片上,通常称为 CPU 芯片,随着芯片的发展,其内部又增添了高速缓冲寄存器,可以更好地发挥 CPU

芯片的高速度,提高对多媒体的处理能力。

因此,计算机硬件系统主要由 CPU、存储器、输入设备、输出设备和连接各个部件以实现数据传送的总线组成,这样构成的计算机硬件系统又称微型计算机硬件系统,简称微型计算机硬件系统,如图 1-2 所示。

图 1-2　微型计算机硬件系统的组成

1. 中央处理器

中央处理器是计算机硬件系统的核心,它主要包括控制器、运算器和寄存器等部件。对于一台计算机的运行速度的快慢,中央处理器的配置起着决定性的作用。微型计算机的CPU 安置在大拇指那么大的甚至更小的芯片上,如图 1-3 所示。

图 1-3　中央处理器芯片

1) 控制器

控制器是计算机的指挥中心,它根据用户程序中的指令控制计算机的各部分,使其协调一致地工作。其主要任务是从存储器中取出指令,分析指令,并对指令译码,按时间顺序和节拍向其他部件发出控制信号,从而指挥计算机有条不紊地协调工作。

2) 运算器

运算器是专门负责处理数据的部件,即对各种信息进行加工处理,它既能进行加、减、乘、除等算术运算,又能进行与、或、非、比较等逻辑运算。

3) 寄存器

寄存器是处理器内部的暂时存储单元,用来暂时存放指令、即将被处理的数据、下一条指令地址及处理的结果等。它的位数可以代表计算机的字长。

2. 存储器

存储器是专门用来存放程序和数据的部件。按功能和所处位置的不同,存储器又分为内存储器和外存储器两大类。随着计算机技术的快速发展,在 CPU 和内存储器(主存)之间又设置了高速缓冲存储器。

1) 内存储器

内存储器简称内存,又称主存,主要用来存放 CPU 工作时用到的程序和数据以及计算后得到的结果。内存储器芯片又称内存条,如图 1-4 所示。

图 1-4　内存储器芯片

计算机中的信息用二进制表示,常用的单位有位、字节和字。

位(b)是计算机中表示信息的最小的数据单位,是二进制的一个数位,每个 0 或 1 就是一个位。它也是存储器存储信息的最小单位。

字节(B)是计算机中表示信息的基本数据单位。1 个字节由 8 个二进制位组成。1 个字符的信息占 1 个字节,1 个汉字的信息占两个字节。在计算机中,存储容量的计量单位有字节(B)、千字节(KB)、兆字节(MB)以及十亿字节(GB)等,它们之间的换算关系如下。

- $1B = 8b$
- $1KB = 2^{10}B = 1024B$
- $1MB = 2^{10}KB = 1024KB = 1024 \times 1024B$
- $1GB = 2^{10}MB = 1024MB = 1024 \times 1024 \times 1024B$

因为计算机用的是二进制,所以转换单位是 2 的 10 次幂。

字(word)指在计算机中作为一个整体被存取、传送、处理的一组二进制信息。一个字由若干个字节组成,每个字中所含的位数由 CPU 的类型所决定,它总是字节的整数倍。例如 64 位微型计算机,指的是该微型计算机的一个字等于 64 位二进制信息。通常,运算器以字为单位进行运算,一般寄存器以字为单位进行存储,控制器以字为单位进行接收和传递。

内存容量是计算机的一个重要技术指标。目前,计算机常见的内存容量配置为128MB、256MB、512MB、1GB、2GB 及 4GB 等。内存通过总线直接相连,存取数据速度快。

内存储器按读/写方式又可分为随机存取存储器和只读存储器两类。

随机存取存储器允许用户随时进行读/写数据,简称 RAM。开机后,计算机系统把需要的程序和数据调入 RAM,再由 CPU 取出执行,用户输入的数据和计算的结果也存储在RAM 中。只要关机或断电,RAM 中的程序和数据就会立即全部丢失。因此,为了妥善保存计算机处理后的数据和结果,必须及时将其转存到外存储器中。根据工作原理的不同,RAM 又可分为静态 RAM(SRAM)和动态 RAM(DRAM)。

只读存储器只允许用户读取数据,不能写入数据,简称 ROM。ROM 常用于存放系统核心程序和服务程序。开机后,ROM 中就有程序和数据;断电后,ROM 中的程序和数据也不丢失。根据工作原理的不同,ROM 又可分为掩模 ROM(MROM)、可编程 ROM(PROM)、可擦除可编程 ROM(EPROM)和电可擦除可编程 ROM(EEPROM)。

2) 高速缓冲存储器

随着计算机技术的高速发展,CPU 主频的不断提高,对内存的存取速度要求越来越高,然而内存的速度总是达不到 CPU 的速度,它们之间存在着速度上的严重不匹配。为了协调二者之间的速度差异,在这二者之间采用了高速缓冲存储器技术。高速缓冲存储器又称为 Cache。

Cache 采用双极型静态 RAM,即 SRAM,它的访问速度是 DRAM 的 10 倍左右,但容量比内存相对要小,一般为 128KB、256KB、512KB、1MB 等。Cache 位于 CPU 和内存之间,通常将 CPU 要经常访问的内存内容先调入 Cache 中,以后 CPU 要使用这部分内容时可以快速地从 Cache 中取出。

Cache 一般分为 L1 Cache(一级缓存)和 L2 Cache(二级缓存)两种。L1 Cache 和 L2 Cache 集成在 CPU 芯片内部,目前主流 CPU 的 L2 Cache 存储容量一般为 1~12MB。新式 CPU 还具有 L3 Cache(三级缓存)。

3) 外存储器

外存储器简称外存,也称辅存,主要用来存放需长期保存的程序和数据。开机后,用户根据需要将所需的程序或数据从外存调入内存,再由 CPU 执行或处理。外存储器是通过适配器或多功能卡与 CPU 相连的,存取数据的速度比内存储器慢,但存储容量一般比内存储器大得多。目前,微型计算机系统常用的外存储器有硬磁盘(简称硬盘)、光盘和闪存盘。光盘又可分为只读光盘和读/写光盘等。

硬盘是微型计算机系统中广泛使用的外部存储器设备。硬盘是由若干个圆盘组成的圆柱体,若干张盘片的同一磁道在纵方向上所形成的同心圆构成一个柱面,柱面由外向内编号,同一柱面上各磁道和扇区的划分与早期曾使用过的软盘基本相同,每个扇区的容量也与软盘一样,通常是 512B。所以,硬盘是按柱面、磁头和扇区的格式来组织存储信息的。硬盘格式化后的存储容量可按以下公式计算。

$$硬盘容量=磁头数×柱面数×扇区数×每扇区字节数$$

例如,某硬盘格式化后磁头有 16 个,柱面有 3184 个,每个柱面有扇区 63 个,则该硬盘容量=16×3184×63×512B=1 643 249 664B=1 604 736KB,约为 1.6GB。

硬盘常被封装在硬盒内,固定安装在机箱里,难以移动,因此它不能像软盘那样便于携带,但它比软盘存储信息的密度高、容量大、读/写速度也比软盘快,所以人们常用硬盘来存储经常使用的程序和数据。硬盘的存储容量一般为几百吉字节(GB),甚至更大。硬盘实物图和工作原理图如图 1-5 所示。

(a) 硬盘实物图　　　　　　(b) 硬盘工作原理图

图 1-5　硬盘

光盘是利用光学方式读/写信息的外部存储设备,利用激光在硬塑料片上烧出凹痕来记录数据。光盘便于携带,存储容量比软盘大,一张 CD 光盘可以存放大约 650MB 数据,并且读/写速度快,不受干扰。

　　目前,计算机上使用的光盘大体可分为只读光盘(CD-ROM)、一次性写入光盘(WO)和可擦写型光盘(MO)3 类。常用的 CD-ROM 光盘上的数据是在光盘出厂时就记录存储在上面的,用户只能读取,不能修改;WO 型光盘允许用户写入一次,可多次读取;MO 型光盘允许用户反复多次读/写,就像对硬盘操作一样,故也称为磁光盘。

　　优盘又称闪存盘,是一种近些年才发展起来的新型移动存储设备,它小巧玲珑,可用于存储任何数据,并与计算机方便地交换文件。优盘结构采用闪存存储介质和通用串行总线接口,具有轻巧精致、使用方便、便于携带、容量较大、安全可靠等特征。从容量上讲,它的容量从 16MB 到 4GB、16GB、32GB,甚至更大;从读/写速度上讲,它采用 USB 接口标准,读/写速度大大提高;从稳定性上讲,它没有机械读/写装置,避免了因移动硬盘碰伤等原因造成的损坏。它外形小巧,更容易携带,使用寿命主要取决于存储芯片的寿命,存储芯片至少可擦写 10 万次以上。

图 1-6　优盘

　　优盘由硬件部分和软件部分组成。其中,硬件部分包括 Flash 存储芯片、控制芯片、USB 端口、PCB 电路板、外壳和 LED 指示灯等。优盘实物外观如图 1-6 所示。

3. 输入设备

　　输入设备是人们向计算机输入程序和数据的一类设备。目前,常见的微型计算机输入设备有键盘、鼠标、光笔、扫描仪、数码照相机及语音输入装置等。其中,键盘和鼠标是两种最基本的、使用最广泛的输入设备。为避免重复,关于键盘和鼠标的详细内容将在 1.4 节"计算机基础操作和汉字录入"中讲述。

4. 输出设备

　　输出设备是计算机输出结果的一类设备。目前,常见的微型计算机输出设备有显示器、打印机、绘图仪等。其中,显示器和打印机是最基本的、使用最广泛的输出设备。

　　1）显示器

　　显示器是微型计算机必备的输出设备,它既可显示人们向计算机输入的程序和数据等可视信息,又可显示经计算机计算处理后的结果和图像。显示器通常可分为单色显示器、彩色显示器和液晶显示器,按大小显示器又可分为 14 英寸、15 英寸、17 英寸、21 英寸等规格(1 英寸＝2.54 厘米)。显示器显示图像的细腻程度与显示器的分辨率有关,分辨率越高,显示图像越清晰。所谓分辨率,是指屏幕上横向、纵向发光点的点数,一个发光点称为一个像素。目前,常见显示器的分辨率有 640 像素×480 像素、800 像素×600 像素、1024 像素×768 像素、1040 像素×800 像素等。彩色显示器的像素由红、绿、蓝 3 种颜色组成,发光像素的不同组合可产生各种不同的图形。液晶显示器实物外观如图 1-7 所示。

　　2）打印机

　　打印机是微型计算机打印输出信息的重要设备,它可将信息打印在纸上,供人们阅读和长期保存。目前,常用的打印机有针式、喷墨式和激光式 3 类。针式打印机是通过一排排打印针(常有 24 根针)冲击色带而形成墨点,组成文字或图像,它既可在普通纸上打印,又可打

计算机基础知识

印在蜡纸上,但打印字迹比较粗糙;喷墨式打印机通过向纸上喷射微小的墨点形成文字或图像,打印字迹细腻,但纸和墨水等耗材比较贵;激光式打印机的工作原理类似于静电复印机,打印速度快,且字迹精细,但价格较高。打印机实物外观如图1-8所示。

图1-7 液晶显示器

图1-8 打印机

5. 主板和总线

每台微型计算机的主机箱内部都有一块较大的电路板,称为主板。微型计算机的中央处理器芯片、内存储器芯片(又称内存)、硬盘、输入/输出接口以及其他各种电子元器件都是安装在这个主板上的。主板实物和主板分区如图1-9所示。

(a) 主板实物

(b) 主板分区

图1-9 主板

为了实现中央处理器、存储器和外部输入/输出设备之间的信息连接,微型计算机系统采用了总线结构。所谓总线(又称BUS),是指能为多个功能部件服务的一组信息传送线,是实现中央处理器、存储器和外部输入/输出接口之间相互传送信息的公共通路。按功能不同,微型计算机的总线又可分为地址总线、数据总线和控制总线3类。

地址总线是中央处理器向内存、输入/输出接口传送地址的通路,地址总线的根数反映了微型计算机的直接寻址能力,即一个计算机系统的最大内存容量。例如早期的Intel 8088计算机系统有20根地址线,直接寻址范围为220B～1MB;后来的Intel 80286型计算机系统地址线增加到了24根,直接寻址范围为224B～16MB;再后来使用的Intel 80486、Pentium(奔腾)计算机系统有32根地址线,直接寻址范围可达232B～4GB。

数据总线用于中央处理器与内存、输入/输出接口之间传送数据。16位的计算机一次可传送16位的数据,32位的计算机一次可传送32位的数据。

控制总线是中央处理器向内存及输入/输出接口发送命令信号的通路,同时也是内存或输入/输出接口向微处理器回送状态信息的通路。

通过总线,微型计算机中的处理器、存储器、输入设备、输出设备等各功能部件连接起来,组成了一个整体的计算机系统。需要说明的是,上面介绍的功能部件仅仅是计算机硬件系统的基本配置。随着科学技术的发展,计算机已从单机应用向多媒体、网络应用发展,相应的音频卡、视频卡、调制解调器、网络适配器等功能部件也是计算机系统中不可缺少的硬件配置。总线结构如图 1-10 所示。

图 1-10 总线结构

1.2.3 计算机软件系统

只有硬件没有软件的计算机称为"裸机",它是无法进行工作的,只有配备了一定的软件才能发挥其功能。计算机软件按用途分为系统软件和应用软件两大类。

1. 系统软件

系统软件是用户操作、管理、监控和维护计算机资源(包括硬件和软件)所必需的软件,一般由计算机厂家或软件公司研制。系统软件分为操作系统、支撑软件、语言处理程序、数据库管理系统等。

1) 操作系统

操作系统(Operating System,OS)是直接运行在计算机硬件上的最基本的系统软件,是系统软件的核心。它负责管理和控制计算机的软件、硬件资源,是用户与计算机之间的一个操作平台,用户通过它来使用计算机。常用的操作系统有 Windows、UNIX、Linux 和 OS/2 等。

操作系统的功能十分丰富,从资源管理角度看,操作系统具有处理器管理、作业管理、存储器管理、设备管理、文件管理 5 大功能。

操作系统的种类繁多,根据用户使用的操作环境和功能特征可分为批处理操作系统、分时操作系统和实时操作系统等;根据所支持的用户数目可分为单用户操作系统和多用户操作系统;根据硬件结构可分为分布式操作系统、网络操作系统和多媒体操作系统等。

2) 支撑软件

支撑软件是支持其他软件的编制、维护的软件,是对计算机系统进行测试、诊断和排除故障,对文件夹进行编辑、传送、显示、调试以及进行计算机病毒检测、防治等的程序集合。常见的有 Edit、Debug、Norton、Antivirus 等。

3) 语言处理程序

人与计算机交流时需要使用相互可以理解的语言,以便将人的意图传达给计算机。人们把和计算机交流的语言称为程序设计语言。程序设计语言分为机器语言、汇编语言和高级语言 3 类。

机器语言(Machine Language)是最低层次的计算机语言,是直接用二进制代码表示指令的语言,是计算机硬件唯一可以直接识别和执行的语言。与其他程序设计语言相比,机器语言的执行速度最快,执行效率最高。

为了克服机器语言编程的缺点,人们发明了汇编语言(Assemble Language)。汇编语言是采用人们容易识别和记忆的助记符来代替机器语言的二进制代码,例如 MOV 表示传送指令,ADD 表示加法指令等。因此,汇编语言又称为符号语言,汇编语言指令与机器指令一一对应。对应一种基本操作,对解决同一问题编写的汇编语言程序在不同类型的计算机上是不通用的,移植性较差。机器语言和汇编语言都是直接面向计算机的低级语言。

高级语言(High Level Language)是人们为了克服低级语言的不足而设计的程序设计语言。这种语言与自然语言和数学公式相当接近,而且不依赖于计算机的型号。高级语言的使用大大提高了编写程序的效率,改善了程序的可读性、可维护性、可移植性。目前,常用的高级语言有 C、C++、Fortran、Visual Basic、Visual C++ 及 Java 等。

语言处理程序是用来将利用各种程序设计语言编写的程序"翻译"成机器语言程序(称为目标程序)的翻译程序,常用的有"编译程序"和"解释程序"。编译程序将利用高级语言编写的程序作为一个整体进行处理,编译后与子程序库连接,形成一个完整的可执行程序。Fortran、C 语言等都采用这种编译方法。解释程序是对高级语言程序逐句解释执行,执行效率较低。Basic 语言属于解释型。所以,高级语言程序有两种执行方式,即编译执行方式和解释执行方式。

4) 数据库管理系统

数据库管理系统是一种操纵和管理数据库的大型软件,用于建立、使用和维护数据库,对数据库进行统一管理和控制,以保证数据库的安全性和完整性。常见的数据库管理系统有 Access、SQL Server、Visual FoxPro、Oracle 等。

2. 应用软件

应用软件是用户为了解决实际应用问题而编制开发的专用软件。应用软件必须有操作系统的支持才能正常运行。应用软件种类繁多,例如财务管理软件、办公自动化软件、图像处理软件、计算机辅助设计软件及科学计算软件包等。

1.2.4 计算机的工作原理

1946 年,美籍匈牙利数学家冯·诺依曼教授提出了以"存储程序"和"程序控制"为基础的设计思想,即"存储程序"的基本原理。迄今为止,计算机基本工作原理仍然采用冯·诺依曼的这种设计思想。

1. 冯·诺依曼设计思想

冯·诺依曼设计思想如下。

- 计算机应包括运算器、存储器、控制器、输入设备和输出设备 5 大基本部件。
- 计算机内部采用二进制表示指令和数据。
- 将编好的程序(即数据和指令序列)存放在内存储器中,使计算机在工作时能够自动、高速地从存储器中取出指令并执行指令。

1949 年,EDVAC 诞生在英国剑桥大学,这是冯·诺依曼与莫尔小组合作研制的离散变量自动电子计算机,是第一台现代意义的通用计算机,遵循了冯·诺依曼设计思想,在程序的控制下自动完成操作。这种结构一直延续至今,所以现在的计算机一般都被称为冯·诺依曼结构计算机。

2. 指令与程序

1) 指令

指令是控制计算机完成某种特定操作的命令,是能被计算机识别并执行的二进制代码。一条指令包括操作码和操作数两部分。操作码指明该指令要完成的操作,例如取数、做加法或输出数据等。操作数指明操作对象的内容或所在的存储单元地址(地址码),操作数在大多数情况下是地址码,地址码可以有 0~3 个。

2) 程序

程序是指一组指示计算机每一步动作的指令,就是按一定顺序排列的计算机可以执行的指令序列。程序通常用某种程序设计语言编写,运行于某种目标体系结构,要经过编译和连接成为一种人们不易理解而计算机理解的格式,然后运行。

3. 计算机的工作过程

计算机的工作过程就是执行程序的过程。根据冯·诺依曼的设计,计算机能自动执行程序,而执行程序又归结为逐条执行指令。执行一条指令的过程如下。

(1) 取出指令:从存储器的某个地址中取出要执行的指令送到 CPU 内部指令寄存器暂存。

(2) 分析指令:将保存在指令寄存器中的指令送到指令译码器,译出该指令对应的操作。

(3) 执行指令:根据指令译码器向各个部件发出控制信号,完成指令规定的各种操作。

(4) 为执行下一条指令做好准备,即形成下一条指令地址。

所以,计算机的工作过程就是执行指令序列的过程,也就是反复取指令、分析指令和执行指令的过程。

1.2.5 计算机系统的配置与性能指标

计算机系统的性能评价是一个很复杂的问题。下面着重介绍微型计算机系统的基本配置与性能指标。

1. 微型计算机系统的基本配置

微型计算机系统可根据需要灵活配置,不同的配置有不同的性能和不同的用途。目前,微型计算机的配置已经相当高级,例如以下配置。

- 微处理器:双核 2.8GHz。
- 内存储器:2GB。
- 硬盘:500GB。
- 光驱:DVD 刻录。
- 显示器:17 英寸彩色显示器。
- 操作系统:Windows 7 或 Windows 8。

除了上述基本配置外,其他外部设备(例如打印机、扫描仪、调制解调器等)可以根据需要选择配置。

2. 微型计算机系统的性能指标

如何评价计算机系统的性能是一个很繁杂的问题,在不同的场合依据不同的用途有不同的评价标准,但微型计算机系统有许多共同的性能指标是读者必须要熟悉的。目前,微型计算机系统主要考虑的性能指标有以下几个。

1) 字长

字长指计算机处理指令或数据的二进制位数,字长越长,表示计算机硬件处理数据的能力越强。通常,微型计算机的字长有 16 位、32 位以及 64 位等。目前流行的微型计算机的字长是 32 位。

2) 速度

计算机的运算速度是人们最关心的一项性能指标。通常,微型计算机的运算速度以每秒钟执行的指令条数来表示,经常用每秒百万条指令数(MI/s)为计数单位。例如,通常的 Pentium 处理器的运算速度可达 300MI/s 甚至更高。

由于运算速度与处理器的时钟频率密切相关,所以人们也经常用中央处理器的主频来表示运算速度。主频以兆赫(MHz)为单位,主频越高,计算机的运算速度越快。例如,Pentium II 处理器的主频为 233～450MHz,Pentium III 处理器的主频为 450～1000MHz,Pentium 4 处理器的主频可达 3.4GHz 甚至更高。

3) 容量

容量是指内存的容量。内存储器容量的大小不仅影响存储信息的多少,而且影响运算速度。内存容量常有 64MB、128MB、1GMB、2GB、4GB 等,容量越大,所能运行软件的功能就越强。在通常情况下,500MB 内存就能满足一般软件运行的要求,若要运行二维、三维动画软件,则需要 1GB 或更大的内存。

4) 带宽

计算机的数据传输速率用带宽表示,数据传输速率的单位是位每秒(b/s),也常用 kb/s、Mb/s、Gb/s 表示每秒传输的位数。带宽反映了计算机的通信能力。例如,调制解调器速率为 33kb/s 或 56kb/s。

5) 版本

版本序号反映计算机硬件、软件产品的不同生产时期,通常序号越大性能越好。例如,Windows 98 就比 Windows 95 好,而 Windows 2000 又比 Windows 98 功能更强、性能更好。

6) 可靠性

可靠性是指在给定的时间内微型计算机系统能正常运行的概率,通常用平均无故障时间(MTBF)来表示,MTBF 的时间越长表明系统的可靠性越好。

1.3　计算机中的信息表示

计算机的主要功能是处理信息,例如处理数据、文字、图像、声音等信息。在计算机内部所有信息都是用二进制编码表示的,各种信息必须经过数字化编码才能被传送、存储和处理,所以理解计算机中的信息表示是极为重要的。

1.3.1 数制与转换

1. 四种进位记数制

数制也称进位记数制,是用一组固定的符号和统一的规则来表示数值的方法。计算机中常用的数制有十进制、二进制、八进制和十六进制。十进制是人们习惯用的进制,但是由于技术上的原因,计算机内部一律采用二进制数据和信息,八进制和十六进制是为了弥补二进制数字过于冗长而出现在计算机中的,常用来描述存储单元的地址或表示指令码等,因此弄清不同进制及其相互转换是很重要的。

在各种进位记数制中有两个概念非常重要,即基数和位权。

基数指各种进位记数制中所使用的数码的个数,用 R 表示。例如,在十进制中使用了10 个不同的数码,分别是 0、1、2、3、4、5、6、7、8、9,因此十进制的基数 $R=10$。

一位数码的大小与它在数中所处的位置有关,每一位数的大小是该位上的数码乘以一个它所处数位的固定数,这个不同数位上的固定数称为位权。位权的大小为 R 的某次幂,即 R^i。其中,i 为数码所在位置的序号(设小数点向左第 1 位为第 0 位,即序号为 0,依次向左序号为 1、2、3…)。例如,十进制个位数位置上的位权为 10^0,十位数位置上的位权为 10^1,百位数位置上的位权为 10^2 等;小数点后 1 位位置上的位权为 10^{-1},依次向右第 2 位的位权为 10^{-2},第 3 位的位权为 10^{-3} 等。

1)十进制

十进制(Decimal Notation)具有 10 个不同的数码,其基数为 10,各位的位权为 10^i。十进制数的进位规则是"逢十进一"。例如,十进制数 $(3427.59)_{10}$ 可以表示为下式:

$$(3427.59)_{10} = 3 \times 10^3 + 4 \times 10^2 + 2 \times 10^1 + 7 \times 10^0 + 5 \times 10^{-1} + 9 \times 10^{-2}$$

这个式子称为十进制数的按位权展开式,简称按权展开式。

2)二进制

二进制(Binary Notation)具有两个不同的数码符号 0、1,其基数为 2,各位的位权是 2^i。二进制数的进位规则是"逢二进一"。例如,二进制数 $(1101.101)_2$ 可以表示为下式:

$$(1101.101)_2 = 1 \times 2^3 + 1 \times 2^2 + 0 \times 2^1 + 1 \times 2^0 + 1 \times 2^{-1} + 0 \times 2^{-2} + 1 \times 2^{-3}$$

3)八进制

八进制(Octal Notation)具有 8 个不同的数码 0、1、2、3、4、5、6、7,其基数为 8,各位的位权是 8^i。八进制数的进位规则是"逢八进一"。例如,八进制数 $(126.35)_8$ 可以表示为下式:

$$(126.35)_8 = 1 \times 8^2 + 2 \times 8^1 + 6 \times 8^0 + 3 \times 8^{-1} + 5 \times 8^{-2}$$

4)十六进制

十六进制(Hexadecimal Notation)具有 16 个不同的数码 0、1、2、3、4、5、6、7、8、9、A、B、C、D、E、F(其中 A、B、C、D、E、F 分别表示十进制数 10、11、12、13、14、15),其基数为 16,各位的位权是 16^i。十六进制数的进位规则是"逢十六进一"。例如,十六进制数 $(9E.B7)_{16}$ 可以表示为下式:

$$(9E.B7)_{16} = 9 \times 16^1 + 14 \times 16^0 + 11 \times 16^{-1} + 7 \times 16^{-2}$$

【说明】 这里为了区分不同进制的数,采用括号及下标的方法表示,但在有些地方习惯在数的后面加上字母 D(十进制)、B(二进制)、O 或 Q(八进制)、H(十六进制)来分别表示相应数制。什么都不加默认为十进制数。

常用数制的特点如表 1-1 所示。

表 1-1 常用数制的特点

数 制	基 数	数 码	进 位 规 则
十进制	10	0、1、2、3、4、5、6、7、8、9	逢十进一
二进制	2	0、1	逢二进一
八进制	8	0、1、2、3、4、5、6、7	逢八进一
十六进制	16	0、1、2、3、4、5、6、7、8、9 A、B、C、D、E、F	逢十六进一

2. 不同进制之间的转换

1) 二进制数、八进制数、十六进制数转换为十进制数

二进制数、八进制数、十六进制数转换为十进制数的方法：先写出相应进制数的按权展开式，然后求和累加。

【例 1.1】 将二进制数(1101.101)转换成等值的十进制数。

解：$(1101.101)_2 = 1\times2^3+1\times2^2+0\times2^1+1\times2^0+1\times2^{-1}+0\times2^{-2}+1\times2^{-3}$
$= 8+4+1+0.5+0.125$
$= (13.625)_{10}$

【例 1.2】 将$(2B.8)_{16}$和$(157.2)_8$分别转换成十进制数。

解：$(2B.8)_{16} = 2\times16^1+11\times16^0+8\times16^{-1} = (43.5)_{10}$
$(157.2)_8 = 1\times8^2+5\times8^1+7\times8^0+2\times8^{-1} = (111.25)_{10}$

2) 十进制数转换为二进制数、八进制数、十六进制数

在将十进制数转换成其他进制数时，需要将整数部分和小数部分分开进行转换，转换时需做不同的计算，然后再用小数点组合起来。

十进制整数转换成二进制整数的方法是将十进制整数除以 2，将所得的商反复地除以 2，直到商为 0 为止，每次相除所得的余数即为二进制整数的各位数字，第一次得到的余数为最低位，最后一次得到的余数为最高位，可以理解为除 2 取余，倒排余数。

【例 1.3】 将十进制整数$(29)_{10}$转换成二进制整数。

解：根据如下计算可得$(29)_{10} = (11101)_2$

十进制小数转换成二进制小数的方法是将十进制小数乘以 2，将所得乘积的小数部分连续乘以 2，直到所得小数部分为 0 或满足精度要求为止。每次相乘后所得乘积的整数部分即为二进制小数的各位数字，第一次得到的整数为最高位，最后一次得到的整数为最低位，可以理解为乘 2 取整，顺排整数。

【例 1.4】 将十进制小数$(0.8125)_{10}$转换成二进制小数。

解：根据如下计算可得$(0.8125)_{10} = (0.1101)_2$

【说明】 一个十进制小数不一定能完全准确地转换成二进制小数，这时可以根据精度要求只转换到小数点后某一位。如要求采用四舍五入法且要求精度为小数点后两位，则连续乘 2 取 3 位整数，然后对第 3 位采用四舍

五入法进行取舍。如要求采用只舍不入法且要求精度为小数点后两位,则连续乘 2 取两位整数就可以了。

十进制整数转换成八进制整数的方法是"除 8 取余法",十进制整数转换成十六进制整数的方法是"除 16 取余法",十进制小数转换成八进制小数的方法是"乘 8 取整法",十进制小数转换成十六进制小数的方法是"乘 16 取整法"。2、8、16 分别为二进制、八进制和十六进制数(非十进制数)的基数。因此,十进制数转换为非十进制数(二、八、十六进制数)的方法可概括为整数部分"除基取余倒排余数",小数部分"乘基取整顺排整数"。

【例 1.5】 将十进制数$(517.32)_{10}$转换成八进制数(要求采用只舍不入法取 3 位小数)。

解:根据如下计算可得$(517.32)_{10} = (1005.243)_8$

整数部分:

```
8 | 517        余数
8 |  64        5     ↑ 低
8 |   8        0
8 |   1        0     |
      0        1     | 高
```

小数部分:
```
        0.32
     ×)    8        整数
      ②.56          2     ↑ 高
     ×)    8
      ④.48          4     |
     ×)    8        
      ③.84          3     ↓ 低
```

【例 1.6】 将$(3259.45)_{10}$转换成十六进制数(要求采用只舍不入法取 3 位小数)。

解:根据如下计算可得$(3259.45)_{10} = (CBB.733)_{16}$

整数部分:
```
16 | 3259        余数
16 |  203        11     ↑ 低
16 |   12        11
       0         12     | 高
```

小数部分:
```
         0.45
      ×) 16        整数
       ⑦.20        7     ↑ 高
      ×) 16
       ③.20        3     |
      ×) 16
       ③.20        3     ↓ 低
```

3) 二进制数与八进制数或十六进制数之间的转换

因为二进制数的基数是 2、八进制数的基数是 8,$2^3 = 8$,$8^1 = 8$,即 $8^1 = 2^3$,故它们之间的对应关系是八进制数的每一位对应二进制数的 3 位,所以二进制数转换成八进制数可概括为"三位并一位"。即以小数点为界,分别向左或向右按每 3 位一组划分,不足 3 位时用 0 补足,然后将每组的 3 位二进制数按权展开后相加,得到 1 位八进制数,再将这些八进制数按原二进制数的顺序排列。

【例 1.7】 将$(10101111100.0111)_2$转换为八进制数。

解:根据如下计算可得$(10101111100.0111)_2 = (2574.34)_8$

$$
\underline{010} \quad \underline{101} \quad \underline{111} \quad \underline{100} \quad \cdot \quad \underline{011} \quad \underline{100}
$$
$$
\downarrow \qquad \downarrow \qquad \downarrow \qquad \downarrow \qquad\quad \downarrow \qquad \downarrow
$$
$$
2 \qquad 5 \qquad 7 \qquad 4 \quad \cdot \quad 3 \qquad 4
$$

八进制数转换成二进制数可概括为"一位拆三位",即以小数点为界,向左或向右将每一位八进制数用相应的 3 位二进制数取代。

【例 1.8】 将$(6203.016)_8$转换为二进制数。

解:根据如下计算可得$(6203.016)_8 = (110010000011.00000111)_2$

$$
\begin{array}{ccccccc}
6 & 2 & 0 & 3 & 0 & 1 & 6 \\
\downarrow & \downarrow & \downarrow & \downarrow & \downarrow & \downarrow & \downarrow \\
110 & 010 & 000 & 011 & 000 & 001 & 110
\end{array}
$$

由于 $2^4=16,16^1=16$,即 $16^1=2^4$,故二进制数与十六进制数之间的对应关系是十六进制数的每一位对应二进制数的 4 位。二进制数转换为十六进制数可概括为"四位并一位",即以小数点为界,整数部分从右至左,小数部分从左至右,每 4 位一组,不足 4 位时添 0 补足,并将每组的 4 位二进制数按权展开后相加,得到一位十六进制数,然后将这些十六进制数按原二进制数的顺序排列。

【例 1.9】 将二进制数 $(110101011110.101110101)_2$ 转换成为十六进制数。

解:根据如下计算可得 $(110101011110.101110101)_2=(\text{D5E. BA8})_{16}$

$$
\begin{array}{ccccccc}
1101 & 0101 & 1110 & \cdot & 1011 & 1010 & 1000 \\
\downarrow & \downarrow & \downarrow & & \downarrow & \downarrow & \downarrow \\
D & 5 & E & \cdot & B & A & 8
\end{array}
$$

十六进制数转换成二进制数可概括为"一位拆四位",即以小数点为界,向左或向右把每一位十六制数用相应的 4 位二进制数取代。

【例 1.10】 将十六进制数 $(5\text{CB}.09)_{16}$ 转换成二进制数。

解:根据如下计算可得 $(5\text{CB}.09)_{16}=(010111001011.00001001)_2$

$$
=(10111001011.00001001)_2
$$

$$
\begin{array}{cccccc}
5 & C & B & \cdot & 0 & 9 \\
\downarrow & \downarrow & \downarrow & & \downarrow & \downarrow \\
0101 & 1100 & 1011 & \cdot & 0000 & 1001
\end{array}
$$

【说明】 由此可以看出,二进制数和八进制数、十六进制数之间的转换非常直观。所以,如果要将一个十进制数转换成二进制数,可以先转换成八进制数或十六进制数,然后再快速地转换成二进制数。同样,在转换中若要将十进制数转换为八进制数和十六进数,也可以先将十进制数转换成二进制数,然后再转换为八进制数或十六进制数。常用数制的对应关系如表 1-2 所示。

表 1-2 常用数制的对应关系

十进制	二进制	八进制	十六进制	十进制	二进制	八进制	十六进制
0	0	0	0	9	1001	11	9
1	1	1	1	10	1010	12	A
2	10	2	2	11	1011	13	B
3	11	3	3	12	1100	14	C
4	100	4	4	13	1101	15	D
5	101	5	5	14	1110	16	E
6	110	6	6	15	1111	17	F
7	111	7	7	16	10000	20	10
8	1000	10	8				

1.3.2 二进制数及其运算

1. 采用二进制数的优越性

尽管计算机可以处理各种进制的数据信息,但计算机内部只使用二进制数。也就是说,在计算机内部只有 0 和 1 两个数字符号。在计算机内部为什么不使用十进制数而要使用二进制数呢? 这是因为二进制数具有以下优越性。

1) 技术可行性

因为组成计算机的电子元器件本身只有可靠稳定的两种对立状态,例如电位的高电平状态与电位的低电平状态、晶体管的导通与截止、开关的接通与断开等,采用二进制数只需用 0、1 表示这两种对立状态即可,易于实现。

2) 运算简单性

采用二进制数,运算规则简单,便于简化计算机的运算器结构,运算速度快。例如,二进制加法和减法的运算法则都只有 3 条,如果采用十进制计数,加法和减法的运算法则都各有几十条,要处理这几十条法则,线路设计相当困难。

3) 吻合逻辑性

逻辑代数中的"真/假""对/错""是/否"表示事物的正、反两个方面,并不具有数值大小的特性,用二进制数的 0/1 表示刚好与之吻合,这正好为计算机实现逻辑运算提供了有利条件。

2. 二进制数的算术运算

二进制数的算术运算非常简单,它的基本运算是加法和减法,利用加法和减法可进行乘法和除法运算,在此只介绍加法运算和减法运算。

1) 加法运算

当两个二进制数相加时要注意"逢二进一"的规则,并且每一位相加时最多只有 3 个加数,即本位的被加数、加数和来自低位的进位数。

加法的运算法则如下。

$0+0=0$

$0+1=1+0=1$

$1+1=10$(逢二进一)

$(11000011)_2+(100101)_2=(11101000)_2$

被加数：11000011
加数：　100101
$+$进位：　　 111
和：　11101000

2) 减法运算

当两个二进制数相减时要注意"借一当二"的规则,并且每一位最多有 3 个数,即本位的被减数、减数和来自低位的借位数。

减法的运算法则如下。

$0-0=1-1=0$

$1-0=1$

$0-1=1$(借一当二)

$(11000011)_2-(101101)_2=(10010110)_2$

被减数：11000011
减数：　101101
$-$借位：　 1111
差：　10010110

3. 二进制数的逻辑运算

逻辑运算是对逻辑值的运算,对二进制数 0、1 赋予逻辑含义就可以表示逻辑值的"真"

与"假"。逻辑运算包括逻辑与、逻辑或以及逻辑非 3 种基本运算。逻辑运算与算术运算一样按位进行,但是位与位之间不存在进位和借位的关系,也就是位与位之间毫无联系,彼此独立。

1)逻辑与运算(也称逻辑乘运算)

逻辑与运算符用∧或·表示。逻辑与运算的运算规则是仅当多个参加运算的逻辑值都为"1"时与的结果才为 1,否则为 0。

2)逻辑或运算(也称逻辑加运算)

逻辑或运算符用∨或+表示。逻辑或运算的运算规则是仅当多个参加运算的逻辑值都为 0 时或的结果才为 0,否则为 1。

3)逻辑非运算(也称求反运算)

逻辑非运算符用~表示,或者在逻辑值的上方加一横线表示,例如 $\overline{A}$。逻辑非运算的运算规则是对逻辑值取反,即逻辑变量 A 的非运算结果为 A 的逻辑值的相反值。

设 A、B 为逻辑变量,其逻辑运算关系如表 1-3 所示。

表 1-3　基本逻辑运算关系表

A	B	$A \vee B$	$A \wedge B$	$\overline{A}$	$\overline{B}$
0	0	0	0	1	1
0	1	1	0	1	0
1	0	1	0	0	1
1	1	1	1	0	0

【例 1.11】　若 $A=(1011)_2$,$B=(1101)_2$,求 $A \wedge B$、$A \vee B$、$\overline{A}$。

解:

```
   1011          1011
∨  1101       ∧  1101
  ─────        ─────
   1111          1001
```

$A \wedge B=(1001)_2$,$A \vee B=(1111)_2$

$\overline{A}=(0100)_2$

1.3.3　计算机中常用的信息编码

信息编码是指采用少量基本符号,选用一定的组合原则,以表示大量复杂多样的信息。在计算机中信息是由 0 和 1 两个基本符号组成的,计算机不能直接处理英文字母、汉字、图形、声音,需要对这些对象进行编码后才能传送、存储和处理。编码过程就是将信息在计算机中转化为二进制代码串的过程。在编码时需要考虑数据的特性以及便于计算机的存储和处理,下面介绍 BCD 码、ASCII 码和汉字编码。

1. BCD 码(二-十进制编码)

BCD 码(Binary Coded Decimal,二进制编码的十进制数)将每位十进制数用 4 位二进制数编码表示,选用 0000～1001 来表示 0～9 这 10 个数字。这种编码方法比较直观、简单,对于多位数,只需将它的每一位数字按表 1-4 中所列的对应关系用 BCD 码直接列出即可。

表 1-4　十进制数与 BCD 码的对照表

十进制数	BCD 码	十进制数	BCD 码
0	0000	5	0101
1	0001	6	0110
2	0010	7	0111
3	0011	8	1000
4	0100	9	1001

例如,十进制数$(8269.56)_{10}$=(1000 0010 0110 1001.0101 0110)$_{BCD}$

【说明】 BCD 码与二进制数之间的转换不是直接的,要先把 BCD 码表示的数转换成十进制数,再把十进制数转换成二进制数。

2. ASCII 码

ASCII 码(American Standard Code Information Interchange)是美国标准信息交换代码,被国际标准化组织指定为国际标准。ASCII 码有 7 位版本和 8 位版本两种,国际通用的 7 位 ASCII 码称为标准 ASCII 码(规定添加的最高位为 0),8 位 ASCII 码称为扩充 ASCII 码。

标准的 ASCII 码是 7 位二进制编码,即每个字符用一个 7 位二进制数来表示,7 位二进制数不够一个字节,在 7 位二进制代码的最左端再添加 1 位 0,补足一个字节,故共有 128 种编码,可用来表示 128 个不同的字符,包括 10 个阿拉伯数字 0~9、52 个大小写英文字母、32 个标点符号和运算符以及 34 个控制符。标准 ASCII 码字符集如表 1-5 所示。

表 1-5　标准 ASCII 码字符集

低 4 位 ＼ 高 3 位	000	001	010	011	100	101	110	111
0000	NUL	DLE	SP	0	@	P	`	P
0001	SOM	DC	!	1	A	Q	a	q
0010	STX	DC	"	2	B	R	b	r
0011	ETX	DC	#	3	C	S	c	s
0100	EOT	DC	$	4	D	T	d	t
0101	ENQ	NAK	%	5	E	U	e	u
0110	ACK	SYN	&	6	F	V	f	v
0111	BEL	ETB	'	7	G	W	g	w
1000	BS	CAN	(	8	H	X	h	x
1001	HT	EM	)	9	I	Y	i	y
1010	LF	SUB	*	:	J	Z	j	z
1011	VT	ESC	+	;	K	[	k	{
1100	FP	FS	,	<	L	\	l	l
1101	CR	GS	-	=	M	]	m	}
1110	SO	RS	.	>	N	↑	n	~
1111	SI	US	/	?	O	↓	o	DEL

例如,数字 0 的 ASCII 码值为 48(30H),大写字母 A 的 ASCII 码值为 65(41H),小写字母 a 的 ASCII 码值为 97(61H),常用的数字字符、大写字母、小写字母的 ASCII 码值按从小到大的顺序排列,小写字母的 ASCII 码值比大写字母的 ASCII 码值多 32(20H),数字 0 到 9 的 ASCII 码值为 48(30H)～57(39H)。可见,其编码具有一定的规律,只要掌握其规律是不难记忆的。

扩展的 ASCII 码是 8 位码,也用一个字节表示,其前 128 个码与标准的 ASCII 码是一样的,后 128 个码(最高位为 1)则有不同的标准,并且与汉字的编码有冲突。

3. 汉字编码

从信息处理角度来看,汉字的处理与其他字符的处理没有本质的区别,都是非数值处理。与英文字符一样,中文在计算机系统中也要使用特定的二进制符号系统来表示。也就是说,汉字要能够被计算机识别和处理必须编码,只是其编码更为复杂。通过键盘输入汉字实际上是输入汉字的编码信息,这种编码称为汉字的外部码,即输入码。计算机为了存储、处理汉字必须将汉字的外部码转换成汉字的内部码。为了将汉字以点阵的形式输出,还要将汉字的内部码转换为汉字的字形码。此外,在计算机与其他系统或设备进行信息、数据交流时还要用到交换码。

1) 外部码

外部码是在输入汉字时对汉字进行的编码,是一组字母或数字符号。外部码也叫汉字输入码。为了方便用户使用,输入码的编码规则既要简单清晰、直观易学、容易记忆,又要方便操作、输入速度快。汉字外部码在不同的汉字输入法中有不同的定义。人们根据汉字的属性(汉字字量、字形、字音、使用频度)提出了数百种汉字外部码的编码方案,并将这种编码方案称为输入法。常见的输入法有智能 ABC、五笔字型等。

2) 内部码

汉字内部码也称为内码或汉字机内码。计算机处理汉字实际上是处理汉字的代码,在输入外部码后都要转换成内部码才能进行存储、处理和传送。在目前广泛使用的各种计算机汉字处理系统中,每个汉字的内码占用两个字节,并且每个字节的最高位为 1,这是为了避免汉字的内码与英文字符编码(ASCII 码)发生冲突,容易区分汉字编码与英文字符编码,同时为了用尽可能少的存储空间来表示尽可能多的汉字而做出的约定。

由于汉字信息在计算机中都以内码形式进行存储和处理,所以无论使用哪种中文操作系统和汉字输入方法,输入的外码都会转换为内码。例如,输入汉字"中",可用全拼方式的 zhong 来输入,也可用双拼方式的"ay"或用五笔字型的"k"来输入。这 3 种不同形式的外码 zhong、ay、k 在相应输入法下输入计算机后都要被转换为"中"的内码"D6D0H"。每个汉字的内码是唯一的,这种唯一性是不同中文系统之间信息交换的基础。

3) 交换码

当计算机之间或与终端之间进行信息交换时,要求它们之间传送的汉字代码信息完全一致。为了适应计算机处理汉字信息的需要,1981 年我国颁布了 GB2312 国家标准。该标准选出 6763 个常用汉字(其中,一级常用汉字 3755 个,二级汉字 3008 个)和 682 个非汉字字符,并为每个字符规定了标准代码,以便在不同的计算机系统之间进行汉字文本交换。

前面提到了汉字的机内码和交换码,下面简单介绍 GB2312 汉字区位码、交换码和机内码的转换方法。

GB2312 字符集构成二维表,行号称为区号,列号称为位号,每一个汉字或符号在码表中的位置用它所在的区号和位号来表示,即汉字的区位码。为了处理与存储方便,每个汉字的区号和位号在计算机内部分别用一个字节来表示。例如,"学"字的区号为 49,位号为 07,它的区位码即为 4907,用两个字节的二进制数表示为 00110001 00000111B,或将区号和位号分别用两位十六进制数表示,然后拼装为 3107H。区位码无法用于汉字通信,因为它可能与通信使用的控制码(00H~1FH,即 0~31)发生冲突,因此 ISO2022 规定每个汉字的区号和位号必须分别加上 20H(即二进制数 00100000B),经过这样的处理而得的代码称为国标交换码,简称交换码,因此"学"字的国标交换码计算为 5127H(即二进制数 01010001 00100111B)。由于文本中通常混合使用汉字和西文字符,汉字信息如果不予以特别标识,就会和单字节的 ASCII 码混淆。此问题的解决方法之一是将一个汉字看成两个扩展 ASCII 码,使表示 GB2312 汉字的两个字节的最高位都为 1,即将汉字的国标交换码+8080H,这种高位为 1 的双字节汉字编码即为 GB2312 汉字的机内码,简称为内码。因此,"学"字的机内码为 D1A7H(即二进制数 11010001 10100111B)。

由于 GB 2312—1980 编码的汉字有限,所以汉字交换码标准在不断改进,如现在还在使用的 GBK、GB 18030 等标准。国际标准化组织于 1993 年推出了能够对世界上的所有文字统一编码的编码字符集标准 ISO/IEC 10646,我国相应的国家标准是 GB 13000.1—1993《信息技术通用多八位编码字符集(UCS)第 1 部分:体系结构与基本多文种平面》,基于这两个标准,就可以实现在计算机上对世界上的所有文字进行统一处理。由于它们采用的是 4 字节编码方案,所以其编码空间非常巨大,可以容纳多种文字同时编码,也就保证了多文种的同时处理。

4)汉字输出码

汉字输出码又称汉字字形码、字模码,是为输出汉字将描述汉字字形的点阵数字化处理后的一串二进制符号。

尽管汉字的字形有多种变化,但由于汉字都是方块字,每个汉字都同样大小,无论汉字的笔画多少,都可以写在特定大小的方块中。一个方块可以看成是一个 M 行、N 列的矩阵,简称点阵。一个 M 行、N 列的点阵共有 $M \times N$ 个点。每个点可以是黑色或白色,分别表示有、无汉字的笔画经过,这种用点阵描绘出的字形轮廓称为汉字点阵字形。这种描述类似于用霓虹灯来显示文字、图案。

在计算机中用一组二进制数字表示点阵字形,若用一个二进制符号 1 表示点阵中的一个黑点,用一个二进制符号 0 表示点阵中的一个白点,则对于一个用 16×16 点阵描述的汉字可以用 16×16=256 位的二进制数来表示出汉字的字形轮廓。这种用二进制表示汉字点阵字形的方法称为点阵的数字化。汉字字形经过点阵的数字化后转换成的一串数字称为汉字的数字化信息。图 1-11 就是一个汉字点阵的例子。

由于 8 个二进制位构成一个字节,所以需要用 32 个字节来存放一个 16×16 点阵描述的汉字字形;若用 24×24 点阵来描述汉字的字形,则需要 72 个字节来存放一个汉字的数字化信息。针对同样大小的汉字,点阵的行数、列数越多,占用的储存空间就越大,描述的汉字就越细致。16×16 点阵是最简单的汉字字形点阵,基本上能表示 GB 2312—1980 中所有简体汉字的字形。24×24 点阵则可以表示宋体、仿宋体、楷体、黑体等多字体的汉字。这两种点阵是比较常用的点阵。

26

字节	取出的数据		字节
0	00H	00H	1
2	3FH	FCH	3
4	04H	20H	5
6	04H	20H	7
8	04H	20H	9
10	04H	20H	11
12	04H	20H	13
14	FFH	FFH	15
16	04H	20H	17
18	04H	20H	19
20	04H	20H	21
22	04H	20H	23
24	04H	20H	25
26	08H	20H	27
28	10H	20H	29
30	00H	20H	31

图 1-11　"开"字的 16×16 点阵

汉字的各种编码之间的关系如图 1-12 所示,它们之间的变换也比较简单。

图 1-12　各种汉字编码之间的关系

5) 汉字字库

汉字字形数字化后,以二进制文件的形式存储在存储器中,所有汉字的输出码就构成了汉字字形库,简称汉字库。汉字库可分为软字库和硬字库两种。在微型计算机中大多使用软字库,它以汉字字库文件的形式存储在磁盘中。

除上面所描述的点阵字库以外,现在大量使用的主要还是矢量字库。矢量字库是把每个字符的笔画分解成各种直线和曲线,然后记下这些直线和曲线的参数,在显示的时候再根据具体的尺寸大小,由存储的参数画出这些线条而还原出原来的字符。它的好处就是可以随意放大、缩小,不像使用点阵那样出现马赛克效应而失真。矢量字库有很多种,区别在于它们采用不同的数学模型来描述组成字符的线条。常见的矢量字库有 Typel 字库和 Truetype 字库。

4. 中文信息的处理过程

中文信息通过键盘以外部码形式输入计算机,由中文操作系统中的输入处理程序把外部码翻译成相应的内码,并在计算机内部进行存储和处理,最后由输出处理程序查找字库,按需要显示的中文内码调用相应的字模,并送到输出设备进行显示或打印输出。该过程如图 1-13 所示。

图 1-13　中文信息处理过程

1.4　计算机基础操作和汉字录入

本节从启动计算机开始介绍打开与关闭计算机的正确方法，同时介绍键盘与鼠标的使用及汉字的录入方法。熟练的键盘与鼠标操作技能是学习计算机的钥匙，是实现汉字快速录入的基础，认识键盘结构，掌握正确的键盘操作指法，是提高录入速度和录入质量的可靠保证。

1.4.1　计算机的启动与关闭

在使用计算机时必须掌握正确的启动与关闭计算机的方法。这里以 Windows 7 系统为例进行相应操作介绍。

1. 启动计算机

对于笔记本电脑，开机时只需按下电源按钮即可。对于台式计算机，因为它分主机和显示器两部分，所以在开机时应遵循一定的顺序。

在启动台式计算机之前，首先应确保主机和显示器与通电的电源插座接通，然后先按显示器的电源开关，再按主机的电源开关，进而启动计算机系统。这里以安装有 Windows 7 操作系统的计算机为例，计算机的启动过程如下。

（1）按下显示器的电源开关，它一般标有 Power 字样，当显示器的电源指示灯亮时表示显示器已经开启。

（2）按下主机箱上标有 Power 字样的电源按钮，当主机箱上的电源指示灯亮时说明计算机主机已经开始启动。

（3）主机启动后计算机开始自检，并进入操作系统。

（4）如果系统没有设置密码，则会显示欢迎界面，如图 1-14 所示，然后直接进入 Windows 7 系统的桌面。

（5）如果系统设置有密码，将进入输入密码界面，输入密码后按 Enter 键，即可进入 Windows 7 系统的桌面，如图 1-15 所示。

2. 关闭计算机

在关闭计算机电源之前一定要先正确退出 Windows 7，否则系统会认为是非正常关机，等下次开机时系统将会自动执行磁盘扫描程序，以使系统稳定。但这样做有可能会破坏一些未保存的文件和正在运行的程序，甚至可能会造成硬盘损坏或启动文件缺损等错误，导致系统无法再次启动。

在 Windows 7 中关闭计算机的正确操作步骤如下。

（1）关闭所有打开的应用程序和文档窗口。

图 1-14 进入 Windows 7 的欢迎界面

图 1-15 进入 Windows 7 系统的桌面

(2) 单击"开始"按钮,在弹出的如图 1-16 所示的列表中单击"关机"按钮,Windows 7 开始注销操作系统。

(3) 如果系统检测到了更新,则会自动安装更新文件。

(4) 安装完更新后将自动关闭操作系统,"正在关机"界面如图 1-17 所示。

(5) 在主机电源自动关闭之后再关闭显示器和其他外部设备的电源。

图 1-16 "开始"列表

图 1-17 "正在关机"界面

【说明】 单击"关机"按钮右侧的 ▶ 按钮会打开一个列表,如图 1-18 所示,其中包括"切换用户""注销""锁定""重新启动""睡眠"和"休眠"6 个选项。单击"切换用户"选项,可切换用户;单击"注销"选项,可注销当 前登录的用户;单击"锁定"选项,可将计算机锁定到当前状态,并切换至 用户登录界面;单击"重新启动"选项,可重新启动操作系统;单击"睡眠" 或"休眠"选项,可使计算机处于睡眠或休眠状态。

图 1-18 上拉列表

计算机基础知识

3. 重启计算机

所谓重启计算机,是指在计算机突然进入"死机"状态时重新启动计算机的一种方法。"死机"是指对计算机进行操作时计算机没有任何反应,通常表现为鼠标指针无法移动、键盘失灵。

当出现"死机"情况时需按以下方法重启计算机。

(1) 热启动:按 Ctrl+Alt+Delete 组合键,系统自动转入一个包括"锁定该计算机""切换用户""注销""更改密码"和"启动任务管理器"等选项的新页面,单击"启动任务管理器"选项,打开"Windows 任务管理器"对话框,如图 1-19 所示,然后单击"结束任务"或"结束进程"按钮,即可关闭当前应用程序窗口,结束死机状态。

图 1-19 "Windows 任务管理器"对话框

(2) 当采用热启动不起作用时可使用复位按钮 Reset 进行复位启动,操作方法为按下此按钮后立即释放,这种复位启动也被称为热启动。

(3) 如果使用前两种方法都不行,长按 Power 按钮直到观察到显示器黑屏了表示关机成功,释放电源按钮即可,稍等片刻后再次按下 Power 按钮即可启动计算机。这种启动属于冷启动。

1.4.2 键盘与鼠标的操作

键盘与鼠标是计算机中最基本也是最重要的输入设备,它们是人和计算机之间沟通的桥梁,通过对它们的操作,用户可以很容易地控制计算机进行工作,在操作时将键盘与鼠标结合起来使用会大大提高工作效率。

1. 键盘的基本操作

键盘是人们用来向计算机输入信息的一种输入设备,数字、文字、符号及各种控制命令都是通过键盘输入到计算机中的。

1) 键盘的分区

键盘的种类繁多,常用的有 101 键、104 键和 108 键键盘。104 键键盘比 101 键键盘多了 Windows 专用键,包含两个 Win 功能键和一个菜单键。按菜单键相当于右击鼠标。在 Win 功能键上面有 Windows 旗帜标志,按它可以打开"开始"菜单,与其他键组合也可完成相应的操作。

例如,按 Win+E 组合键可打开资源管理器,按 Win+D 组合键可显示桌面,按 Win+U 组合键可启用辅助工具。108 键键盘比 104 键键盘又多了与电源管理有关的键,例如开/关机、休眠和唤醒等。在 Windows 的电源管理中可以设置它们。

按照键盘上各键所处位置的基本特征,键盘一般被划分为 4 个区,如图 1-20 所示。

图 1-20　键盘分区图

- 主键盘区:主键盘也称为标准打字键盘,与标准的英文打字机键盘的键位相同,包括 26 个英文字母、10 个数字、标点符号、数学符号、特殊符号和一些控制键,控制键及作用如表 1-6 所示。

表 1-6　控制键及其作用

控制键	功　　能
Enter	回车键:常用于表示确认,例如输入一段文字已结束,或一项设置工作已完成
Space	空格键:键盘下方最长的一个键。按下此键光标右移一格,即输入一个空白字符
CapsLock	大写字母锁定键:控制字母的大小写输入。此键为开关型,按下此键,位于指示灯区域中的 CapsLock 指示灯亮,此时输入的字母为大写;若再次按下此键,指示灯灭,输入的字母为小写
BackSpace	退格键:或标记为"←",按下此键,删除光标左侧的字符,并使光标左移一格
Shift	上档键:用于输入双字符键的上档字符,方法是按住此键的同时按下双字符键。若在按住 Shift 键的同时按下字母键,则输入大写字母
Tab	跳格键:用于快速移动光标,使光标跳到下一个制表位
Ctrl	控制键:不能单独使用,必须与其他键配合构成组合键使用
Alt	转换键:与控制键一样,不能单独使用,必须与其他键配合构成组合键使用

- 数字小键盘区:也称为辅助键区,该区的按键分布紧凑,适合单手操作,主要用于数字的快速输入。数字锁定键 NumLock 用于控制数字键区的数字与光标控制键的状态,它是一个切换开关,按下该键,键盘上的 NumLock 指示灯亮,此时作为数字键使用;再按一次该键,指示灯灭,此时作为光标移动键使用。
- 功能键区:位于键盘最上端,包括 F1~F12 功能键和 Esc 键等,作用说明如表 1-7 所示。

计算机基础知识

表 1-7 功能键及作用

功能键	功 能
Esc	释放键：也称强行退出键，用于退出运行中的系统或返回上一级菜单
F1～F12	功能键：不同的软件赋予它们不同的功能，用于快捷下达某项操作命令
PrintScreen	屏幕打印键：抓取整个屏幕图像到剪贴板，简写为 PrtScr
ScrollLock	滚动锁定键：功能是使屏幕滚动暂停（锁定）/继续显示信息。当锁定有效时，ScrollLock 指示灯亮，否则此指示灯灭
Pause/Break	暂停/中断键：按下此键可暂停系统正在运行的操作，再按下任意键可以继续

• 编辑键区：又称光标控制键区，主要用于控制或移动光标，作用说明如表 1-8 所示。

表 1-8 编辑键及作用

编辑键	功 能
Insert	插入键：插入字符，在编辑状态下用于插入/改写状态切换，简写为 Ins
Delete	删除键：删除光标右侧的字符，同时光标后续字符依次左移，简写为 Del
PageUp/PageDown	上/下翻页键：在文字处理软件中用于上/下翻页
↑、↓、←、→	方向键或光标移动键：在编辑状态下用于上、下、左、右移动光标

2）快捷键

在 Windows 环境中，所有的操作 都可以使用键盘来实现，除了上面介绍的各单键以外，用户还需要经常使用一些组合键来完成一定的操作。Windows 7 中的常用快捷键及功能如表 1-9 所示。

【说明】 当 Ctrl、Alt、Shift 几个键与其他键组合使用时，应先按住该键再按其他键。比如 Ctrl+Alt+Delete 组合键，应先按住 Ctrl 和 Alt 键不放，然后再按 Delete 键。

表 1-9 常用快捷键及功能

组合键	功 能	组合键	功 能
Ctrl+Alt+Delete	打开 Windows 任务管理器	Alt+F4	关闭当前窗口
Ctrl+Esc	打开"开始"菜单	Alt+Tab	在打开的程序之间选择切换
Alt+PrintScreen	抓取当前活动窗口或对话框图像到剪贴板	Alt+Esc	以程序打开的顺序切换

3）键盘的操作指法

（1）键盘基准键位与手指分工：键盘基准键位是指主键盘上的 A、S、D、F、J、K、L 和";"8 个键，用于确定两手在键盘上的位置和击键时相应手指的出发位置。各个手指的正确放置位置如图 1-21 所示。

在键盘的基准键位中，F 键和 J 键表面下方分别有一个凸起的小横杠，它们是左、右手指的两个定位键，用于使操作者在手指脱离键盘后能够迅速找到该基准键位。为了实现"盲打"，提高录入速度，10 个手指的击键并不是随机的，而是有明确分工的，如图 1-22 所示。

其中，小指负责的键位比较多，常用的控制键分别由左、右手的小指负责，这些键需要按住不放，同时另一只手敲击其他键。两个拇指专门负责空格键。

图 1-21　键盘基准键位和手指定位图

图 1-22　键盘上的手指分工图

（2）正确姿势：

- 座姿要端正，腰要挺直，肩部放松，两脚自然平放于地面。
- 手腕平直，手指弯曲自然、适度，轻放在基准键上。
- 输入文稿前先将键盘右移 5cm，文稿放在键盘左侧以便于阅读。
- 坐椅的高低应调至适当的位置，以便于手指击键；眼睛和显示器呈水平直线且目光微微向下，这样眼睛不容易疲劳。

（3）键盘击键的正确方法：

- 击键前，两个大拇指应放在空格键上，其余各手指轻松放于基准键位。
- 击键时，各手指各负其责，速度均匀，力度适中，不可用力过猛，不可按键或压键。
- 击键后，各手指应立刻回到基准键位，恢复击键前的手形。
- 初学者首先要求击键准确，再求击键速度。

2. 鼠标的基本操作

在 Windows 环境中，用户的绝大部分操作都是通过鼠标完成的，它具有体积小、操作方便、控制灵活等诸多优点。常见的鼠标有两键式、三键式及四键式之分。目前，最常用的鼠标为三键式，包括左键、右键和滚轮，如图 1-23 所示。通过滚轮可以快速上下浏览内容及快速翻页。

图 1-23　鼠标结构图

鼠标的基本操作包括以下 5 种方式。

- 指向：把鼠标指针移动到某对象上，一般用于激活对象或显示工具提示信息。例如将鼠标指针指向工具栏中的"新建"按钮时，"新建空白文档"提示信息即会显示于该按钮的右下方。
- 单击：鼠标指针指向某对象时将左键按下后快速放开，常用于选定对象。
- 右击（右键单击）：将鼠标右键按下后快速放开，会弹出一个快捷菜单或帮助提示，常用于完成一些快捷操作。在不同位置针对不同对象右击会打开不同的快捷菜单。

- 双击：鼠标指向某对象时连续快速地按动两次鼠标左键,常用于打开对象、执行某个操作。
- 拖动：鼠标指向某对象,按住鼠标左键或右键不放移动鼠标,当到达指定位置后再释放,常用于移动、复制、删除对象,右键拖动还可以创建对象的快捷方式。
- 随着操作的不同,鼠标指针会呈现不同的形状,常见的鼠标指针形状及含义如表 1-10 所示。

表 1-10　鼠标指针常见形状及含义

指针形状	含　　义	指针形状	含　　义	指针形状	含　　义
	正常状态		文本插入点		沿对角线方向调整
	帮助选择		精确定位		沿水平或垂直方向调整
	后台操作		操作无效		可以移动
	忙,请等待		超链接		其他选择

1.4.3　汉字录入

汉字是一种拼音、象形和会意文字,本身具有十分丰富的音、形、义等内涵。经过许多中国人多年的精心研究形成了种类繁多的汉字输入码,迄今为止,已有几百种汉字输入码的编码方案问世,其中广泛使用的有 30 多种。按照汉字输入的编码规则,汉字输入码大致可分为以下几种类型。

- 拼音码：简称音码,利用汉字拼音作为汉字编码,每个汉字的拼音本身就是输入码。这种编码方案的优点是不需要其他记忆,只要输入者会拼音,就可以掌握汉字输入法。但是,汉语普通话发音有 400 多个音节,由 22 个声母、37 个韵母拼合而成,因此用音码输入汉字,编码长且重码多,即音同字不同的字具有相同的编码,为了识别同音字,许多编码方案提供了屏幕提示,用户可通过前后翻页查找所需汉字。
- 字形码：简称形码,是根据汉字的字形、结构和特征组成的编码。这类编码方案的主要特点是将汉字拆分成若干基本成分(字根),再用这些基本成分拼装组合成各种汉字的编码。这种输入方法速度快,但输入者要会拆字并记忆字根。常用的字形码输入方法有五笔字型输入法、首尾码输入法等。
- 音形码：既考虑汉字的读音,又考虑汉字结构特征的一类汉字输入编码。它以汉字发音为基础,再补充各个汉字字形结构属性的有关特征,将声、韵、部、形结合在一起编码。这类输入法的特点是字根少,记忆量小,输入速度快。常用的音形码输入法有自然码输入法、大众码输入法和钱码输入法等。
- 流水码：使用等长的数字编码方案,具有无重码、输入快的特征,尤其以输入各种制表符、特殊符号见长。但流水码编码无规律,难记忆。常用的流水码输入法有区位码输入法等。

经常使用的汉字输入法有拼音和五笔两种。Windows 7 操作系统在安装时就装入了一些默认的汉字输入法,例如微软拼音输入法、智能 ABC 输入法、全拼输入法等。用户可以选择添加或删除输入法,也可以装入新的输入法。目前,比较流行的汉字输入法还有拼音加加、搜狗拼音、王码五笔、极点五笔、陈桥智能五笔及五笔加加输入法等。

1. 拼音输入法

拼音输入法分为全拼、智能 ABC、双拼等,其优点是输入者知道汉字的拼音就能输入汉字。拼音输入法除了用 V 代替韵母 ü 以外,没有特殊的规定。

1)输入法的使用

下面以"微软拼音—简捷 2010"输入法为例说明输入法的调出、切换与输入。

(1)从任务栏调出输入法:单击任务栏右侧的 图标,打开输入法菜单,如图 1-24 所示,单击"微软拼音—简捷 2010"命令,即可调出此输入法,或按 Ctrl+Shift 组合键切换到该输入法,任务栏中将显示某输入法的状态条,如图 1-25 所示。

图 1-24　输入法菜单　　　　　　　　图 1-25　"微软拼音—简捷 2010"输入法状态条

"微软拼音—简捷 2010"是一种在全拼输入法的基础上加以改进的拼音输入法,它可以用多种方式输入汉字。例如,"中国人民"可以输入全部拼音"zhongguorenmin",也可以只输入简拼,即声母 zgrm,还可以全拼与简拼混合输入,即 zhonggrm。

【说明】　在全拼与简拼混合输入中,当无法区分是一个字还是两个字时可以使用单引号做隔音符号,例如"xi'a"("西安"或"喜爱")、"min'g"("民歌"或"民工")。

"微软拼音—简捷 2010"具有智能词组的输入特点。例如,中国人民解放军 zgrmjfj。

(2)中英文状态切换:在输入汉字时,切换到英文状态通常有两种方法,一是按 Ctrl+Space 组合键快速切换中英文状态;二是在输入法状态条中单击"中文/英文"图标将中文状态转换成英文状态或将英文状态转换为中文状态。

(3)全角/半角状态切换:在输入汉字时,切换全角与半角状态通常用两种方法,一是按 Shift+Space 组合键快速切换全角/半角状态;二是单击输入法状态条中的"全角/半角"图标转换到全角或半角状态。

在全角状态下,输入的字符和数字占一个汉字的位置,而在半角状态下,输入的字符和数字仅占半个汉字的位置。

例如在写字板中,使用"微软拼音—简捷 2010"输入法在半角和全角状态下分别输入 1~5,显示结果如图 1-26 所示。

(4)中/英文标点切换:在输入汉字时,切换中/英文标点通常用两种方法,一是按 Ctrl+"."组合键快速切换中/英文标点;二是单击输入法状态条中的"中文标点"图标转换至"英文标点"图标,反之亦然。

图 1-26　半角/全角输入

2)软键盘

软键盘(Soft Keyboard)是通过软件模拟的键盘,可以通过单击输入需要的各种字符,一般在一些银行的网站上要求输入账号和密码时很容易看到。使用软键盘是为了防止木马记录键盘的输入。Windows 7 系统提供了 13 种软键盘布局,如图 1-27 所示。

单击输入法状态条中的"软键盘"图标即可激活软键盘;单击"软键盘"图标可以打开
13 种键盘布局,选择其中一种即可。

- 通过 PC 键盘输入汉字,如图 1-28 所示。例如用拼音输入法输入汉字"你",单击 PC
  键盘上的 n、i 键,然后单击 Space 键,在弹出的文字列表中选择"你"即可。

图 1-27   软键盘布局

图 1-28   PC 键盘

- 通过数学符号键盘输入"="">""÷"和"∑"等运算符号,如图 1-29 所示。

图 1-29   数学符号键盘

- 通过特殊符号键盘输入"☆""◇""→""&"等符号,如图 1-30 所示。

图 1-30   特殊符号键盘

2. 五笔字型输入法

五笔字型输入法是我国的王永民教授发明的,所以又称为"王码",现在已被微软公司收购,微软公司经过升级后提供了86和98两种版本,常用的是86版。

五笔字型输入法的优点是用户无须知道汉字的发音,编码规则是确定一个汉字由哪几个字根组成。每个汉字或词组最多击4键便可输入,重码率极低,可实现盲打,是目前输入汉字速度较快的一种输入法。

五笔字根是指组成汉字的最常用笔画或部首,共归纳了130个基本字根,分布在25个英文字母键位上(Z键除外),这些字根是组字和拆字的依据。

汉字有横、竖、撇、捺、折5种笔画,它们分布在键盘上的5个区中,为了便于用户记忆,把每个区各键位的字根编成口诀如下。

五笔字型均直观,依照笔顺把码编;

键名汉字打四下,基本字根请照搬;

一二三末取四码,顺序拆分大优先;

不足四码要注意,交叉识别补后边。

末笔字型交叉识别码是"末笔画的区号(十位数,1~5)+字形代码(个位数,1~3)"=对应的字母键,其中,字形代码为左右型1、上下型2、杂合性3。

1) 键名汉字

连击4次,例如月(eeee)、言(yyyy)、口(kkkk)。

2) 成字字根

键名+第一、二、末笔画,不足4码时按空格,例如雨(fghy)、马(cnng)、四(lh 空格)。

3) 单字

例如操(rkks)、鸿(iaqg)、否(gik 空格)、会(wfcu)、位(wug 空格)。

4) 词组

- 两字词:每字各取前两码,例如奋战(dlhk)、显著(joaf)、信息(wyth)。
- 三字词:取前两字的第一码、最后一字的前两码,例如计算机(ytsm)、红绿灯(xxos)、实验室(pcpg)。
- 四字词:每字各取其第一码,例如众志成城(wfdf)、四面楚歌(ldss)。
- 多字词:取第一、二、三及最末一个字的第一码,例如中国共产党(klai)、中华人民共和国(kwwl)、百闻不如一见(dugm)。

1.5 多媒体技术

多媒体技术是当今计算机发展的一项新技术,是一门综合性信息技术,它把电视的声音和图像功能、印刷业的出版能力、计算机的人机交互能力、因特网的通信技术有机地融于一体,对信息进行加工处理后再综合地表达出来。多媒体技术改善了信息的表达方式,使人们通过多种媒体得到实体化的形象,从而吸引了人们的注意力。多媒体技术也改变了人们使用计算机的方式,进而改变了人们的工作和学习方式。多媒体技术涉及的知识面非常广,随着计算机软件和硬件技术、大容量存储技术、网络通信技术的不断发展,多媒体技术应用领域不断扩大,实用性也越来越强。

1.5.1　多媒体的基本概念

学习多媒体技术,首先要明确几个基本概念,即媒体、多媒体以及多媒体技术。

1. 媒体

媒体(Media)是指承载或传递信息的载体。在日常生活中,大家熟悉的报纸、书刊、杂志、广播、电影及电视均是媒体,都以它们各自的媒体形式进行着信息的传播。它们中有的以文字作为媒体,有的以图像作为媒体,有的以声音作为媒体,还有的将文、声、图、像综合在一起作为媒体。同样的信息内容,在不同领域中采用的媒体形式是不同的,报纸书刊领域采用的媒体形式为文字、表格和图片;绘画领域采用的媒体形式是图形、文字和色彩;摄影领域采用的媒体形式是静止图像、色彩;电影、电视领域采用的媒体形式是图像或运动图像、声音和色彩。

根据国际电信联盟(ITU)的定义,媒体可分为表示媒体、感觉媒体、存储媒体、显示媒体和传输媒体五大类,如表 1-11 所示。

表 1-11　媒体的表现形式

媒体类型	媒体特点	媒体形式	媒体实现方式
表示媒体	信息的处理方式	计算机数据格式	ASCII 码、图像、音频、视频编码等
感觉媒体	人们感知客观环境的信息	视、听、触觉	文字、图形、图像、动画、视频和声音等
存储媒体	信息的存储方式	存取信息	内存、硬盘、光盘、纸张
显示媒体	信息的表达方式	输入、输出信息	显示器、投影仪、数码摄像机、扫描仪等
传输媒体	信息的传输方式	传输介质	电磁波、电缆、光缆等

人类利用视觉、听觉、触觉、味觉和嗅觉感受各种信息。其中,通过视觉得到的信息最多,其次是听觉和触觉,三者一起得到的信息达到了人们感受到信息的 95%。因此感觉媒体是人们接受信息的主要来源,而多媒体技术充分利用了这种优势。

2. 多媒体

多媒体一词译自英语 Multimedia,它是多种媒体信息的载体,信息借助载体得以交流传播。多媒体是信息的多种表现形式的有机结合,即利用计算机技术把文字、图形、图像、声音等多种媒体信息综合为一体,并进行加工处理,即录入、压缩、存储、编辑、输出等。广义上的多媒体概念中不仅包括多种信息形式,还包括了处理和应用这些信息的硬件和软件。与传统媒体相比,多媒体具有以下特征。

- 信息载体的多样性:指信息媒体的多样化和多维化。计算机利用数字化方式能够综合处理文字、声音、图形、图像、动画和视频等多种信息,从而为用户提供一种集多种表现形式于一体的全新的用户界面,便于用户更全面、更准确地接受信息。
- 信息的集成性:指将多媒体信息有机地组织在一起,共同表达一个完整的概念。如果只是将各种信息存储在计算机中而没有建立各种媒体之间的联系,例如只能显示图形或只能播出声音,则不能算是媒体的集成。
- 多媒体的交互性:指用户可以利用计算机对多媒体的呈现过程进行干预,从而更加个性化地获得信息。
- 实时性:指由于多媒体集成时其中的声音及活动的视频/图像是和时间密切相关

的,因此多媒体技术支持对声音和视频等媒体提供实时处理的能力。

- 非线性:以往人们读/写文本时大多采用线性顺序地读/写,循序渐进地获取知识。多媒体的信息结构形式一般是一种超媒体的网状结构,它改变了人们传统的读/写模式,借用超媒体的方法把内容以一种更灵活、更具变化的方式呈现给用户。超媒体不仅为用户浏览信息和获取信息带来极大的便利,也为多媒体的制作带来了极大的便利。
- 数字化:在实际应用中必须要将各种媒体信息转换为数字化信息后,计算机才能对数字化的多媒体信息进行存储、加工、控制、编辑、交换、查询和检索,所以多媒体信息必须是数字化信息。

3. 多媒体技术

多媒体技术是一种基于计算机技术处理多种信息媒体的综合技术,包括数字化信息的处理技术、多媒体计算机系统技术、多媒体数据库技术、多媒体通信技术和多媒体人机界面技术等。多媒体技术具有多样性、集成性、交互性、实时性、非线性和数字化等特点,其应用产生了许多新的应用领域。多媒体技术融合了计算机硬件技术、计算机软件技术以及计算机美术、计算机音乐等多种计算机应用技术。多种媒体的集合体将信息的存储、传输和输出有机地结合起来,使人们获取信息的方式变得丰富,引领人们走进了一个多姿多彩的数字世界。

多媒体关键技术包括数据压缩技术、大规模集成电路制造技术、大容量光盘存储器、实时多任务操作系统以及多种多媒体应用软件等。

1.5.2 多媒体的基本元素

多媒体是多种信息的集成应用,其基本元素主要有文本、图形、图像、音频、动画及视频等。

1. 文本

文本(Text)是文字、字符及其控制格式的集合。通过对文本显示方式(包括字体、大小、格式、颜色及文本效果等)的控制,多媒体系统可以使显示的文字信息更容易被人理解。

2. 图形

常见的图形(Graphic)包括工程设计图、美术字体等,它们的共同特点是均由点、线、圆、矩形等几何形状构成。由于这些形状可以方便地用数学方法表示,例如直线可以用起始点和终止点坐标表示,圆可以用圆点坐标和半径表示,所以在计算机中通常用一组指令来描述这些图形的构成,称为矢量图形。

由于矢量图形是用数学方法描述的,所以在还原显示时可以方便地进行旋转、缩放和扭曲等操作,并保持图形不会失真。同时,由于去掉了一些不相关信息,所以矢量图形的数据量大大减少。

3. 图像

图像(Image)与图形的区别在于,组成图像的不是具有规律的各种线条,而是具有不同颜色或灰度的点。照片就是图像的一个典型例子。

图像的分辨率是影响图像质量的重要指标,以水平和垂直两个方向上的像素数量来表示。例如分辨率 800×600 表示一幅图像在水平方向上有 800 个像素点,在垂直方向上有

600个像素点。显然,图像的分辨率越高,则组成图像的像素越多,图像的显示质量越高。

图像的灰度是决定图像质量的另一个重要指标。在图像中,如果一个像素点只有黑、白两种颜色,则可以只用一个二进制位表示;如果要表示多种颜色,则必须使用多个二进制位。例如用8个二进制位表示一个像素,则每个像素可以表示256种颜色;用24个二进制位表示一个像素,则可以有1667多万种颜色,这就是所谓的"真彩色"。

由此可见,与图形相比,一幅数字图像会占据更大的存储空间,而且,图像色彩越丰富、画面越逼真,则图像的像素也就越多,灰度也就越大,图像的数据量也就越多。

4. 音频

音频(Audio)是指音乐、语言及其他的声音信息。为了在计算机中表示声音信息,必须把声波的模拟信息转换成数字信息。其一般过程为首先在固定的时间间隔内对声音的模拟信号进行采样,然后将采样到的信号转换为用二进制数表示,按一定的顺序组织成声音文件,播放时再将存储的声音文件转化为声波播出。

当然,用于表示声音的二进制数位越多,则量化越准确,恢复的声音也就越逼真,所占据的存储空间也就越大。

5. 动画

动画(Animation)是运动的图画,实质是一幅幅静态图像或图形快速连续播放。动画的连续播放既指时间上的连续,也指图像内容上的连续,即播放的相邻两幅图像之间内容相差很小。动画与视频的区别在于动画的图像是由人工绘制出来的。

6. 视频

视频(Video)的实质就是一系列有联系的图像数据连续播放。当静态图像以每秒15～30帧的速度连续播放时,由于人眼的视觉暂留效应,会感觉不到图像画面之间的间隔,从而产生画面连续运动的感觉。视频图像可来自录像带、摄像机等视频信号源的影像,例如录像带、光盘上的电影/电视节目、电视、摄像等。

由于视觉图像的每一帧其实是一幅静态图像,所以视频信息所占据的存储空间会更加巨大。

1.5.3 多媒体计算机

多媒体计算机(Multimedia Personal Computer,MPC)实际上是对具有多媒体处理能力的计算机系统的统称。多媒体计算机系统建立在普通计算机系统的基础之上,涉及的科学技术领域除了计算机技术以外还有声、光、电磁等相关学科,是一门跨学科的综合技术。它是应用计算机技术和其他相关学科的综合技术,将各种媒体以数字化的方式集成在一起,从而使计算机具有处理、存储、表现各种媒体信息的综合能力和交互能力。

1. 多媒体计算机中的关键技术

多媒体计算机中的关键技术主要有以下几项。

1) 视频和音频数据的压缩和解压缩技术

视频信号和音频信号的数据量大得惊人,这是制约多媒体技术发展和应用的最大障碍。一帧中等分辨率(640×480)真彩色(24位)数字视频图像的数据量约占0.9MB的空间,如果存放在容量为650MB的光盘中,以每秒30帧的速度播放,只能播放约20s;双通道立体声的音频数字数据量为1.4MB/s,一个容量为650MB的光盘只能存储约7min的双通道立体声音频数据；一部放映时间为 2h 的电影或电视剧，其视频和音频的数据量共约占 208 800MB 的存储空间，这是现代存储设备根本无法解决的。所以一定要把这些信息压缩后存放，在播放时解压缩。所谓图像压缩是指图像从以像素存储的方式经过图像转换、量化和高速编码等处理转换成特殊形式的编码，从而大大减少计算机所需存储和实时传输的数据量。

2）专用芯片

多媒体计算机要进行大量的数字信号处理、图像处理、压缩和解压缩及解决多媒体数据之间关系等有关问题，所以需要使用专用芯片。这种芯片包含很多功能，集成度可达上亿个晶体管。

3）大容量存储器

目前，CD 光盘得到广泛应用，但其容量逐渐不能满足多媒体应用的需求，发展大容量光盘存储格式是目前迫切需要解决的问题。

4）适用于多媒体的软件

多媒体操作系统为多媒体计算机用户开发应用系统设置了具有编辑功能和播放功能的操作系统软件以及各种多媒体应用软件。

2. 重要硬件配置

多媒体计算机的主要硬件配置除了必须包括 CD-ROM 以外，还必须包括音频卡和视频卡，这既是构成计算机的重要组成部分，也是衡量一台 MPC 功能强弱的基本要素。

1）音频卡

音频卡又称为声卡，是多媒体计算机的标准配件之一，主要作用是对声音信息进行获取、编辑、播放等处理，为话筒、耳机、音箱、CD-ROM 以及乐器数字接口（Musical Instrument Digital Interface，MIDI）键盘、合成器等音乐设备提供数字接口和集成能力。声卡可以集成在主板上，也可以是单独部件，通过插入扩展槽中供用户使用，其主要性能指标如下。

- 采样频率：采样频率是单位时间内的采样次数。一般来说，语音信号的采样频率是语音所必需的频率宽度的两倍以上。人耳可听到的频率为 20Hz～22kHz，所以对于声频卡，其采样频率为最高频率 22kHz 的两倍以上，即采样频率应在 44kHz 以上。较高的采样频率能获得较好的声音还原。目前声频卡的采样频率一般为 44.1kHz、48kHz 或更高。

- 采样值编码位数：采样值编码位数是记录每次采样值使用的二进制编码位数。二进制编码位数直接影响还原声音的质量，当前声卡有 16 位、32 位和 64 位等，编码位数越长，声音还原效果越好。

2）视频卡

计算机处理视频信息需要使用视频卡，它是对所有用于输入/输出视频信号的接口功能卡的总称。目前常用的视频卡主要有 DV 卡和视频采集卡等。DV 卡的作用是将数字摄像机或录像带中的数字视频信号用数字方式直接输入计算机。视频采集卡先将录像带或电视中的模拟信号变成数字信号，再输入计算机。

1.5.4　多媒体技术的应用

随着多媒体技术日新月异的发展，多媒体技术的应用也越来越广泛，几乎涉及社会和人们生活的各个领域。多媒体技术的标准化、集成化以及多媒体软件技术的发展使信息的接收、处理和传输更加方便、快捷。多媒体技术的典型应用包括以下几个方面。

1. 教育和培训

由于多媒体具有非线性和多样性的特点,提供了丰富多彩的人机交流方式,而且反馈及时,所以学习者可以按自己的学习基础和学习兴趣选择所要学习的内容,提高学习的自主性与参与性。利用多媒体技术开展培训教学工作内容直观、寓教于乐,有助于提高学生的学习效率。

2. 咨询和演示

在销售、导游或宣传等活动中,使用多媒体技术编制的软件能够图文并茂地展示产品、游览景点和宣传丰富多彩的内容,观者可获得自己感兴趣的相关信息,并且公司、企业、学校、政府部门以及个人等还可以建立自己的信息网站进行自我展示和信息服务。

3. 娱乐和游戏

多媒体技术的出现使得影视作品和游戏产品制造发生了巨大的变化。计算机和网络游戏具有多媒体的感官刺激,游戏者通过与计算机交互,可以体会到身临其境的感觉,趣味性和娱乐性大大增强。

4. 电子出版

电子出版物以数字代码方式将图、文、声、像等信息编辑加工后存储在磁、光、电介质上,通过计算机或者具有类似功能的设备读取使用,用于表达思想、普及知识和积累文化,具有多媒体、交互性、高容量、易检索等特征。例如以光盘形式发行的电子图书集文字、图像、声音、动画和视频于一身,具有容量大、体积小、成本低等特点。随着多媒体技术的发展,光盘出版物逐渐呈现快速发展的趋势。

5. 视频会议系统

视频会议系统(Video Conferencing System)是人们的交流方式和科技相融合的产物。它是一个不受地域限制、建立在宽带网络基础上的双向、多点、实时的视/音频交互系统。它使在地理上分散的用户可以通过图像、声音、文本等多种方式交流信息,支持人们进行远距离实时信息交流与共享,开展协同学习和工作,就如同所有人在一个房间面对面地工作一样,极大地方便了协作成员之间的直观交流,从而真正实现"天涯共一室"的梦想。充分利用网络视频会议系统将信息传递生动化,建立基于视/音频多媒体技术互动的对话渠道,是对现有网络平台价值的一种提升。

6. 视频服务系统

诸如视频点播、视频购物、电子商务等视频服务系统拥有大量的用户,是多媒体技术的又一个应用热点。

多媒体技术的应用远不止上面所列举的这些,只要大家用心去观察、感受就会发现一个绚丽多姿的多媒体世界正在形成,让人流连忘返,更加热爱生活、享受生活。

1.5.5 流媒体技术

流媒体技术是指一边下载一边播放来自网络服务器上的音频和视频信息,而不需要等到整个多媒体文件下载完毕就可以观看的技术。流媒体技术实现了连续、实时地传送。

在流媒体技术出现之前,如果要播放网上的电影或声音,必须先将整个文件下载并保存到本地计算机上,这种播放方式称为下载播放。下载播放是一种非实时传输的播放,其实质是将媒体文件作为一般文件对待。它将播放与下载分开，播放与网络的传输速率无关。下载播放的优点是可以获得高质量的影音作品，一次下载，可以多次播放；缺点是需要较长的下载时间，客户端需要有较大容量的存储设备。下载播放只能使用预先存储的文件，不能满足实况直播的需要。

流式播放采用边下载边播放的方式，经过短暂的缓冲即可在用户终端上对视频或音频进行播放，媒体文件的剩余部分将在后台由服务器继续向用户终端不断传送，但播放过的数据不保留在用户端的存储设备上。

流媒体技术被广泛应用于网上直播、网络广告、视频点播、网络电台、远程教育、远程医疗、企业培训和电子商务等多个领域。流式播放的优点是随时传送，随时播放，能够应用于现场直播、突发事件报道等对实时性传输要求较高的场合；主要缺点是当网络传输速率低于流媒体的播放速率或网络拥塞时会造成播放的声音、视频时断时续。

目前，流媒体格式的文件有很多，例如.asf、.rm、.ra、.mpg、.flv等，不同格式的文件要用不同的播放软件来播放，常用的流媒体播放软件有RealNetworks公司的RealPlayer、Apple公司的QuickTime和微软公司的Windows Media Player。

越来越多的网站提供了在线播放视频、音频的服务，例如优酷、土豆网、中国网络电视台等。打开IE浏览器，进入这些网站后，就可以根据窗口的提示进行节目的点播，然后就可以播放。通常，在播放窗口中除了视频画面以外还有进度条、时间显示、音量调节、播放/暂停、快进及后退等控制组件。

1.6 计算机安全

随着计算机的快速发展以及计算机网络的普及，计算机安全问题越来越受到人们广泛的重视与关注。国际标准化组织(ISO)对计算机安全的定义是"为数据处理系统建立和采取的技术和管理的安全保护，保护计算机硬件、软件、数据不因偶然或恶意的原因而遭破坏、更改、泄露。"

对于计算机安全的威胁多种多样，主要是自然因素和人为因素。自然因素是指一些意外事故的威胁；人为因素是指人为的入侵和破坏，主要是计算机病毒和网络黑客。

计算机安全可以分为管理安全、技术安全和环境安全3个方面，本节只讨论计算机病毒对计算机的破坏以及如何防护。

1.6.1 计算机病毒

1. 计算机病毒的概念

计算机病毒(Computer Virus)在《中华人民共和国计算机信息系统安全保护条例》中有明确定义："病毒指编辑或者在计算机程序中插入的破坏计算机功能或者破坏数据，影响计算机使用，并且能够自我复制的一组计算机指令或者程序代码。"通俗地讲，病毒就是人为的特殊程序，具有自我复制能力、很强的感染性、一定的潜伏期、特定的触发性和极大的破坏性。

2. 计算机病毒的特征

1）非授权可执行性

计算机病毒隐藏在合法的程序或数据中，当用户运行正常程序时伺机窃取系统的控制权,得以抢先运行,然而此时用户还认为在执行正常程序。

2) 隐蔽性

计算机病毒是一种具有较高编程技巧且短小精悍的可执行程序,它通常隐藏在操作系统、引导程序、可执行文件或数据文件中,不易被人们发现。

3) 传染性

传染性是计算机病毒最重要的一个特征。病毒程序一旦侵入计算机系统,就会通过自我复制迅速传播,计算机病毒具有再生与扩散的能力。计算机病毒可以从一个程序传染到另一个程序,也可以从一台计算机传染到另一台计算机,还可以从一个计算机网络传染到另一个计算机网络。

4) 潜伏性

计算机病毒具有依附于其他媒体寄生的能力,病毒可以悄悄隐藏起来,这种媒体称为计算机病毒的宿主。入侵计算机的病毒可以在一段时间内不发作,然后在用户不察觉的情况下进行传染,一旦达到某种条件,隐藏潜伏的病毒就肆虐地进行复制、变形、传染和破坏。

5) 表现性或破坏性

无论何种病毒程序,一旦侵入系统,都会对操作系统的运行造成不同程度的影响,即使不直接产生破坏作用的病毒程序,也要占用系统资源。绝大多数病毒程序要显示一些文字或图像,影响系统的正常运行,还有一些病毒程序删除文件,甚至摧毁整个系统和数据,使之无法恢复,造成无可挽回的损失。

6) 可触发性

计算机病毒一般有一个或几个触发条件,用来激活病毒的表现部分或破坏部分。触发的实质是一种条件的控制,病毒程序可以依据设计者的要求在一定条件下实施攻击。这些条件可能是病毒设计好的特定字符、某个特定日期或特定时刻,或者是病毒内置的计数器达到一定次数等,一旦满足触发条件或者激活病毒的传染机制,病毒就会进行传染。

3. 计算机病毒的类型

目前,计算机病毒的种类繁多,其破坏性的表现方式也很多。据资料介绍,全世界目前已发现的计算机病毒超过 15 000 种,种类不一,分类的方法也有很多,按感染方式可分为引导型病毒、一般应用程序型和系统程序型病毒;按寄生方式可分为操作系统型病毒、外壳型病毒、入侵型病毒、源码型病毒;按破坏情况可分为良性病毒和恶性病毒。

1) 引导型病毒

引导型病毒又称操作系统型病毒,主要寄生在硬盘的主引导程序中,当系统启动时进入内存,伺机传染和破坏。典型的引导型病毒有大麻病毒、小球病毒等。

2) 文件型病毒

文件型病毒一般感染可执行文件(扩展名为.com 或.exe 的文件)。在用户调用染毒的可执行文件时病毒抢先被运行,然后驻留内存传染其他文件,例如 CIH 病毒。

3) 宏病毒

宏病毒是利用办公自动化软件(例如 Word、Excel 等)提供的用"宏"命令编制的病毒,通常寄生于文档或用模板编写的宏中。一旦用户打开了感染病毒的文档,宏病毒即被激活并驻留在普通模板上,使所有能自动保存的文档都感染这种病毒。宏病毒可以影响文档的打开、存储、关闭等操作,可删除文件、随意复制文件、修改文件名或存储路径、封闭有关菜单,还可造成不能正常打印,使人们无法正常使用文件。

4)网络病毒

因特网的广泛使用使利用网络传播病毒成为病毒发展的新趋势。网络病毒一般利用网络的通信功能将自身从一个节点发送到另一个节点,并自行启动。它们对网络计算机,尤其是网络服务器主动进行攻击,不仅非法占用了网络资源,而且导致网络堵塞,甚至造成整个网络系统的瘫痪。蠕虫病毒(Worm)、特洛伊木马(Trojan)病毒、冲击波(Blaster)病毒、电子邮件病毒等都属于网络病毒。

5)混合型病毒

混合型病毒是两种或两种以上病毒的混合。例如,有些混合型病毒既能感染磁盘的引导区,又能感染可执行文件;有些电子邮件病毒则是文件型病毒和宏病毒的混合体。

4. 计算机感染病毒后的常见症状

了解计算机感染病毒后的各种症状有助于及时发现病毒。计算机感染病毒后的常见症状有以下几种。

* 屏幕显示异常:屏幕上出现异常图形,有时出现莫名其妙的问候语,或直接显示某种病毒或某几种病毒的标志信息。
* 系统运行异常:原来能正常运行的程序无法运行或运行速度明显减慢,经常出现异常死机,或无故重新启动,或蜂鸣器无故发声等。
* 硬盘存储异常:硬盘空间突然减小,经常无故读/写磁盘,或磁盘驱动器"丢失"等。
* 内存异常:内存空间骤然变小,出现内存空间不足、不能加载执行文件的提示。
* 文件异常:例如,文件名称、扩展名、日期等属性被更改,文件长度加长,文件内容改变,文件被加密,文件打不开,文件被删除,甚至硬盘被格式化等;莫名其妙地出现许多来历不明的隐藏文件或者其他文件;可执行文件运行后神秘地消失或者产生出新的文件;某些应用程序被屏蔽,不能运行。
* 打印机异常:不能打印汉字或打印机"丢失"等。
* 硬件损坏:例如,CMOS 中的数据被改写,不能继续使用;BIOS 芯片被改写等。

1.6.2　网络黑客

黑客(Hacker)原指那些掌握高级硬件和软件知识能剖析系统的人,但现在"黑客"已变成了网络犯罪的代名词。黑客就是利用计算机技术和网络技术非法侵入、干扰、破坏他人的计算机系统,或擅自操作、使用、窃取他人的计算机信息资源,对电子信息交流和网络实体安全具有威胁性和危害性的人。

黑客攻击网络的方法是不停地寻找因特网上的安全缺陷,乘虚而入。黑客主要通过掌握的计算机技术和网络技术进行犯罪活动,例如窥视政府、军队的机密信息,企业内部的商业秘密,个人的隐私资料等;截取银行账号,信用卡密码,以盗取巨额资金;攻击网上服务器,或取得其控制权,继而修改、删除重要文件,发布不法言论等。

1.6.3　计算机病毒和黑客的防范

计算机病毒和黑客的出现给计算机安全提出了严峻的挑战,解决该问题最重要的一点就是树立"预防为主,防治结合"的思想,树立计算机安全意识,防患于未然,积极地预防黑客的攻击和计算机病毒的入侵。

1．防范措施

防范措施如下。

（1）对外来的计算机、存储介质（光盘、闪存盘、移动硬盘等）或软件要进行病毒检测，确认无病毒后才能使用。

（2）在别人的计算机上使用自己的闪存盘或移动硬盘的时候闪存盘或移动硬盘必须处于写保护状态。

（3）不要运行来历不明的程序或使用盗版软件。

（4）不要在系统盘上存放用户的数据和程序。

（5）对于重要的系统盘、数据盘以及磁盘上的重要信息要经常备份，以便遭到破坏时能及时得到恢复。

（6）利用加密技术对数据与信息在传输过程中进行加密。

（7）利用访问控制权限技术规定用户对文件、数据库、设备等的访问权限。

（8）不定时更换系统的密码，提高密码的复杂程度，以增强入侵者破译的难度。

（9）迅速隔离被感染的计算机：当计算机发现病毒或异常时应立刻断网，以防止计算机受到更多的感染，或者成为传播源再次感染其他计算机。

（10）不要轻易下载和使用网上的软件；不要轻易打开来历不明的邮件中的附件；不要浏览一些不太了解的网站；不要执行从互联网下载后未经杀毒处理的软件或文档；调整好浏览器的安全设置，并且禁止一些脚本和 ActiveX 控件的运行，防止恶性代码的破坏。对于通过网络传输的文件，应在传输前和接收后使用反病毒软件检测和清除病毒，以确保文件安全。

（11）关闭或删除系统中不需要的服务：在默认情况下，许多操作系统会安装一些辅助服务，例如 FTP 客户端、Telnet 等。这些服务为攻击者提供了方便，如果用户不需要使用这些功能，则可删除它们，这样可以大大减少被攻击的可能性。

（12）购买并安装正版的具有实时监控功能的杀毒卡或反病毒软件，时刻监视系统的各种异常并及时报警，以防止病毒的入侵，并要经常更新反病毒软件的版本，以及升级操作系统，安装堵塞漏洞的补丁。

（13）对于网络环境应设置"病毒防火墙"。

2．设置防火墙

防火墙是指设置在不同网络（例如可信任的企业内部网，或不可信任的公共网，或网络安全域）之间的一系列部件的组合。它可通过监测、限制、更改跨越防火墙的数据流尽可能地对外部屏蔽网络内部的信息、结构和运行状况，以此来实现网络的安全保护。

在逻辑上，防火墙是一个分离器，也是一个限制器，还是一个分析器，有效地监控了内部网和 Internet 之间的任何活动，保证了内部网络的安全。典型的防火墙具有以下 3 个方面的基本特征。

（1）内部、外部网络之间的所有网络数据流都必须经过防火墙。

（2）只有符合安全策略的数据流才能够通过防火墙。

（3）防火墙自身具有非常强的抗攻击能力。

目前常见的防火墙有 Windows 防火墙、天网防火墙、江民防火墙、瑞星防火墙及卡巴斯基防火墙等。

3. 安装正版杀毒软件

杀毒软件又称反病毒软件,是用于消除计算机病毒、特洛伊木马和恶意软件,保护计算机安全的一类软件的总称,可以对资源进行实时监控,阻止外来侵袭。杀毒软件通常集成病毒监控、识别、扫描和清除及病毒库自动升级等功能。杀毒软件的任务是实时监控和扫描磁盘,其实时监控方式因软件而异。有的反病毒软件是通过在内存中划分一部分空间,将计算机中流过内存的数据与反病毒软件自身所带的病毒库(包含病毒定义)的特征码相比较,以判断是否为病毒。另一些杀毒软件则在所划分到的内存空间中虚拟执行系统或用户提交的程序,根据行为或结果做出判断。部分反病毒软件通过在系统添加驱动程序的方式进驻系统,并且随操作系统启动。大部分的杀毒软件还具有防火墙的功能。

目前,使用较多的杀毒软件有卡巴斯基、NOD32、诺顿、瑞星、江民、金山毒霸等,对于它们的具体信息,读者可在相关网站中查询。个别反病毒软件还提供永久免费使用,例如360杀毒软件。

由于计算机病毒种类繁多,新病毒又在不断出现,病毒对反病毒软件来说永远是超前的,也就是说,清除病毒的工作具有被动性。切断病毒的传播途径,防止病毒的入侵比清除病毒更重要。

习 题 1

1. 单项选择题。

(1) 下列叙述中正确的是( )。

    A. CPU 能直接读取硬盘上的数据   B. CPU 能直接存取内存储器

    C. CPU 由存储器、运算器和控制器组成   D. CPU 主要用来存储程序和数据

(2) 1946 年首台电子数字计算机 ENIAC 问世后,冯·诺依曼(Von Neumann)在研制 EDVAC 计算机时提出两个重要的改进,它们是( )。

    A. 引进 CPU 和内存储器的概念   B. 采用机器语言和十六进制

    C. 采用二进制和存储程序控制的概念   D. 采用 ASCII 编码系统

(3) 汇编语言是一种( )。

    A. 依赖于计算机的低级程序设计语言

    B. 计算机能直接执行的程序设计语言

    C. 独立于计算机的高级程序设计语言

    D. 面向问题的程序设计语言

(4) 假设某台式计算机的内存储器容量为 128MB、硬盘容量为 10GB,则硬盘的容量是内存容量的( )。

    A. 40 倍   B. 60 倍   C. 80 倍   D. 100 倍

(5) 计算机的硬件主要包括中央处理器(CPU)、存储器、输出设备和( )。

    A. 键盘   B. 鼠标   C. 输入设备   D. 显示器

(6) 根据汉字国标 GB 2312—80 的规定,二级常用汉字个数是( )。

    A. 3000 个   B. 7445 个   C. 3008 个   D. 3755 个

(7) 在一个非零无符号二进制整数之后添加一个 0,则此数的值为原数的(　　　)。

    A. 4 倍　　　　　　　　B. 2 倍　　　　　　　　C. 1/2 倍　　　　　　　　D. 1/4 倍

(8) Pentium(奔腾)微机的字长是(　　　)。

    A. 8 位　　　　　　　　B. 16 位　　　　　　　　C. 32 位　　　　　　　　D. 64 位

(9) 下列关于 ASCII 编码的叙述中正确的是(　　　)。

    A. 一个字符的标准 ASCII 码占一个字节,其最高二进制位总为 1

    B. 所有大写英文字母的 ASCII 码值都小于小写英文字母 a 的 ASCII 码值

    C. 所有大写英文字母的 ASCII 码值都大于小写英文字母 a 的 ASCII 码值

    D. 标准 ASCII 码表有 256 个不同的字符编码

(10) 在 CD 光盘上标有"CD-RW"字样,此标记表明该光盘(　　　)。

    A. 只能写入一次,可以反复读出的一次性写入光盘

    B. 可多次擦除型光盘

    C. 只能读出,不能写入的只读光盘

    D. RW 是 Read and Write 的缩写

(11) 一个字长为 5 位的无符号二进制数能表示的十进制数值范围是(　　　)。

    A. 1～32　　　　　　　B. 0～31　　　　　　　C. 1～31　　　　　　　D. 0～32

(12) 计算机病毒是指"能够侵入计算机系统并在计算机系统中潜伏、传播,破坏系统正常工作的一种具有繁殖能力的(　　　)"。

    A. 流行性感冒病毒　　　　　　　　　　B. 特殊小程序

    C. 特殊微生物　　　　　　　　　　　　D. 源程序

(13) 在计算机中,每个存储单元都有一个连续的编号,此编号称为(　　　)。

    A. 地址　　　　　　　　B. 位置号　　　　　　　C. 门牌号　　　　　　　D. 房号

(14) 在①字处理软件、②Linux、③UNIX、④学籍管理系统、⑤Windows 7 和⑥Office 2010 这 6 个软件中,属于系统软件的是(　　　)。

    A. ①、②、③　　　　　　　　　　　　B. ②、③、⑤

    C. ①、②、③、⑤　　　　　　　　　　D. 全部都不是

(15) 在下列字符中,ASCII 码值最小的一个是(　　　)。

    A. 空格字符　　　　　　B. 0　　　　　　　　　　C. A　　　　　　　　　　D. a

(16) 十进制数 100 转换成二进制数是(　　　)。

    A. 0110101　　　　　　B. 01101000　　　　　　C. 01100100　　　　　　D. 01100110

(17) 在下列设备中,不能作为微机输出设备的是(　　　)。

    A. 打印机　　　　　　　B. 显示器　　　　　　　C. 鼠标器　　　　　　　D. 绘图仪

(18) 世界上公认的第一台电子计算机诞生于(　　　)年。

    A. 1943　　　　　　　　B. 1946　　　　　　　　C. 1950　　　　　　　　D. 1951

(19) 构成 CPU 的主要部件是(　　　)。

    A. 内存和控制器　　　　　　　　　　　B. 内存、控制器和运算器

    C. 高速缓存和运算器　　　　　　　　　D. 控制器和运算器

(20) 二进制数 110001 转换成十进制数是(　　　)。

    A. 47　　　　　　　　　B. 48　　　　　　　　　C. 49　　　　　　　　　D. 51

2. 了解计算机的系统配置,区分计算机的各类设备,会正确地开/关计算机；假设用户的计算机因故障或操作不当正处于"死机"状态,请给出合理的解决方案来重新启动计算机,并实践操作之。

3. 熟悉键盘布局,了解各键位的分布及作用,熟悉键盘上常用组合键的使用方法,学会用正确的击键方法操作键盘。

4. 练习鼠标的使用方法,能够灵活地使用鼠标进行各种操作。

5. 将常用输入法设置为系统的默认输入法。

6. 自选题目进行中文打字练习、英文打字练习以及中英文打字练习。

计算机基础知识

第2章 Windows 7 操作系统

操作系统(Operating System,OS)是最重要的系统软件,它控制和管理计算机系统软件和硬件资源,提供用户和计算机操作接口界面,并提供软件的开发和应用环境。计算机硬件必须在操作系统的管理下才能运行,人们借助操作系统才能方便、灵活地使用计算机,而Windows 则是微软公司开发的基于图形用户界面的操作系统,也是目前使用最为广泛的操作系统。本章首先介绍操作系统的基本知识和概念,之后重点介绍 Windows 7 的使用和操作。

学习目标:
- 理解操作系统的基本概念和 Windows 7 的新特性。
- 掌握构成 Windows 7 的基本元素和基本操作。
- 掌握 Windows 7 资源管理器和文件/文件夹的常用操作。
- 掌握 Windows 7 的系统设置和磁盘维护的基本方法。

2.1 操作系统和 Windows 7

操作系统是最重要、最基本的系统软件,没有操作系统,人与计算机将无法直接交互,无法合理地组织软件和硬件有效的工作。通常,没有操作系统的计算机称为"裸机"。

2.1.1 操作系统概述

1. 什么是操作系统

操作系统是一组控制和管理计算机软、硬件资源为用户提供便捷使用计算机的程序集合。它是配置在计算机上的第一层软件,是对硬件功能的扩充。它不仅是硬件与其他软件系统的接口,也是用户和计算机之间进行交流的界面。操作系统是计算机软件系统的核心,是计算机发展的产物。引入操作系统主要有两个目的:一是方便用户使用计算机,用户输入一条简单的指令就能自动完成复杂的功能,操作系统启动相应程序,调度恰当的资源执行结果;二是统一管理计算机系统的软、硬件资源,合理组织计算机工作流程,以便更有效地发挥计算机的效能。

操作系统是用户和计算机之间的接口,是为用户和应用程序提供进入硬件的界面。图 2-1 所示为计算机硬件、操作系统、其他系统软件、应用软件以及用户之间的层次关系。

图 2-1 计算机系统的层次结构

2. 操作系统的分类

一般可以把操作系统分为 3 种基本类型，即批处理操作系统、分时操作系统和实时操作系统。随着计算机体系结构的发展，又出现了许多类型的操作系统，即个人操作系统、网络操作系统、分布式操作系统和嵌入式操作系统。

(1) 批处理(Batch Processing)操作系统：工作方式是用户将作业交给系统操作员，系统操作员将许多用户的作业组成一批作业，之后输入到计算机中，在系统中形成一个自动转接的连续的作业流，然后启动操作系统，系统自动、依次执行每个作业，最后由操作员将作业结果交给用户。批处理操作系统的特点是多道和成批处理。批处理系统分为单道批处理系统和多道批处理系统。

(2) 分时(Time Sharing)操作系统：工作方式是一台主机连接了若干个终端，每个终端有一个用户在使用。用户交互式地向系统提出命令请求，系统接受每个用户的命令，采用时间片轮转方式处理服务请求，并通过交互方式在终端上向用户显示结果。用户根据上步结果发出下道命令。分时操作系统将 CPU 的时间划分成若干个片段，称为时间片。操作系统以时间片为单位，轮流为每个终端用户服务。

(3) 实时操作系统(Real Time Operating System, RTOS)：指使计算机能及时响应外部事件的请求在规定的严格时间内完成对该事件的处理，并控制所有实时设备和实时任务协调一致地工作的操作系统。实时操作系统要追求的目标是对外部请求在严格时间范围内做出反应，有高可靠性和完整性。其主要特点是资源的分配和调度首先要考虑实时性，然后才是效率。此外，实时操作系统应有较强的容错能力。

(4) 网络操作系统：基于计算机网络的在各种计算机操作系统上按网络体系结构协议标准开发的软件，包括网络管理、通信、安全、资源共享和各种网络应用，其目标是相互通信及资源共享。在其支持下，网络中的各台计算机能互相通信和共享资源。其主要特点是与网络硬件相结合来完成网络的通信任务。

(5) 分布式操作系统：为分布计算系统配置的操作系统。大量的计算机通过网络连接在一起，可以获得极高的运算能力及广泛的数据共享，这种系统称为分布式操作系统。

(6) 嵌入式操作系统：将计算机嵌入到其他设备上，这些设备无处不在，大到汽车发动机、机器人，小到电视机、微波炉、移动电话，运行在其上的操作系统称为嵌入式操作系统，这种操作系统比较简单，只实现所要求的控制功能。

3. 常用操作系统

在计算机的发展过程中出现过许多不同的操作系统，其中最为常用的有 DOS、Mac OS、Windows、Linux、Free BSD、UNIX/Xenix、OS/2 等。

(1) DOS(Disk Operating System)：微软公司研制的安装在计算机上的单用户命令行界面操作系统，曾经得到广泛应用和普及。其特点是简单易学、硬件要求低，但存储能力有限。

(2) Windows：微软公司开发的"视窗"操作系统，是目前世界上用户最多的操作系统。其特点是图形用户界面、操作简便、生动形象。目前使用最多的版本有 Windows XP、Windows Server 2003、Windows 7、Windows 8。

(3) UNIX：发展早，优点是具有较好的可移植性，可运行于不同的计算机上，具有较好的可靠性和安全性，支持多任务、多处理、多用户、网络管理和网络应用；缺点是缺乏统一的标准,应用程序不够丰富,不易学习,这些都限制了它的应用。

(4) Linux:源代码开放,用户可通过 Internet 免费获取 Linux 及生成工具的源代码,然后进行修改,建立一个自己的 Linux 开发平台,开发 Linux 软件。其特点是从 UNIX 发展而来,与 UNIX 兼容,继承了 UNIX 以网络为核心的设计思想,是一个性能稳定的多用户网络操作系统,支持多用户、多任务、多进程和多 CPU。

(5) Mac OS:运行在 Apple 公司的 Macintosh 系列计算机上的操作系统。它是首个在商用领域获得成功的图形用户界面。其优点是具有较强的图形处理能力;缺点是与 Windows 缺乏较好的兼容性,影响了它的普及。

2.1.2 Windows 7 的新特性

Windows 7 是微软公开继 Windows XP、Windows Vista 之后开发的操作系统,它比 Windows Vista 的性能更高、启动更快、兼容性更强,具有很多新特性和优点,例如提高了屏幕触控支持和手写识别,支持虚拟硬盘,改善了多内核处理器、开机速度和内核等。2009 年 10 月 22 日,微软公司于美国正式发布 Windows 7,主要的版本有 Windows 7 Home Basic (家庭普通版)、Windows 7 Professional(专业版)、Windows 7 Enterprise(企业版)、Windows 7 Ultimate(旗舰版)。本章将以旗舰版为例介绍 Windows 7 的使用。

Windows 7 主要有如下新特征。

(1) 快捷的响应速度:用户希望操作系统能够随时待命,并能够快速响应请求,因此 Windows 7 在设计时更加注重了可用性和响应性。Windows 7 减少了后台活动并支持通过触发启动系统服务,即系统服务仅在需要时才会启动,这样 Windows 7 默认启动的服务比 Windows XP 和 Windows Vista 更少,而计算机的启动速度更快,也更加稳定。

(2) 程序兼容性好:Windows 7 提供了高度的应用程序兼容性,确保在 Windows Vista 和 Windows Server 2008 上运行的应用程序也能在 Windows 7 上良好地运行。与应用程序方面相同,微软公司极大地扩展了能与 Windows 7 兼容的设备和外围设备列表。数以千计的设备通过从用户体验改善计划收集到的数据以及设备和计算机制造商的不懈努力得以被 Windows 7 识别,并且这些设备正在积极接受 Windows 7 的兼容性测试。

(3) 安全可靠的性能:Windows 7 被设计为目前最可靠的 Windows 版本。用户将遇到更少的中断,并且能在问题发生时迅速恢复,因为 Windows 7 将帮助用户修复它们。同时 Windows 7 还有强大的 Process Reflection 功能,使用 Process Reflection,Windows 7 可以捕获系统中失败进程的内存内容,同时通过"克隆"功能恢复该失败进程,从而减少由诊断造成的中断。在 Windows 7 诊断和分析失败时,应用程序可以恢复并继续运行。

(4) 延长了电池使用时间:Windows 7 延长了移动计算机的电池寿命,能让用户在获得性能的同时延长工作时间。这些省电增强功能包括增加处理器的空闲时间、优化磁盘的读取、自动关闭显示器以及能效更高的 DVD 播放等。同时,Windows 7 对电量的要求比之前版本的 Windows 更低,而且 Windows 7 提供了更明显、更及时、更准确的电池寿命通知,以帮助用户了解耗电情况和剩余电量的寿命。

(5) 媒体带来的乐趣:使用 Windows 7 中的 Windows Media Player 新功能,用户可以在家中或城镇区域内欣赏自己的媒体库。其播放功能可以用媒体流方式将音乐、视频和照片从用户计算机传输到立体声设备或电视上(可能需要其他硬件)。借助于远程媒体流,其至可以将媒体流从一台运行 Windows 7 的计算机通过互联网传输到另一台计算机上欣赏，这就是 Windows 7 多媒体中心的乐趣。

（6）日常工作更轻松：在 Windows 7 中，用户的工作将更加简单和易于操作。用户界面更加精巧、更具响应性，导航也比以往的版本更加便捷。Windows 7 将新技术以全新的方式呈现给用户，无论文件放在哪里或者何时需要，查找和访问都变得更加简单。

2.2 Windows 7 的基本元素和基本操作

作为一个全新的操作系统，Windows 7 和以前版本的 Windows 相比，基本元素仍由桌面、窗口、对话框和菜单等基本部分组成，但对于某些基本元素的组合做了精细、完美与人性化的调整，整个界面发生了较大的变化，更加友好和易用，使用户操作起来更加方便和快捷。

2.2.1 桌面

成功启动并进入 Windows 7 系统后，呈现在用户面前的屏幕上的区域称为桌面，桌面主要由桌面图标、桌面背景、"开始"按钮和任务栏 4 个部分组成。屏幕最下方的水平长条称为任务栏，任务栏最左端的图标是"开始"按钮，如图 2-2 所示。所有的桌面组件、打开的应用程序窗口以及对话框都在桌面上显示。根据系统设置的不同，用户看到的桌面可能会有差异。

图 2-2 Windows 7 桌面

另外，在 Windows 7 中，微软公司将"显示桌面"按钮放置在任务栏时间显示区域的右侧，用于改变以往 Windows XP 系统的操作习惯，单击即可快速显示或隐藏桌面，更加方便用户操作。而且将鼠标指针放置在"显示桌面"按钮上，片刻之间即可预览桌面，使得用户不用单击"显示桌面"按钮即可预览整个桌面。

1. 桌面图标与桌面背景

桌面上的图标是代表程序、文件、打印信息和计算机信息等的图形，它为用户提供在日常操作下弹出程序或文档的简便方法，这些图标包括"计算机""回收站""网络""用户的文件""控制面板"等。

Windows 7 为用户提供了丰富多彩的桌面,用户可以根据需要发挥自己的特长,打造极富个性的桌面。

1) 隐藏或显示"计算机""网络"和"回收站"等桌面图标

在 Windows 7 刚安装好以后,桌面上只有一个"回收站"图标。用户可以选择桌面快捷菜单中的"个性化"命令,在打开的"个性化"窗口中单击"更改桌面图标"超链接,弹出"桌面图标设置"对话框,在"桌面图标"组中选中或取消选中这些复选框可以显示或隐藏这些常用图标,然后单击"应用"按钮,如图 2-3 和图 2-4 所示。

图 2-3 "个性化"窗口

图 2-4 "桌面图标设置"对话框

2）桌面图标的排列

用户可以对桌面上的图标进行排列，自动排列可按名称、大小、项目类型、修改日期等顺序；也可取消自动排列后手动拖动桌面图标。取消自动排列图标的操作是在桌面的快捷菜单中选择"查看"命令，在弹出的下一级子菜单中取消"自动排列图标"选项的选中，如图 2-5 所示。

图 2-5　桌面快捷菜单

3）桌面图标的添加与删除

用户可以根据需要删除桌面图标，也可以通过程序安装、在桌面上新建文件或文件夹、创建快捷方式、复制等方法添加桌面图标。

4）桌面背景的设置

桌面背景是 Windows 7 系统桌面的背景图案，是用户最常用的一种美化桌面的方法。启动 Windows 7 后，桌面背景采用的是系统安装时的默认设置。为了使桌面的外观更加美丽、更具个性化，用户除了可以使用 Windows 7 系统提供的背景以外还可以使用保存在计算机中的图片作为桌面背景。设置桌面背景见例 2.1。

【例 2.1】　设置桌面背景，桌面背景选用一幅自己喜欢的人物照片或自然风景图片，并用"拉伸"方式覆盖整个桌面。

操作步骤如下。

（1）在打开的"个性化"窗口中单击"桌面背景"超链接，打开"桌面背景"窗口。

（2）在"桌面背景"窗口中单击"浏览"按钮选择一幅图片，在"图片位置"下拉列表框中选择"拉伸"选项，然后单击"保存修改"按钮，如图 2-6 所示。

2. 任务栏

1）任务栏的组成

任务栏是位于屏幕底部的一个水平长条区域，它由"开始"按钮、快速启动区、活动任务区、语言栏、系统通知区和"显示桌面"按钮组成，如图 2-7 所示。对任务栏的操作包括锁定任务栏、改变任务栏大小、自动隐藏任务栏等。

56

图 2-6　"桌面背景"窗口

"开始"按钮　快速启动区　　　　活动任务区　　　　　　　　语言栏　系统通知区　"显示桌面"按钮

图 2-7　任务栏

(1)"开始"按钮:"开始"按钮位于任务栏最左端,单击该按钮可以打开"开始"菜单,用户可以从"开始"菜单中启动应用程序或选择需要的菜单命令。

(2)快速启动区:用户可以将自己经常需要访问的程序的快捷方式拖入到这个区域中。如果用户想删除快速启动区中的选项,可右击对应的"图标",在弹出的快捷菜单中选择"将此程序从任务栏解锁"命令。

(3)活动任务区:该区显示了所有当前运行中的应用程序和所有打开的文件夹窗口对应的图标。需要注意的是,如果应用程序或文件夹窗口所对应的图标在"快速启动区"中出现,则其不在"活动任务区"中再出现。此外,为了使任务栏能够节省更多的空间,相同应用程序打开的所有文件只对应一个图标。为了方便用户快速地定位已经打开的目标文件或文件夹,Windows 7 还提供了两个强大的功能,即实时预览功能和跳跃快捷菜单功能。

- 实时预览功能:使用该功能可以快速地定位已经打开的目标文件或文件夹。移动鼠标指针指向任务栏中打开程序所对应的图标可以预览打开的多个窗口界面,如图 2-8 所示,单击预览的窗口界面即可切换到该文件或文件夹。
- 跳跃快捷菜单功能:右击"快速启动区"或"活动任务区"中的图标,弹出"跳跃"快捷菜单,使用"跳跃"快捷菜单可以访问经常被指定程序打开的若干个文件。需要说明的是,不同图标对应的"跳跃"快捷菜单会略有不同。

图 2-8　实时预览功能

（4）语言栏："语言栏"主要用于选择汉字输入方法或切换到英文输入状态。在Windows 7中,语言栏可以脱离任务栏,也可以将其最小化融入任务栏中。

（5）系统通知区：系统通知区用于显示音量、时钟及一些告知特定程序和计算机设置状态的图标,单击系统通知区中的"显示隐藏的图标"按钮 会弹出常驻内存的项目。

（6）"显示桌面"按钮：单击该按钮可以实现在当前窗口与桌面之间进行切换。当鼠标指针指向该按钮时预览桌面,单击该按钮则显示桌面。

2）任务栏的设置

（1）锁定任务栏：锁定任务栏就是将任务栏锁定,使其不能移动和改变大小,锁定任务栏的操作如下。

- 右击任务栏的空白区域,在弹出的快捷菜单中选择"属性"命令。
- 在打开的"任务栏和「开始」菜单属性"对话框中单击"任务栏"选项卡,在"任务栏外观"组中选中"锁定任务栏"复选框,如图 2-9 所示。
- 单击"确定"或"应用"按钮。

图 2-9　锁定任务栏

（2）改变任务栏的大小和位置：当打开很多程序时任务栏将显得特别拥挤,此时可以通过调整任务栏的大小来解决。方法是在打开的"任务栏和「开始」菜单属性"对话框的"任务栏"选项卡中清除"锁定任务栏"复选标记,然后将鼠标指针指向任务栏的边缘,当指针变为双箭头时拖动边框将任务栏调整为所需大小。改变任务栏的位置只需在该对话框的"屏幕上的任务栏位置"下拉列表框中选择某选项,如图 2-10 所示,或拖动任务栏到屏幕上的任意位置。

图 2-10　改变任务栏的大小和位置

(3) 隐藏任务栏:"任务栏和「开始」菜单属性"对话框的"任务栏"选项卡如图 2-9 所示,选中"自动隐藏任务栏"复选框,然后单击"确定"或"应用"按钮即可。

2.2.2　窗口和对话框

1. 窗口

窗口是在运行程序时屏幕上显示信息的一块矩形区域。Windows 7 中的每个程序都具有一个或多个窗口用于显示信息。在 Windows 7 中有两种窗口:一种是文件夹窗口,也就是资源管理器窗口,如图 2-11 所示;另一种是文件窗口,如图 2-12 所示。

文件夹窗口由标题栏、地址栏、搜索栏、窗口控制按钮、菜单栏、工具栏、导航窗格、详细信息面板、窗口工作区、滚动条、状态栏和"帮助"按钮组成。

文件窗口由标题栏、控制菜单图标、快速访问工具栏、窗口控制按钮、功能选项卡、功能区、工作区、滚动条、标尺按钮、状态栏和显示比例缩放区等组成。

由图 2-11 和图 2-12 不难看出两种窗口的差异。

(1) 它们虽都有标题栏,但文件夹窗口的标题栏实际上并无标题。

(2) 文件夹窗口有地址栏和搜索栏,而文件窗口没有。

(3) 文件夹窗口有菜单栏和工具栏,而文件窗口却将昔日 Windows XP 下的菜单栏和工具栏转换成今日 Windows 7 下的功能选项卡和功能区。特别有趣的是,当用户在文件窗口的工作区中添加一新对象时便立即弹出该对象所对应的功能选项卡,这些重大改变使操作更直观、更方便快捷、更加人性化。

图 2-11 文件夹窗口

图 2-12 文件窗口

1) 窗口的组成

(1) 标题栏：标题栏位于窗口顶部，用于显示窗口标题，拖动标题栏可以改变窗口的位置。

标题栏一般由控制菜单图标、标题和一组窗口控制按钮组成。

- 控制菜单图标：位于标题栏最左端，双击则关闭该窗口，单击则打开控制菜单，用于对窗口进行还原、移动、最大化、最小化和关闭等操作。

- 窗口控制按钮：位于标题栏最右端,分别是窗口"最小化"按钮 、"最大化/还原"按钮 和"关闭"按钮 ,单击相应按钮完成的功能和执行控制菜单相应命令是一样的。

(2)地址栏：地址栏显示当前窗口文件在系统中的位置。其左侧包括"返回"按钮 和 "前进"按钮 ,用于打开用户最近浏览过的窗口。

(3)搜索栏：搜索栏用于快速搜索计算机中的文件。

(4)菜单栏：菜单栏又称系统菜单,它集合了对文件夹或应用程序操作的所有命令,按操作类别划分为多个菜单构成的菜单组,一般包括"文件""编辑""查看""工具"和"帮助"等菜单,单击某菜单会打开下一级下拉式子菜单,再选择相应命令完成相应操作。

(5)工具栏：工具栏会根据窗口中显示或选择的对象同步进行变化,以便用户进行快速操作。其中,单击"组织"按钮将弹出如图 2-13 所示的下拉式菜单,用户可以从中选择各种文件管理操作,如复制、删除等。

图 2-13 "组织"按钮的下拉式菜单

(6)导航窗格：导航窗格位于工作区的左边区域,用于显示系统中的文件列表,当处于全部收缩状态时仅显示"收藏夹"和"桌面"两个部分。单击其前面的"扩展"按钮可以打开相应的列表。例如,单击"桌面"前的"扩展"按钮,可展开"库""计算机""网络"等部分。

(7)详细信息面板：详细信息面板提供了当前右窗格中所显示对象的详细信息。

(8)滚动条：Windows 7 窗口中一般包括垂直滚动条和水平滚动条两种。只有当窗口中的内容显示不下时才会出现滚动条,拖动水平或垂直方向上的滚动条可沿水平或垂直方向移动窗口中的内容以便用户浏览。

(9)窗口工作区：对于文件夹窗口,窗口工作区用于显示当前窗口中存放的文件和文件夹；对于文件窗口,窗口工作区则用于输入和编辑文件内容。

(10)状态栏：对于文件夹窗口,状态栏用于显示计算机的配置信息或当前窗口中选择对象的信息;对于文件窗口,状态栏则用于显示输入编辑内容时的状态。

需要说明的是,文件窗口中的"快速访问工具栏""功能选项卡""功能区""标尺"等部分将放在介绍 Office 办公软件时阐述,在此不做介绍。

2) 窗口的操作

(1) 打开窗口:在 Windows 7 中,用户启动一个程序、打开一个文件或文件夹时都将打开一个窗口。打开对象窗口的具体方法有以下几种。

- 双击一个对象图标。
- 选中对象后按 Enter 键。
- 在对象图标上右击,在弹出的快捷菜单中选择"打开"命令。

(2) 窗口的最大化/还原、最小化、关闭操作:单击"最大化"按钮,使窗口充满桌面,对于文档窗口是充满所对应的应用程序窗口,此时"最大化"按钮变成"还原"按钮,单击可使窗口还原;单击"最小化"按钮,将使窗口缩小为任务栏上的按钮;单击"关闭"按钮,将使窗口关闭,即关闭窗口对应的应用程序。

(3) 改变窗口的大小:当窗口处于还原状态时用鼠标拖动窗口的边框或视窗角即可改变窗口的大小。

(4) 移动窗口:当窗口处于还原状态时用鼠标拖动窗口的标题栏即可将窗口移动到指定的位置。

(5) 窗口之间的切换:常用的切换窗口的方法有以下几种。

- 当多个窗口同时打开时,单击要切换的窗口中的某一点或单击要切换到的窗口中的标题栏可以切换到该窗口。
- 在任务栏上单击某窗口对应的按钮也可切换到该按钮对应的窗口。
- 利用 Alt+Tab 或 Alt+Esc 组合键也可以在不同窗口之间进行切换。

(6) 在桌面上排列窗口:Windows 7 提供了排列窗口的命令,可使窗口在桌面上有序排列。右击任务栏的空白处,在弹出的快捷菜单中选择"层叠窗口""堆叠显示窗口"或"并排显示窗口"命令,可以使窗口按要求进行有序排列。

2. 对话框

在 Windows 7 中,选择带有省略号的菜单命令或单击"功能区"中的某功能按钮(例如在 Word 窗口中单击"字体"组中的"字体"按钮或"段落"组中的"段落"按钮)都会在屏幕上弹出一个特殊的窗口,在该窗口中列出了该命令或该按钮所需的各种参数、项目名称、提示信息及参数的可选项,这种窗口称为对话框,如图 2-14 所示。

对话框是一种特殊的窗口,它没有控制菜单图标、最大/最小化按钮,对话框的大小不能改变,但可以用鼠标将其拖动或关闭。

Windows 7 对话框中通常有以下几种控件。

(1) 选项卡:在更为复杂的对话框中需要在有限的空间内显示更多的信息,这时就设计了多个功能组,每个功能组对应一个主题,每个主题对应一个选项卡,选择某选项卡则完成一个功能组合。

(2) 文本框(输入框):接受用户输入信息的区域。

(3) 列表框:在列表框中列出了可供用户选择的各种选项,这些选项称为条目。用户单击某个条目即可将其选中。

选项卡　　　下拉列表框　　　列表框　对话框关闭按钮

复选框

预览框

命令按钮

图 2-14　"字体"对话框

（4）下拉列表框：与文本框相似，右端带有一个向下指的按钮，单击该下三角按钮会展开一个列表，在列表框中选中某一条目会使文本框中的信息发生变化。

（5）单选按钮：一组相关的选项，在这组选项中必须选中且只能选中一个选项。

（6）复选框：在复选框中给出了一些具有开关状态的设置项，用户可选中其中一个或多个，也可一个都不选。

（7）微调框：一般用来接收数字，可以直接输入数字，也可以单击"微调"按钮来增大数值或减小数值。

（8）预览框：用于预览所选对象或所设置对象的外观效果。

（9）命令按钮：在对话框中选择了各种参数，在进行各种设置之后，用鼠标单击命令按钮即可执行相应命令按钮的操作。

2.2.3　菜单

菜单主要用于存放各种操作命令，如果要执行菜单上的命令，只需单击相应的菜单项，然后在弹出的菜单中单击某个命令即可。在 Windows 7 中常用的菜单类型主要包括 4 类，即"开始"菜单、系统菜单、控制菜单和快捷菜单。

1．"开始"菜单

"开始"菜单是应用程序运行的总起始点，通过单击"开始"按钮打开该菜单组。在 Windows 7 中，"开始"菜单在原有"开始"菜单的基础上进行了许多新的改进，其功能得到了进一步增强，更加方便用户打开经常使用的文件，而且按最近启动的应用程序分门别类显示，还可直接单击打开最近常用的文件。单击"开始"按钮打开左、右两个列表项，分别以垂直排列方式显示。左列表项包括最近启动的程序区域、系统"所有程序"列表按钮和搜索框；右列表项包括"用户账户"按钮、Windows 文件夹、内置功能图标和系统"关机"按钮及"关机选项"按钮等，如图 2-15 所示。

图 2-15　"开始"菜单

1）最近启动的程序区域

在"开始"菜单中，最近启动的程序区域中会显示用户最近打开运行的应用程序，将鼠标指针移至某个程序时在列表右侧即可显示该程序最近打开的文件名称，切换快捷，查看方便。

2）系统"所有程序"列表按钮

单击下方的系统"所有程序"列表按钮可以将系统所有程序列表显示于该按钮的上方。

3）搜索框

利用搜索框可以十分方便地查找到想要的程序和文件。在搜索框中输入搜索关键词，系统便立即搜索相应的程序或文件，并显示于搜索框的上方。

4）"用户账户"按钮

单击该按钮，可以快速打开用来设置账户的窗口。

5）Windows 文件夹

Windows 文件夹包括个人文件夹、文档、图片、音乐、游戏和计算机等。

6）内置功能图标

内置功能图标包含控制面板、设备和打印机、默认程序、帮助和支持等图标，单击某图标即可打开相应的窗口，用于查看或设置相应的内置功能。

7）系统"关机"按钮及"关机选项"按钮

"开始"菜单提供了用于关闭计算机的按钮，单击右侧的系统"关机"按钮即可关闭计算机。将鼠标指针指向右侧的"关机选项"按钮，即可弹出切换用户、注销、锁定、重新启动、睡眠或休眠等"关机选项"菜单。

2．系统菜单

文件夹窗口中的菜单栏被称为系统菜单。在 Windows 7 环境下该菜单栏默认不显示，为了操作方便，用户可设置显示文件夹窗口中的菜单栏，方法是在打开的任意一个文件夹窗口中单击"组织"→"布局"→"菜单栏"选项，选中"菜单栏"选项，即可添加该菜单栏。如果要使该菜单栏隐藏，仍使用以上方法，取消选中"菜单栏"选项即可。该菜单栏主要包括"文件""编辑""查看""工具"和"帮助"，系统菜单如图 2-16 所示。

图 2-16　在文件夹窗口中添加或隐藏菜单栏

该菜单栏主要用于在文件夹窗口中对所选对象的操作。值得注意的是，当在某一文件夹窗口中添加了菜单栏后，在任何新打开的文件夹窗口中都会包含该菜单栏。

3．控制菜单

每一个打开的文件窗口标题栏的最左端都有一个控制菜单图标。控制菜单就是指单击控制菜单图标打开的菜单，如图 2-17 所示。不难看出，控制菜单主要用于对整个文件窗口的操作，即实现窗口的还原、移动、改变大小、最小化、最大化和关闭操作。

图 2-17　"控制"菜单

4．快捷菜单

无论是昔日的 Windows XP 还是今天的 Windows 7，用户在使用菜单时最喜欢使用的菜单还是快捷菜单，这是因为快捷菜单方便、快捷。快捷菜单是右击一个项目或一个区域时弹出的菜单列表。图 2-18 和图 2-19 所示分别为右击 D 盘和右击 D 盘空白区域弹出的快捷菜单，可见选择不同对象或不同区域所弹出的快捷菜单是不一样的。使用鼠标选择快捷菜单中的相应选项即可对所选对象实现"打开""删除""复制""发送""创建快捷方式"等操作。

图 2-18　右击 D 盘的快捷菜单　　　　　　图 2-19　右击 D 盘空白区域的快捷菜单

2.3　Windows 7 的文件管理和库

计算机中的所有程序、数据等都是以文件的形式存放在计算机中的。在 Windows 7 操作系统中,"计算机"与"Windows 资源管理器"都是 Windows 提供的用于管理文件和文件夹的工具,二者的功能类似,都具有强大的文件管理功能。

2.3.1　文件管理的基本概念

文件和文件夹是文件管理中的两个非常重要的对象,所以首先介绍这两个基本概念。另外,在对文件和文件夹的操作过程中经常要完成文件和文件夹的复制、移动和删除等操作,因此这里还涉及两个重要对象,即剪贴板和回收站,所以本节主要介绍文件、文件夹、剪贴板和回收站的基本概念及相关知识。

1. 文件

文件是计算机中的一个非常重要的概念,它是操作系统用来存储和管理信息的基本单位。在文件中可以保存各种信息,它是具有名字的一组相关信息的集合。编制的程序、文档以及用计算机处理的图像、声音信息等都要以文件的形式存放到磁盘中。

1) 文件的命名

每个文件都必须有一个确定的名字,这样才能做到对文件按名存取的操作。通常,文件名称由文件名和扩展名两部分组成,而文件名最多可由 225 个字符组成,文件名不能包含

"\""/"":""＊""<"">""|"、等字符。

计算机中的所有信息都是以文件的形式进行存储的,如程序、文档、图像、声音信息等。由于不同类型的信息有不同的存储格式与要求,相应地就会有多种不同的文件类型,这些不同的文件类型一般通过扩展名来表明。表 2-1 列出了常见的扩展名及其含义。

表 2-1　常见的文件扩展名及其含义

扩展名	含　义	扩展名	含　义
.com	系统命令文件	.exe	可执行文件
.sys	系统文件	.rtf	带格式的文本文件
.docx	Word 2010 文档	.obj	目标文件
.txt	文本文件	.swf	Flash 动画发布文件
.xlsx	Excel 2010 文档	.zip	ZIP 格式的压缩文件
.pptx	PowerPoint 2010 文档	.rar	RAR 格式的压缩文件
.html	网页文件	.cpp	C++语言源程序
.bak	备份文件	.java	Java 语言源程序

2) 文件通配符

在文件操作中有时需要一次处理多个文件,当需要成批处理文件时有两个特殊符号非常有用,它们就是文件通配符"＊"和"?"。在文件操作中使用"＊"代表任意多个 ASCII 码字符;在文件操作中使用"?"代表任意一个字符。在文件搜索等操作中,灵活地使用通配符可以很快地匹配出含有某些特征的多个文件或文件夹。

3) 文件属性

文件属性是用于反映该文件的一些特征的信息,常见的文件属性一般分为以下 3 类。

(1) 时间属性:

• 文件的创建时间:该属性记录了文件被创建的时间。

• 文件的修改时间:文件可能经常被修改,文件修改时间属性会记录下文件最近一次被修改的时间。

• 文件的访问时间:文件会经常被访问,文件访问时间属性记录了文件最近一次被访问的时间。

(2) 空间属性:

• 文件的位置:文件所在的位置,一般包含盘符、文件夹。

• 文件的大小:文件的实际大小。

• 文件所占磁盘空间:文件实际所占的磁盘空间。由于文件的存储以磁盘簇为单位,因此文件的实际大小与文件所占的磁盘空间在很多情况下是不同的。

(3) 操作属性:

• 文件的只读属性:为防止文件被意外修改,可以将文件设为只读属性,只读属性的文件可以被打开,除非将文件另存为新的文件,否则不能将修改的内容保存下来。

• 文件的隐藏属性:对重要文件可以将其设为隐藏属性,在一般情况下,隐藏属性的文件是不显示的,这样可以防止文件被误删除、被破坏等。

• 文件的系统属性:操作系统文件或操作系统所需要的文件具有系统属性,具有系统属性的文件一般存放在磁盘上的固定位置。

- 文件的存档属性：当建立一个新文件或修改旧的文件时系统会把存档属性赋予这个文件,当备份程序备份文件时会取消存档属性,这时,如果又修改了这个文件,则它又获得了存档属性。所以,备份程序可以通过文件的存档属性识别出该文件是否备份过或做过修改。

2. 文件夹(文件目录)

为了便于对文件的管理,Windows 操作系统采用类似于图书馆管理图书的方法,按照一定的层次目录结构对文件进行管理,称为树形目录结构。

所谓的树形目录结构就像一棵倒挂的树,树根在顶层,称为根目录,根目录下可以有若干个(第一级)子目录或文件,在子目录下还可以有若干个子目录或文件,一直可以嵌套若干级。

在 Windows 中,这些子目录称为文件夹,文件夹用于存放文件和子文件夹。用户可以根据需要把文件分成不同的组并存放到不同的文件夹中。

在对文件夹中的文件进行操作时,作为系统应该知道这个文件的位置,即它在哪个磁盘的哪个文件夹中。对文件位置的描述称为路径,例如,"D:\Test\Sub1\会议记录.docx"表明"会议记录.docx"文件在 D 盘的 Test 文件夹下的 Sub1 子文件夹中。

3. 剪贴板

为了在应用程序之间交换信息,Windows 提供了剪贴板的机制。剪贴板是内存中的一个临时数据存储区,在进行剪贴板的操作时总是通过"复制"或"剪切"命令将选定的对象送入剪贴板,然后在需要接收信息的窗口内通过"粘贴"命令从剪贴板中取出信息。

虽然"复制"和"剪切"命令都是将选定的对象送入剪贴板,但这两个命令是有区别的。"复制"命令是将选定的对象复制到剪贴板,因此执行完"复制"命令后原来的信息仍然保留,同时剪贴板中也具有该信息;"剪切"命令是将选定的对象移动到剪贴板,执行完"剪切"命令后,剪贴板中具有该信息,而原来的信息将被删除。

如果进行多次"复制"或"剪切"操作,剪贴板总是保留最后一次操作时送入的内容。但是,一旦向剪贴板中送入了信息,在下一次"复制"或"剪切"操作之前剪贴板中的内容将保持不变。这也意味着可以反复使用"粘贴"命令,将剪贴板中的信息送至不同的程序或同一程序的不同地方。

图 2-20 "剪贴板"功能组

在 Windows 7 环境下,几乎打开的所有文件窗口都有一个"剪贴板"功能组,该功能组一般包括"剪切""复制""格式刷"和"粘贴"4 个按钮,如图 2-20 所示。这 4 个按钮主要用于完成对象的剪切、复制、格式复制和粘贴操作。

4. 回收站

回收站是硬盘上的一块存储区,被删除的对象往往先放入回收站,并没有被真正删除,"回收站"窗口如图 2-21 所示。将所选文件移到回收站中是一个不完全的删除。如果下次需要使用这个被删除的文件,可以从回收站的"文件"菜单中选择"还原"命令将其恢复成正常的文件,自动放回原来的位置;当确定不再需要时可以从回收站的"文件"菜单中选择"删除"命令将其真正从回收站中删除;还可以从回收站的"文件"菜单中选择"清空回收站"命令将回收站中的全部内容删除。

回收站的存储空间可以调整。在"回收站"图标上右击,在弹出的快捷菜单中选择"属性"命令,打开如图 2-22 所示的"回收站 属性"对话框,通过该对话框可以调整回收站的存储空间。

图 2-21　"回收站"窗口　　　　　　图 2-22　"回收站属性"对话框

2.3.2　文件和文件夹的管理

在 Windows 7 中,单击"开始"→"所有程序"→"附件"→"Windows 资源管理器"选项,或右击"开始"按钮,从弹出的快捷菜单中选择"打开 Windows 资源管理器"命令,都可以打开"Windows 资源管理器"窗口。"Windows 资源管理器"窗口就是一个"库"窗口,在"库"窗口中单击导航窗格中的任意一个目录即可打开任意一个相应目录的文件夹窗口,所以在Windows 7 中既可以在文件夹窗口中操作文件和文件夹,也可以在"Windows 资源管理器"窗口中管理文件和文件夹。

1. 打开文件夹

文件夹窗口可以让用户在一个独立的窗口中对文件夹中的内容进行操作。打开文件夹的方法通常是在桌面上双击"计算机"图标,打开"计算机"窗口,再双击窗口中要操作的盘区的图标,打开该盘符图标所对应的窗口,右窗格显示该盘区中的所有文件或者文件夹图标。如果需要对某一文件夹下的内容进行操作,则需要再双击该文件夹打开相应的文件夹窗口。如果需要,还可以依次打开其下的各级子文件夹窗口。

2. 文件和文件夹的显示和排序

Windows 7 提供了多种方式来显示文件或文件夹。选择文件夹窗口中的"查看"和"排序方式"快捷菜单选项可以改变文件夹窗口中内容的显示方式和排序方式。

1) 文件和文件夹的显示方式

在文件夹窗口中的空白处右击并选择"查看"选项,弹出其下一级子菜单,其中主要包括"超大图标""大图标""中等图标""小图标""列表""详细信息""平铺"和"内容"8 种方式,如图 2-23 所示。选择其中任意一个选项即可按要求显示文件夹窗口中的文件和文件夹。

2) 文件和文件夹的排序方式

用户可以按照文件和文件夹的名称、类型、大小和修改日期对文件夹窗口中的文件和文件夹进行排列显示,以方便对文件进行管理,如图 2-24 所示。

图 2-23 "查看"子菜单   图 2-24 "排序方式"子菜单

3. 文件和文件夹的显示与隐藏

1)显示/隐藏文件和文件夹

用户在文件夹窗口中看到的可能并不是全部的内容,有些内容当前可能没有显示出来,这是因为 Windows 7 在默认情况下会将某些文件(例如隐藏文件)隐藏起来不显示。为了能够显示所有文件和文件夹,可进行如下设置。

(1)选择"组织"→"文件夹和搜索选项"命令或选择"工具"→"文件夹选项"命令,弹出"文件夹选项"对话框。

(2)选择"查看"选项卡。

(3)在"隐藏文件和文件夹"复选框下选中"显示隐藏的文件、文件夹和驱动器"单选按钮,如图 2-25 所示。

图 2-25 "文件夹选项"对话框

【说明】 上述设置是对整个系统而言的,即如果在任何一个文件夹窗口中进行了上述设置,在之后打开的其他文件夹窗口中都能看到所有文件和文件夹。

2）显示/隐藏文件的扩展名

通常情况下，在文件夹窗口中看到的大部分文件只显示了文件名的信息，而其扩展名并没有显示。这是因为在默认情况下 Windows 7 对于已在注册表中登记的文件只显示文件名，而不显示扩展名。也就是说，Windows 7 是通过文件的图标来区分不同类型的文件的，只有那些未被登记的文件才能在文件夹窗口中显示其扩展名。

如果想看到所有文件的扩展名，可以选择"组织"→"文件夹和搜索选项"命令，弹出"文件夹选项"对话框，然后在"查看"选项卡中取消选中"隐藏已知文件类型的扩展名"复选框，如图 2-25 所示。

【说明】 该项设置也是对整个系统而言的，不是仅仅对当前文件夹窗口。

4. 新建文件和文件夹

新建文件和文件夹的最简便的方法如下。

（1）右击文件夹窗口的空白处或桌面，在弹出的快捷菜单中选择"新建"命令。

（2）在下一级菜单中选择某一类型的文件或文件夹命令，如图 2-26 所示。

（3）输入文件名或文件夹名。新建文件和文件夹的名字默认为"新建"，如图 2-27 所示。

图 2-26 "新建"的下一级菜单　　　　图 2-27 新建文件和文件夹名

5. 创建文件或文件夹的快捷方式

用户可以为自己经常使用的文件或文件夹创建快捷方式，快捷方式只是将对象（文件或文件夹）直接链接到桌面或计算机中的任意位置，其使用和一般图标一样，这就减少了查找资源的操作，提高了用户的工作效率。创建快捷方式的操作如下。

（1）右击要创建快捷方式的文件或文件夹。

（2）在弹出的快捷菜单中选择"创建快捷方式"或选择"发送到"→"桌面快捷方式"命令，如图 2-28 所示。前者创建的快捷方式与对象同处一个位置，后者创建的快捷方式在桌面上。

6. 文件或文件夹的重命名

用户有时需要更改文件或文件夹的名字，这时可以按照下述方法之一进行操作。

| 打开(O) |
| 在新窗口中打开(E) |
| 用 QQMusic 播放(P) |
| 加入 QQMusic 播放队列(E) |
| 添加到压缩文件(A) ... |
| 添加到 "大学计算机基础题库（最新版）.zip"(T) |
| 添加到 "大学计算机基础题库（最新版）.zip" 并邮件 |
| 其他压缩命令 |
| 使用新毒霸进行扫描 |
| 共享(H) |
| 共享文件夹同步 |
| 还原以前的版本(V) |
| 使用 百度杀毒 扫描 |
| 包含到库中(I) |
| 通过QQ发送到我的手机 |
| 扫描病毒（电脑管家） |
| 发送到(N) |
| 剪切(T) |
| 复制(C) |
| 创建快捷方式(S) |
| 删除(D) |
| 重命名(M) |
| 属性(R) |

发送到子菜单：
传真收件人
文档
压缩(zipped)文件夹
邮件收件人
桌面快捷方式
DVD RW 驱动器 (G:)

图 2-28　创建文件或文件夹的快捷方式

（1）选定要重命名的对象，然后单击对象的名字，再输入对象名。

（2）右击要重命名的对象，在弹出的快捷菜单中选择"重命名"命令，然后输入对象名。

（3）选定要重命名的对象，然后选择"文件"→"重命名"命令，再输入对象名。

（4）选定要重命名的对象，然后按 F2 键，再输入对象名。

【说明】　文件的扩展名一般是默认的，例如 Word 2010 文件的扩展名是.docx，当更改文件名时只需更改它的名字部分，而不需要更改扩展名。例如，"计算机应用基础.docx"改名为"大学计算机基础.docx"，只需将"计算机应用基础"改为"大学计算机基础"即可。

2.3.3　文件和文件夹的操作

文件和文件夹的操作主要包括文件和文件夹的选定，文件和文件夹的复制、移动和删除，撤销与恢复，文件和文件夹的搜索等，这些是人们在日常工作中经常进行的操作。

1. 选定文件和文件夹

在 Windows 中进行操作，首先必须选定对象，再对选定的对象进行操作。下面介绍选定对象的几种方法。

1）选定单个对象

单击文件、文件夹或快捷方式图标，则选定被单击的对象。

2）同时选定多个对象

（1）按住 Ctrl 键，依次单击要选定的对象，则这些对象均被选定。

（2）用鼠标左键拖动形成矩形区域，区域内的对象均被选定。

（3）如果选定的对象连续排列，先单击第一个对象，然后在按住 Shift 键的同时单击最后一个对象，则从第一个对象到最后一个对象之间的所有对象均被选定。

（4）在文件夹窗口中选择"编辑"→"全部选定"命令或按 Ctrl+A 组合键，则当前窗口中的所有对象均被选定。

2. 移动或复制文件和文件夹

有多种方法可以完成移动和复制文件和文件夹的操作，即利用鼠标右键或左键拖动以及利用 Windows 的剪贴板。

1）鼠标右键操作

首先选定要移动或复制的文件或文件夹，按下鼠标右键拖动至目标位置，然后释放按键，此时会弹出菜单询问"复制到当前位置""移动到当前位置""在当前位置创建快捷方式"和"取消"，根据要做的操作选择其一即可，如图 2-29 所示。

2）鼠标左键操作

首先选定要移动或复制的文件或文件夹，按住鼠标左键不放拖动至目标位置，然后释放按键。左键拖动不会出现菜单，但根据不同的情况所做的操作可能是移动、复制或复制快捷方式。

图 2-29　用鼠标右键拖动形成的菜单

（1）对于多个对象或单个非程序文件，如果在同一盘区拖动，例如从 F 盘的一个文件夹拖到 F 盘的另一个文件夹，则为移动；如果在不同盘区拖动，例如从 F 盘的一个文件夹拖到 E 盘的一个文件夹，则为复制。

（2）在同一盘区，在拖动的同时按住 Ctrl 键则为复制，在拖动的同时按住 Shift 键或不按则为移动。

（3）如果将一个程序文件从一个文件夹拖动至另一个文件夹或桌面上，Windows 7 会把源文件留在原文件夹中，而在目标文件夹中建立该程序的快捷方式。

3）利用 Windows 剪贴板的操作

利用剪贴板进行文件和文件夹的移动或复制的常规操作如下。

（1）选定要移动或复制的文件和文件夹。

（2）如果是复制，则选择"复制"命令或按 Ctrl+C 组合键；如果是移动，则选择"剪切"命令或按 Ctrl+X 组合键。

（3）选定接收对象的位置，即打开目标位置的文件夹窗口或切换至桌面。

（4）选择"粘贴"命令或按 Ctrl+V 组合键。

3. 撤销与恢复操作

在执行了移动、复制、更名等操作后，如果用户又改变了主意，可选择"编辑"→"撤销"命令，也可选择"组织"→"撤销"命令，还可以按 Ctrl+Z 组合键，这样就可以取消刚才的操作。如果在取消了刚才的操作后又想恢复刚才的操作，则可选择"编辑"→"恢复"命令，也可选择"组织"→"恢复"命令，还可以按 Ctrl+Y 组合键，这样又恢复了刚才被撤销的操作。

4. 删除文件或文件夹

删除文件或文件夹最快捷的方法就是用 Delete 键。首先选定要删除的对象，再按 Delete 键，然后在弹出的"删除文件"或"删除文件夹"对话框中单击"是"按钮即可删除。此外还可以用以下方法删除。

（1）右击要删除的对象，在弹出的快捷菜单中选择"删除"命令。

（2）选定要删除的对象，然后将其直接拖至回收站。

不论采用哪种方法，在进行删除之前系统都会给出确认信息让用户确认，确认后系统才将文件或文件夹删除。需要说明的是，在一般情况下，Windows并不真正地删除文件或文件夹，而是将被删除的项目暂时放在回收站中。实际上，回收站是硬盘上的一块区域，被删除的文件或文件夹会被暂时存放在这里，如果发现删除有误，可以通过回收站恢复。

在删除文件或文件夹时，如果是在按住 Shift 键的同时按 Delete 键删除，则被删除的文件或文件夹不进入回收站，而是真正被物理删除了，在做这个操作时请大家一定要慎重。

5. 恢复删除的文件、文件夹和快捷方式

如果用户在删除后立即改变了主意，可通过选择"撤销"命令来恢复删除。但是对于已经删除一段时间的文件和文件夹，需要到回收站中查找并进行恢复。

1）回收站的操作

双击"回收站"图标，打开"回收站"窗口，在其中会显示最近删除的项目名字、位置、日期、类型和大小等信息。选定需要恢复的对象，此时工具栏中会出现"还原此项目"按钮，单击该按钮，或选择"文件"→"还原"命令，即可将文件或文件夹恢复至原来的位置，还可以右击要恢复的对象，在弹出的快捷菜单中选择"还原"命令。如果在恢复过程中原来的文件夹不存在，则 Windows 7 会要求重新创建文件夹。

需要说明的是，从优盘或网络服务器中删除的项目不保存在回收站中。此外，当回收站中的内容过多时，最先进入回收站的项目将被真正地从硬盘删除。因此，在回收站中只能保存最近删除的项目。

2）清空回收站

如果回收站中的文件过多，也会占用磁盘空间。因此，如果某文件确实不需要了，应该将其从回收站中清除（真正删除），这样就可以释放一些磁盘空间。

在"回收站"窗口中选定需要删除的文件，按 Delete 键，在回答了确认信息后就完成了真正删除。如果要清空回收站，单击工具栏上的"清空回收站"按钮或选择"文件"→"清空回收站"命令即可，如图 2-21 所示。

6. 设置文件或文件夹的属性

其具体操作为右击文件或文件夹，在弹出的快捷菜单中选择属性命令，打开其属性对话框，图 2-30 和图 2-31 所示分别为文件夹属性和文件属性对话框，然后在属性对话框中选择需要设置的"只读"属性和"隐藏"属性，若要设置"存档"属性，则需要单击"高级"按钮，在打开的"高级属性"对话框中进行相应设置，然后单击"确定"或"应用"按钮。

从图 2-30 和图 2-31 中可以看出，在属性对话框中还显示了文件夹或文件的许多重要的统计信息，例如文件的大小、创建或修改的时间、位置、类型等。

7. 文件和文件夹的搜索

当计算机中的文件和文件夹过多时，用户在短时间内难以找到，这时用户可借助 Windows 7 的搜索功能快速搜索到需要使用的文件或文件夹。

图 2-30　文件夹属性对话框

图 2-31　文件属性对话框

1) 使用"开始"菜单上的搜索框

单击"开始"按钮,弹出"开始"菜单,在"搜索程序和文件"文本框中输入想要查找的信息,例如想要查找计算机中所有的"图表"信息,只要在文本框中输入"图表",之后系统便立即开始查找,并将与输入文本相匹配的项都显示在"开始"菜单中。

需要说明的是,通过"开始"菜单进行搜索时搜索结果中仅显示已建立索引的文件。计算机上的大多数文件会自动建立索引。例如,包含在库中的所有内容都会自动建立索引。索引就是一个有关计算机中的文件的详细信息的集合,通过索引可以使用文件的相关信息快速、准确地搜索到想要的文件。

2) 使用文件夹窗口中的搜索栏

如果想要查找的文件或文件夹位于某个特定的文件夹中,则可打开某个特定的文件夹窗口,然后在窗口顶部的搜索栏(又称"搜索"文本框)中进行查找。

例如,要在 D 盘中查找所有的文本文件,则需要首先打开 D 盘文件夹窗口,然后在"搜索"文本框中输入"*.txt",之后系统立即开始搜索,并将搜索结果显示于右窗格,如图 2-32 所示。

如果用户想要基于一个或多个属性搜索文件或文件夹,则搜索时可以在文件夹窗口的"搜索"文本框中使用搜索筛选器指定属性,从而更加快速地查找到指定属性的文件或文件夹。

例如,查找 F 盘上的上星期修改过的所有"*.jpg 文件",需要首先打开 F 盘窗口,然后在"搜索"文本框中输入"*.jpg",并单击"搜索"文本框,从弹出的下拉列表中选择"修改日期"→"上星期",如图 2-33 所示,则系统立即开始搜索,并将搜索结果显示于右窗格。

又如查找"计算机"上所有大于 128MB 的文件,应该打开"计算机"窗口,在"搜索"文本框中单击,在弹出的下拉列表中选择"大小"→"巨大(>128MB)",则系统立即开始搜索,并将搜索结果显示于右窗格,如图 2-34 所示。

图 2-32　在 D 盘中搜索文本文件

图 2-33　在 F 盘上搜索上星期修改过的 .jpg 文件

2.3.4　库的创建和设置

　　库是 Windows 7 中的新增功能,所谓"库",就是专用的虚拟视图。用户可以将磁盘上不同位置的文件夹添加到库中,并在库这个统一的视图中浏览不同文件夹内容。库有点类似于文件夹,当用户打开库时将看到一个或多个文件。与文件夹不同的是,库可以收集存储在计算机多个位置中的文件,并将其显示于一个库集合,而无须从其存储位置移动这些

76

图 2-34　查找计算机上所有大于 128MB 的文件

文件。

库的特点如下。

(1) 在一个库中可以包含多个文件夹,同时一个文件夹也可以被包含在多个不同的库中。

(2) 库并不存储项目,它好比访问文件的快捷链接,用户可以从库快速访问磁盘上不同文件夹中的文件。例如,如果在磁盘上的多个文件夹中有图片文件,则可以使用图片库同时访问所有文件夹中的图片文件。

(3) 库中链接会随着原始文件夹的变化而自动更新,并且可以以同名的形式存在于文件库中。

(4) 通过库对文件的操作就是对磁盘上实际文件的操作,因此删除库中的文件就是删除磁盘上的对应文件。

以下是对库进行的常用操作。

1. 新建库

系统安装成功时有 4 个默认库,即视频、图片、文档和音乐,用户的"我的文档"文件夹默认放于文档库中。用户也可以新建库用于其他集合中。

新建库的操作步骤如下。

(1) 打开资源管理器窗口。

(2) 单击导航窗格中的"库"图标打开"库"窗口。

(3) 在"库"窗口的工具栏中单击"新建库"按钮,或选择"文件"→"新建"→"库"命令,或在"库"窗口的空白处右击,在弹出的快捷菜单中选择"新建"→"库"命令,则"新建库"图标出现在"库"窗口的右窗格中,如图 2-35 所示。

(4) 为新建库命名。

图 2-35　在"库"窗口中新建库

2. 库的设置

在新建库完成之后,就要将文件夹包含到库中,这就是库的设置。

下面以"视频"库的设置为例说明其操作步骤。

(1) 在打开的"库"窗口中右击"视频"图标,从弹出的快捷菜单中选择"属性"命令,打开"视频属性"对话框,如图 2-36 所示。

图 2-36　"视频属性"对话框一

(2) 在"视频属性"对话框的"库位置"栏中默认包含有"我的视频"和"公用视频"。单击"包含文件夹"按钮打开"将文件夹包括在'视频'中"对话框,在左窗格目录树中选中某个目录名，例如选择 Admin，则在右窗格中显示该目录名下的文件夹，选中某个文件夹，例如选择"我的图片"，此时在"文件夹"文本框中出现了"我的图片"文字，如图 2-37 所示。

图 2-37　"将文件夹包括在'视频'中"对话框

（3）单击"包括文件夹"按钮，返回到"视频属性"对话框。

（4）按此方法还可以添加多个文件夹。图 2-38 所示为添加了"我的图片"和"我的音乐"文件夹的"视频属性"对话框。

图 2-38　"视频属性"对话框二

（5）在需要的文件夹全部添加完后单击"确定"或"应用"按钮，最后关闭对话框。

（6）如果需要对库中的文件夹设置保存位置或移出，只要在"视频属性"对话框的"库位置"栏选中某个文件夹，然后单击"设置保存位置"或"删除"按钮；如果需要将添加到"库位置："栏的全部文件夹移出，只需单击"还原默认值"按钮。最后单击"确定"或"应用"按钮，以上操作才生效，如图 2-39 所示。

图 2-39 "视频属性"对话框三

2.4 Windows 7 的系统设置和磁盘维护

Windows 7 的系统设置包括账户、外观和主题、鼠标与键盘、区域与时间等的设置，以及安装与卸载程序，备份与还原数据等。限于篇幅，本节仅介绍账户设置、Windows 7 系统外观和主题的设置，最后简单介绍磁盘维护。

2.4.1 账户设置

当多个用户同时使用一台计算机时，需要在系统中创建多个账户，不同用户可以在各自的账户下进行操作，这样更能保证各自文件的安全。Windows 7 支持多用户使用，只需为每个用户建立一个独立的账户，每个用户可以按照自己的喜好和习惯配置个人选项，每个用户可以用自己的账号登录系统，并且多个用户之间的系统设置可以是相对独立、互不影响的。

在 Windows 7 中，系统提供了 3 种不同类型的账户，分别为管理员账户、标准账户和来宾账户，不同的账户使用权限不同。管理员账户拥有最高的操作权限，有完全访问权，可以做任何需要的修改；标准账户可以执行管理员账户下的几乎所有操作，但只能更改不影响其他用户或计算机安全的系统设置；来宾账户针对的是临时使用计算机的用户，拥有最低的使用权限,不能对系统设置进行修改,只能进行最基本的操作,该账户默认没有被启用。

1. 建立新账户

创建一个新账户的操作步骤如下。

(1) 单击"开始"按钮,在打开的"开始"菜单的左列表项中选择"控制面板"命令,打开"控制面板"窗口,如图 2-40 所示。

图 2-40 "控制面板"窗口

(2) 在"控制面板"窗口的"用户账户和家庭安全"组中单击"添加或删除用户账户"超链接,打开"管理账户"窗口,如图 2-41 所示,该窗口的上半部分显示的是系统中所有的有用账户,在成功创建新用户账户后,新账户会在该窗口中显示。

图 2-41 "管理账户"窗口

（3）在"管理账户"窗口中单击"创建一个新账户"超链接,打开如图 2-42 所示的"创建新账户"窗口,输入新账户名称,单击"创建账户"按钮,完成一个新账户的创建。

图 2-42 "创建新账户"窗口

2. 设置账户

在图 2-41 所示的"管理账户"窗口中单击该账户名,例如 student,打开如图 2-43 所示的"更改账户"窗口,可进行更改账户名称,创建、修改或删除密码(若该用户已创建密码,则是修改、删除密码),更改图片,删除账户等操作。

图 2-43 "更改账户"窗口

1）创建密码

单击图 2-43 所示的"更改账户"窗口中的"创建密码"超链接,打开如图 2-44 所示的"创建密码"窗口,输入密码,然后单击"创建密码"按钮即可。

图 2-44 "创建密码"窗口

2) 更改账户名称和图片

单击图 2-43 所示的"更改账户"窗口中的"更改账户名称"超链接,打开如图 2-45 所示的"重命名账户"窗口,输入新账户名,然后单击"更改名称"按钮即可。

图 2-45 "重命名账户"窗口

单击图 2-43 所示"更改账户"窗口中的"更改图片"超链接,打开如图 2-46 所示的"选择图片"窗口,选择要更改的图片,然后单击"更改图片"按钮即可。

3) 删除账户

在图 2-41 所示的"管理账户"窗口中选择要删除的账户名,在如图 2-43 所示的"更改账户"窗口中单击"删除账户"超链接,该账户将被删除。

图 2-46 "选择图片"窗口

3. "家长控制"功能

为了能让家长方便地控制孩子使用计算机,Windows 7 提供了"家长控制"功能,使用该功能可以对指定账户的使用时间及使用程序进行限定,还可以对孩子玩的游戏类型进行限定。

2.4.2 外观和主题的设置

与之前版本的 Windows 相比,Windows 7 拥有更加绚丽的外观和主题,用户可以根据自己的喜好更改默认的外观和主题样式,进行个性化设置。

1. 设置桌面主题

桌面主题是背景加一组声音、图标以及只需要单击即可帮助用户个性化设置计算机的元素。通俗来说,桌面主题就是不同风格的桌面背景、操作窗口、系统按钮,以及活动窗口和自定义颜色、字体等的组合体。桌面主题可以是系统自带的,也可以通过第三方软件来实现。当用户对某个第三方主题桌面厌倦时可以下载新的主题文件到系统中更新。在 Windows 7 中设置桌面主题的方法是右击桌面,在弹出的快捷菜单中选择"个性化"命令,弹出"个性化"窗口,选择"我的主题"或"Aero 主题",如图 2-47 所示,然后从中选择一个主题。

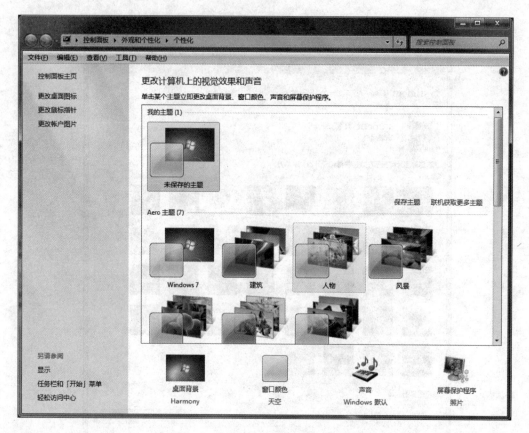

图 2-47 在"个性化"窗口中设置主题

2. 设置屏幕保护程序

所谓屏幕保护是指在一定时间内没有操作计算机时，Windows 7 会自动启动屏幕保护程序。此时工作屏幕内容被隐藏起来而显示一些有趣的画面，当用户按键盘上的任意键或移动一下鼠标时，如果没有设置密码，屏幕会恢复到以前的图像，回到原来的环境中。

【**例 2.2**】 选择一组图片作为屏幕保护程序，幻灯片放映速度为"中速"，等待时间为 1 分钟。

其操作步骤如下。

（1）在"个性化"窗口中单击"屏幕保护程序"超链接，打开"屏幕保护程序设置"对话框，在"屏幕保护程序"下拉列表中选择"照片"选项，将"等待"设置为 1 分钟，如图 2-48 所示。

（2）单击"设置"按钮，打开"照片屏幕保护程序设置"对话框，在"幻灯片放映速度"下拉列表框中选择"中速"，如图 2-49 所示。

（3）单击"浏览"按钮，选择预先安排好的一组图片，然后单击"保存"按钮，返回到"屏幕保护程序设置"对话框。

（4）单击"确定"按钮。

在设置 Windows 7 的屏幕保护程序时，如果同时选中"在恢复时显示登录屏幕"复选框，那么从屏幕保护程序回到 Windows 7 时必须输入系统的登录密码，这样可以保证未经许可的用户不能进入系统。

图 2-48 "屏幕保护程序设置"对话框

图 2-49 "照片屏幕保护程序设置"对话框

3. 设置颜色和外观

在 Windows 7 中,用户可以随意设置窗口、菜单和任务栏的颜色和外观,还可以调整颜色浓度与透明效果。

其操作方法如下。

(1) 在桌面空白处右击,在弹出的快捷菜单中选择"个性化"命令。

(2) 在弹出的"个性化"窗口中单击"窗口颜色"超链接。

(3) 在弹出的"窗口颜色和外观"窗口中选择一种方案,并选择是否"启用透明效果"和对"颜色浓度"进行调整,如图 2-50 所示。

(4) 单击"保存修改"按钮。

图 2-50　"窗口颜色和外观"窗口

4. 设置显示器

在 Windows 7 中,显示器设置主要涉及显示器的分辨率、刷新频率和颜色等参数,恰当的设置使得显示器的图像更加逼真、色彩更加丰富,同时降低屏幕闪烁给用户视力带来的影响。

1) 设置显示器的分辨率

分辨率是指显示器所能显示的像素的多少。例如,分辨率为 1024×768 表示屏幕上共有 1024×768 个像素。分辨率越高,显示器可以显示的像素越多,画面越精细,屏幕上显示的项目越小,相对也增大了屏幕的显示空间,同样的区域内能显示的信息也就越多,故分辨率是个非常重要的性能指标。

通过桌面快捷菜单选择"屏幕分辨率"命令,打开"屏幕分辨率"窗口,在"分辨率"下拉列表框中调整设置,然后单击"确定"按钮即可,如图 2-51 所示。

2) 设置显示器的刷新频率

刷新频率是指图像在屏幕上更新的速度,即屏幕上的图像每秒钟出现的次数,单位为赫兹(Hz)。刷新频率越高,屏幕上图像的闪烁感就越小,稳定性也就越高,对视力的保护也就越好。一般将刷新频率设置为 75Hz 或 80Hz,而液晶显示器的刷新频率保持默认值。

在"屏幕分辨率"窗口中单击"高级设置"超链接,在打开的"通用即插即用监视器和 Intel(R) HD Graphics 3000 属性"对话框中选择"监视器"选项卡,即可看到"监视器设置"下的"屏幕刷新频率",一般为 60Hz,在"颜色"下拉列表框中可以设置屏幕颜色为"真彩色(32 位)"或"增强色(16 位)",如图 2-52 所示。

3) 设置屏幕显示模式

在 Windows 7 中,屏幕显示模式将屏幕分辨率、颜色和屏幕刷新频率 3 种显示设置合为一体,只要选择一种模式就可以将 3 种显示设置进行同时更改。

图 2-51　"屏幕分辨率"窗口

在"通用即插即用监视器和 Intel(R) HD Graphics 3000 属性"对话框中切换到"适配器"选项卡,如图 2-53 所示,单击"列出所有模式"按钮,弹出"列出所有模式"对话框,如图 2-54所示,在"有效模式列表"列表框中选择需要的显示模式,例如选择"1024×768,真彩色(32位),60 赫兹",然后单击"确定"按钮即可。

图 2-52　设置屏幕刷新频率的对话框

图 2-53　"适配器"选项卡

第 2 章

Windows 7 操作系统

图 2-54 "列出所有模式"对话框

5. 设置桌面小工具

在 Windows 7 中,桌面小工具是一些可自定义的小程序,这些小程序可以提供即时信息以及可以轻松访问常用工具的途径。例如,用户可以使用桌面小工具显示图片幻灯片、查看不断更新的标题或查找联系人,而无须打开新的窗口。

1) 添加桌面小工具

在默认情况下,桌面小工具库是不会运行的,这时需要通过单击"开始"按钮,选择"所有程序"→"桌面小工具库"命令,或单击桌面空白处,在弹出的快捷菜单中选择"小工具"命令,打开桌面小工具库,如图 2-55 所示。

图 2-55 桌面小工具库

桌面小工具库提供了"CPU 仪表盘""幻灯片放映""图片拼图板""货币""日历""时钟"和"天气"等组件,只要双击其中的某个小工具组件即可将其添加到桌面上。图 2-56 所示为在桌面上添加了"CPU 仪表盘""图片拼图板""日历"和"时钟"组件的 Windows 7 桌面。

2) 删除桌面小工具

如果要从桌面上删除某个小工具组件,只要将鼠标指针放于其上,然后单击显示于右上角的"关闭"按钮即可。图 2-56 所示为将鼠标指针放于"图片拼图板"上时的 Windows 7 桌面。

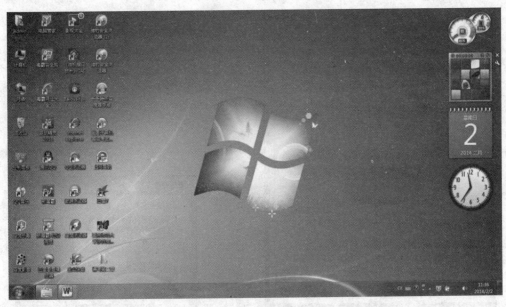

图 2-56　添加了桌面小工具组件的 Windows 7 桌面

2.4.3　磁盘维护

磁盘是程序和数据的载体,它包括硬盘、光盘和 U 盘等,还包括曾经被人们广泛使用的软盘。通过对磁盘进行维护,可以增大数据的存储空间,加大对数据的保护,Windows 7 系统提供了多种磁盘维护工具,如"磁盘查错""磁盘清理"和"磁盘碎片整理"工具。用户通过使用它们能及时、方便地扫描硬盘、修复错误、对磁盘的存储空间进行清理和优化,使计算机的运行速度得到进一步提升。

1. 查看磁盘属性和错误

查看磁盘属性和错误就是为了及时发现错误并及时修复。

1）查看磁盘属性

磁盘可视为特殊文件夹,查看其属性和文件夹操作相同。查看磁盘属性的操作如下。

（1）选定需要查看属性的磁盘驱动器并右击。

（2）在弹出的快捷菜单中选择"属性"命令,打开磁盘属性对话框,如图 2-57 所示。

（3）在该对话框的"常规"选项卡中可查看磁盘卷标、已用空间和可用空间,设置压缩和索引属性,进行磁盘清理;通过"工具"选项卡可以检查磁盘错误、整理磁盘碎片和备份;通过"硬件"选项卡可以查看本机所配置的硬盘情况。

2）磁盘查错

用户经常使用磁盘查错工具来扫描硬盘的启动分区并修复错误,以免因系统文件和启动磁盘损坏而导致系统不能启动或不能正常工作。磁盘查错的操作步骤如下。

（1）右击需要查错的磁盘驱动器,在弹出的快捷菜单中选择"属性"命令,然后在打开的磁盘属性对话框中单击"工具"选项卡,在"查错"选项区中单击"开始检查"按钮,弹出"正在检查磁盘"对话框,如图 2-58 所示。

（2）在该对话框中单击"开始"按钮,系统立即开始检查磁盘错误并显示检查进度。

Windows 7 操作系统

图 2-57　磁盘属性对话框

图 2-58　"正在检查磁盘"对话框

2. 磁盘清理

在计算机的操作过程中,使用 IE 浏览器上网或下载安装某些软件之后不可避免地会产生一些临时性文件、Internet 缓存文件和垃圾文件,随着时间的推移,它们不仅会占用大量的磁盘存储空间,而且会降低系统性能,因此定期或不定期地进行磁盘清理工作清除掉这些临时文件和垃圾文件可以有效提高系统性能。磁盘清理的操作如下。

(1) 右击需要进行磁盘清理的磁盘驱动器,在弹出的快捷菜单中选择"属性"命令,打开磁盘属性对话框,在"常规"选项卡中单击"磁盘清理"按钮,即出现扫描统计释放空间的提示框。

(2) 在完成扫描统计等工作后弹出磁盘清理对话框,如图 2-59 所示。该对话框中的文字说明通过磁盘清理可以获得的空余磁盘空间;在"要删除的文件"列表框中系统列出了指定驱动器上所有可删除的文件类型。用户可通过这些文件前的复选框来选择是否删除文件,选定要删除的文件后单击"确定"按钮即可。

3. 磁盘碎片整理

在计算机的操作过程中,由于用户频繁地创建、修改和删除磁盘文件,因此不可避免地会在磁盘中产生很多磁盘碎片。这些磁盘碎片不仅会占用磁盘空间,而且会造成计算机访问数据效率的大大降低,系统整体性能的下降。为了确保系统稳定、高效地运行,需要定期或不定期地对磁盘进行碎片整理,通过整理可以重新排列碎片数据。磁盘碎片整理的操作步骤如下。

(1) 右击需要进行磁盘碎片整理的磁盘驱动器,在弹出的快捷菜单中选择"属性"命令,打开磁盘属性对话框,在"工具"选项卡中单击"立即进行碎片整理"按钮,打开"磁盘碎片整理程序"对话框,如图 2-60 所示。

(2) 在该对话框中选定逻辑驱动器,单击"分析磁盘"按钮,即可对磁盘进行碎片分析,稍等片刻后显示分析结果。

图 2-59　磁盘清理对话框

图 2-60　"磁盘碎片整理程序"对话框

（3）单击"磁盘碎片整理"按钮，系统便开始整理磁盘碎片，并显示整理进度，如图 2-61
所示。稍等一段时间后提示磁盘中的碎片为 0，完成磁盘碎片的整理。

图 2-61 磁盘碎片整理进度

4. 格式化磁盘

格式化磁盘就是对磁盘存储区域进行划分,使计算机能够准确无误地在磁盘上存储或读取数据。对使用过的磁盘进行格式化将会删除磁盘上原有的全部数据,当然也包括病毒,故在格式化之前应确定磁盘上的数据是否有用或已备份,以免误删除使数据丢失,从而带来无法挽回的损失。如果确认磁盘上的数据无用或已备份,而磁盘又有病毒,那么在这种情况下对磁盘进行格式化则是清除病毒的最好方法。

格式化磁盘的操作非常简单,其操作如下。

(1) 选定要进行格式化的磁盘,例如选择移动盘(H)。

(2) 右击鼠标,在弹出的快捷菜单中选择"格式化"命令,打开格式化对话框,如图 2-62 所示。

(3) 在对话框的"格式化选项"栏中选中"快速格式化"复选框,然后单击"开始"按钮,则弹出确认格式化对话框,如图 2-63 所示。

(4) 若单击"确定"按钮,则系统对磁盘进行格式化,并显示格式化进度,最后弹出格式化完毕对话框,如图 2-64 所示;若单击"取消"按钮,则系统退出对磁盘的格式化操作。

图 2-62 格式化对话框

图 2-63 确认格式化对话框

图 2-64 格式化完毕对话框

习 题 2

1．Windows 7 基本操作题一。

（1）个性化设置：主题选择"我的主题(1)"；桌面背景选择一幅自然风景照片并以"拉伸"方式显示；屏幕保护程序选择并插入一组照片——上海外滩夜景，等待时间为 5 分钟，幻灯片放映速度为中速。夜景和风景照片均存放于"第 2 章 素材库\习题 2"下的"习题 2.1"文件夹中。

（2）任务栏设置：改变任务栏的位置，将任务栏设置为自动隐藏。

（3）设置系统日期和时间。

（4）查看并设置屏幕分辨率和颜色。

① 设置当前屏幕分辨率：若为 1280×768，则设置为 800×600，再恢复设置为 1280×768，观察桌面图标大小的变化。

② 查看当前屏幕的刷新频率和设置屏幕颜色。

（5）创建用户名为 Student 的账户并为该账户设置 8 位密码。

（6）在桌面上添加"图片拼图板""时钟""货币"和"日历"小工具。

2．Windows 7 基本操作题二。

（1）在 D 盘根目录下建立两个一级文件夹"Jsj1"和"Jsj2"，然后在"Jsj1"文件夹下建立两个二级文件夹"mmm"和"nnn"。

（2）在 Jsj2 文件夹中新建文件名分别为"wj1.txt""wj2.txt""wj3.txt""wj4.txt"的 4 个空文件。

（3）将上题建立的 4 个文件复制到 Jsj1 文件夹中。

（4）将 Jsj1 文件夹中的 wj2.txt 和 wj3.txt 文件移动到 nnn 文件夹中。

（5）删除 Jsj1 文件夹中的 wj4.txt 文件到回收站中，然后将其恢复。

（6）在 Jsj2 文件夹中建立"记事本"的快捷方式。

（7）将 mmm 文件夹的属性设置为"隐藏"。

（8）设置"显示"或"不显示"隐藏的文件和文件夹，观察设置前后 mmm 文件夹的变化。

（9）设置系统"显示"或"不显示"文件类型的扩展名，观察 Jsj2 文件夹中各文件名称的变化。

第3章　Word 2010 文字处理

从本章开始介绍目前广泛应用的现代商用办公软件 Microsoft Office 2010,主要包括文字处理软件 Word、电子表格软件 Excel 和演示文稿软件 PowerPoint。本章介绍文字处理软件 Word 的相关内容。

学习目标:
- 熟悉 Word 2010 的窗口界面。
- 掌握 Word 文档的基本操作。
- 掌握文档的输入、编辑和排版操作。
- 掌握图形处理和表格处理的基本操作。
- 熟悉复杂的图文混排操作。

3.1　Word 2010 概述

本节主要介绍 Word 2010 的新增功能、窗口界面和文档视图。需要注意的是,Word 2010 的新增功能在 Office 2010 的其他组件中同样适用。

3.1.1　Word 2010 的新增功能

Word 2010 作为文字处理软件较以前的版本增加了以下新功能。

1. 新增的后台视图

新增的后台视图取代了传统的文件菜单,用户只需简单地单击几下鼠标即可轻松完成保存、打印和分享文档等文件管理及其相关数据操作,而且允许检查隐藏的个人信息。

2. 全新的导航面板

Word 2010 作为新版本文字处理软件,它提供了全新的导航面板,为用户提供了清晰的视图来处理 Word 文档,实现快速的即时搜索,更加精细和准确地对各种文档内容进行定位。

3. 改进的翻译屏幕提示

在 Word 2010 中,只要将鼠标指针指向一个单词或选定的一个短语,就会在一个小窗口中显示翻译结果。屏幕提示还包括一个"播放"按钮,可以播放单词或短语的读音。

4. 动态的粘贴预览

在 Word 2010 中,用户可以根据所选择的粘贴模式在编辑区中即时预览该模式的粘贴效果,从而避免不必要的重复操作,提高了文字处理的工作效率。

5. 灵巧的屏幕截图与强大的图像处理功能

Office 2010 进一步增强了对图像的处理能力,用户可轻松捕获屏幕截图,并可以快速地将其插入到 Word 2010 文档中；还可以调整亮度、重新着色、使用滤镜特效，甚至是抠图。

6. 基于团队的协作平台

在 Word 2010 中完全实现了文档在线编辑和文档多人编辑等功能，提供了文档共享与实时协作，使用 SharePoint Workspace 还可以实现企业内容同步。

3.1.2 Word 2010 的启动与退出

1. Word 2010 的启动方法

（1）单击"开始"按钮，选择"所有程序"→Microsoft Office→Microsoft Office Word 2010 命令。

（2）在桌面上创建 Word 2010 的快捷方式，然后双击快捷方式图标。

（3）在文件夹中双击 Word 文档文件，则自动启动 Word 之后打开该文档。

2. Word 2010 的退出方法

（1）单击 Word 2010 窗口右上角的"关闭"按钮。

（2）单击"文件"按钮，在打开的列表中选择"退出"命令。

（3）单击 Word 2010 窗口左上角的"控制"按钮，在弹出的控制菜单中选择"关闭"命令或直接双击该按钮。

（4）按 Alt＋F4 组合键。

3.1.3 Word 2010 的窗口

启动 Word 2010 后即可打开 Word 2010 窗口，如图 3-1 所示。

图 3-1 Word 2010 的窗口

Word 2010 的窗口主要由标题栏、快速访问工具栏、功能选项卡、功能区、工作区、状态栏、文档视图切换区和显示比例缩放区等组成。

1. 标题栏

标题栏位于窗口的顶端，用于显示当前正在运行的程序名及文件名等信息，标题栏最右端有 3 个按钮，分别用来控制窗口的最小化、最大化/还原和关闭。

2. 快速访问工具栏

快速访问工具栏中包含最常用操作的快捷按钮，方便用户使用。在默认状态下，快速访问工具栏中仅包含 3 个快捷按钮，分别是"保存""撤销"和"恢复"按钮。当然，用户可单击右边的下拉按钮添加其他常用选项，例如"新建""打开""打印预览和打印"等。如果选择"其他命令"选项，则会打开"快速访问工具栏"对话框，用户可添加更多的选项，定义完全个性化的快速访问工具栏，使操作更加方便。单击"自定义快速访问工具栏"下拉按钮，选中"新建"和"打印预览和打印"命令，如图 3-2 所示。

图 3-2　在快速访问工具栏中添加新的工具按钮

3. 功能选项卡

常见的功能选项卡有"文件""开始""插入""页面布局"和"视图"等 8 个，单击某功能选项卡会打开相应的功能区。对于某些操作，软件会自动添加与操作相关的功能选项卡，例如插入或选中图片时软件会自动在常见功能选项卡右侧添加"图片工具-格式"选项卡，该选项卡常被称为"加载项"。为了叙述问题方便，以下简称选项卡。

4. 功能区

功能区用于显示当前功能选项卡下的各个功能组，例如图 3-1 中显示的是"开始"功能选项卡下的"剪贴板""字体""段落""样式"等功能组，组内列出了相关的按钮或命令。在组名称右边有"对话框启动器"按钮，单击此按钮可打开一个与该组命令相关的对话框。例如单击"字体"组右下角的"对话框启动器"按钮可打开"字体"对话框，如图 3-3 所示。

选项卡和功能区是 Word 2003 中的菜单栏和工具栏在 Word 2010 中的主要替代控件。单击"帮助"按钮左侧的"功能区最小化/展开功能区"按钮可以将功能区隐藏或显示。

为了便于操作，这里对 Word 2010 提供的默认选项卡的功能区做详细说明。

- "开始"选项卡：包括剪贴板、字体、段落、样式和编辑 5 个组，该选项卡主要用于对 Word 2010 文档进行文字编辑和字体、段落的格式设置，是最常用的选项卡。
- "插入"选项卡：包括页、表格、插图（插入各种元素）、链接、页眉和页脚、文本和符号等几个组，主要用于在 Word 2010 文档中插入各种元素。
- "页面布局"选项卡：包括主题、页面设置、稿纸、页面背景、段落和排列等几个组，主要用于设置 Word 2010 文档页面样式。

图 3-3 "字体"对话框

- "引用"选项卡：包括目录、脚注、引文与书目、题注、索引和引文目录等几个组，用于在 Word 2010 文档中插入目录等比较高级的功能。
- "邮件"选项卡：包括创建、开始邮件合并、编写和插入域、预览结果和完成等几个组，该选项卡的作用比较专一，主要用于在 Word 2010 文档中进行邮件合并方面的一些操作。
- "审阅"选项卡：包括校对、语言、中文简繁转换、批注、修订、更改、比较、保护和墨迹等几个组，主要用于对 Word 2010 文档进行校对和修订等操作，比较适合多人协作处理 Word 2010 长文档。
- "视图"选项卡：包括文档视图、显示、显示比例、窗口和宏等几个组，主要用于设置 Word 2010 操作窗口的视图类型。

5. 导航窗格

导航窗格主要显示文档的标题级文字，以方便用户快速查看文档，单击其中的标题即可快速跳转到相应的位置。

6. 文本编辑区

功能区下的空白区为文本编辑区，这是输入文本、添加图形图像以及编辑文档的区域，对文本的操作结果也将显示在该区域。文本编辑区中闪烁的光标为插入点，它是文字和图片的输入位置，也是各种命令生效的位置。工作区右边和下边分别是垂直滚动条和水平滚动条。

7. 标尺

文本区左边和上边的刻度分别为垂直标尺和水平标尺，拖动水平标尺上的滑块可以设置页面的宽度、制表位和段落缩进等，如图 3-4 所示。单击垂直滚动条上方的"标尺"按钮可显示或隐藏标尺。

图 3-4　水平标尺

8. 状态栏和视图栏

窗口的左侧底部显示的是状态栏,主要提供当前文档的页码、字数、修订、语言、改写或插入等信息。窗口的右侧底部显示的是视图栏,包括文档视图切换区和显示比例缩放区,单击文档视图切换区相应按钮可以切换文档视图,拖动显示比例缩放区中的"显示比例"滑块或者单击两端的"＋"号或"－"号可以改变文档编辑区的大小。

3.1.4 文档视图

Word 2010 为用户提供了多种浏览文档的模式,包括页面视图、阅读版式视图、Web 版式视图、大纲视图和草稿。在"视图"选项卡的"文档视图"组中或在"文档视图切换区"中单击相应的按钮,即可切换至相应的视图模式。

1. 页面视图

页面视图是 Word 2010 默认的视图模式,该视图中显示的效果和打印的效果完全一致。在页面视图中可以看到页眉、页脚、水印和图形等各种对象在页面中的实际打印位置,便于用户对页面中的各种对象元素进行编辑,如图 3-5 所示。

图 3-5　页面视图

2. 阅读版式视图

为方便用户阅读文章,Word 2010 提供了阅读版式视图模式。该视图模式主要用于阅读比较长的文档,如果文章较长,会自动分成多屏以方便用户阅读。在该模式中,用户可以对文字进行勾画和批注,如图 3-6 所示。在阅读版式视图模式下单击右上角的"关闭阅读版式视图"按钮可退出阅读版式视图。

图 3-6　阅读版式视图

3. Web 版式视图

Web 版式视图是唯一按照窗口的大小来显示文本的视图,在使用这种视图模式查看文档时用户不需要拖动水平滚动条就可以查看整行文字,如图 3-7 所示。

图 3-7　Web 版式视图

Word 2010 文字处理

4. 大纲视图

对于一个具有多重标题的文档，使用大纲视图查看该文档显得更为方便、直观。这是因为大纲视图是按照文档中标题的层次来显示文档的，可以将文档折叠起来只看主标题，也可以将文档展开查看整个文档的内容，如图 3-8 所示。

图 3-8　大纲视图

5. 草稿视图

草稿视图是 Word 2010 中最简化的视图模式，在该模式中不显示页边距、页眉和页脚、背景、图形图像以及未设置"嵌入型"环绕方式的图片，因此草稿视图仅适用于编辑内容和格式都比较简单的文档，如图 3-9 所示。

图 3-9　草稿视图

【提示】 一般来说,在使用 Word 2010 编辑文档时默认使用页面视图模式。

3.2 Word 2010 的基本操作

Word 文档的基本操作主要包括文档的创建、保存、打开、关闭、输入文本以及编辑文档。

3.2.1 Word 文档的创建与保存

若要使用 Word 2010 编辑文档,首先必须创建文档。本节主要介绍 Word 文档的创建、保存、打开和关闭。

1. 创建文档

在 Word 2010 中可以创建空白文档,也可以根据现有内容创建具有特殊要求的文档。

1) 创建空白文档

创建空白文档的操作步骤如下。

(1) 单击"文件"按钮,在下拉列表中选择"新建"命令,打开新建文档页面。

(2) 在"可用模板"区域中单击"空白文档"图标。

(3) 单击"创建"按钮,即可创建一个空白文档,如图 3-10 所示。

图 3-10 创建空白文档

2) 根据模板创建文档

在新建文档页面中单击"Office.com 模板",就可以选择其他的文档模板,例如名片、日历、礼券、贺卡、信封、费用报表和会议议程等,进而创建满足自己特殊需要的文档。

2. 保存文档

1) 保存新建文档

如果要对新建文档进行保存,可以单击快速访问工具栏上的"保存"按钮,也可以单击

"文件"按钮后在下拉列表中选择"保存"命令。在这两种情况下都会弹出一个"另存为"对话框,在该对话框中选择保存路径,然后在"文件名"文本框中输入文件名,在"保存类型"下拉列表框中选择默认类型,即"Word 文档(＊.docx)",或者选择"Word 97-2003 文档(＊.doc)"类型或其他类型,然后单击"保存"按钮。如果选择"Word 97-2003 文档(＊.doc)"类型,则在Word 97-2003 版本环境下不加转换就可以打开所保存的文档。

2) 保存已经保存过的文档

对于已经保存过的文档的保存,可单击快速访问工具栏中的"保存"按钮,也可单击"文件"按钮后在下拉列表中选择"保存"命令。在这两种情况下都会按照原文件的存放路径、文件名称及文件类型进行保存。

3)另存为其他文档

如果文档已经保存过,在进行了一些编辑操作之后,若要保留原文档、文件更名、改变文件保存路径或者改变文件类型,都需要打开"另存为"对话框进行保存。单击"文件"按钮,在下拉列表中选择"另存为"命令,即可打开"另存为"对话框,在其中设置保存路径、文件名称及文件类型,然后单击"保存"按钮即可。

3. 打开和关闭文档

对于任何一个文档,都需要先将其打开,然后才能对其进行编辑,编辑完成后可以将文档关闭。

1) 打开文档

用户可参考以下方法打开 Word 文档。

(1) 对于已经存在的 Word 文档,只需双击该文档的图标便可打开该文档。

(2) 若要在一个已经打开的 Word 文档中打开另外一个文档,可单击"文件"按钮后在下拉列表中选择"打开"命令,在弹出"打开"对话框中选择需要打开的文件,然后单击"打开"按钮。

另外,单击"打开"按钮右侧的下三角按钮,在弹出的下拉列表中可以选择文档的打开方式,其中包括"以只读方式打开""以副本方式打开"等多种打开方式,如图 3-11 所示。

2) 关闭文档

在对文档完成全部操作后,要关闭文档时,可单击"文件"按钮后在下拉列表中选择"关闭"命令,或单击窗口右上角的"关闭"按钮。在关闭文档时,如果没有对文档进行编辑、修改操作,可直接关闭;如果对文档做了修改,但还没有保存,系统会弹出一个提示对话框询问用户是否需要保存已经修改过的文档,如图 3-12 所示,单击"保存"按钮即可保存并关闭该文档。

图 3-11　选择打开方式

图 3-12　保存提示对话框

3.2.2 在文档中输入文本

用户建立的文档常常是一个空白文档,还没有具体的内容,下面介绍向文档中输入文本的一般方法。

1. 定位插入点

在 Word 文档的输入编辑状态下光标起着定位的作用,光标的位置即对象的插入点位置。定位插入点可通过键盘和鼠标操作来完成。

1) 用键盘快速定位插入点

- Home 键:将插入点移到所在行的行首。
- End 键:将插入点移到所在行的行尾。
- PgUp 键:上翻一屏。
- PgDn 键:下翻一屏。
- Ctrl+Home 组合键:将插入点移动到文档的开始位置。
- Ctrl+End 组合键:将插入点移动到文档的结束位置。

2) 用鼠标单击直接定位插入点

将鼠标指针指向文本的某处,直接单击即可定位插入点。

2. 输入文本的一般方法和原则

输入文本是使用 Word 的基本操作。在 Word 文档窗口中有一个闪烁的插入点,标识输入的文本将出现的位置,每输入一个文字,插入点会自动向后移动。在文档中除了可以输入汉字、数字和字母以外,还可以插入一些特殊的符号,也可以在 Word 文档中插入日期和时间。

在输入文本的过程中,Word 2010 遵循以下原则。

(1) Word 具有自动换行功能,因此当输入到每一行的末尾时不要按 Enter 键,Word 会自动换行,只有当一个段落结束时才需要按 Enter 键,此时将在插入点的下一行重新创建一个段落,并在上一个段落的结束处显示段落结束标记。

(2) 按 Space 键,将在插入点的左侧插入一个空格符号,其宽度由当前输入法的全/半角状态而定。

(3) 按 BackSpace 键,将删除插入点左侧的一个字符。

(4) 按 Delete 键,将删除插入点右侧的一个字符。

3. 插入符号

在文档中插入符号可以使用 Word 2010 的插入符号的功能,操作方法如下。

(1) 将插入点移动到需要插入符号的位置。

(2) 在"插入"选项卡的"符号"组中单击"符号"按钮。

(3) 从弹出的下拉列表中选择需要的符号,如图 3-13 所示。

(4) 如果不能满足要求,选择"其他符号"选项,打开"符号"对话框。

(5) 在"符号"对话框的"符号"或"特殊字符"选项卡下可分别选择所需要的符号或特殊字符,如图 3-14 所示。

(6) 选择符号或特殊字符后单击"插入"按钮,再单击"关闭"按钮关闭对话框即可完成操作。

图 3-13　"符号"下拉列表　　　　　　　　　图 3-14　"符号"选项卡

4. 输入 CJK 统一汉字

有些汉字很难从键盘输入,这时可借助"符号"对话框选择所需的汉字输入,其操作步骤如下。

(1) 在"符号"对话框的"字体"下拉列表框中选择"普通文本"。

(2) 在"子集"下拉列表框中选择"CJK 统一汉字"或"CJK 统一汉字扩充"。

(3) 选择所需汉字后单击"插入"按钮,再单击"关闭"按钮关闭对话框。

5. 插入文件

插入文件是指将另一个 Word 文档的内容插入到当前 Word 文档的插入点,使用该功能可以将多个文档合并成一个文档,其操作步骤如下。

(1) 定位插入点。

(2) 在"插入"选项卡的"文本"组中单击"对象"下拉按钮。

(3) 从下拉列表中选择"文件中的文字"选项,如图 3-15 所示,打开"插入文件"对话框,如图 3-16 所示。

(4) 在"插入文件"对话框中选择所需的文件,然后单击"插入"按钮,插入文件内容后系统会自动关闭该对话框。

图 3-15　"对象"下拉列表

6. 插入数学公式

在编辑文档时经常需要输入数学符号和数学公式,可以使用 Word 软件提供的"公式编辑器"来输入。例如要建立以下数学公式:

$$S = \sum_{i=0}^{n} (x^i + \sqrt[3]{y^i}) - \frac{\alpha^2 + 4}{\alpha + \beta} + \int_{1}^{8} x \mathrm{d}x$$

这时可采用以下输入方法和步骤。

(1) 将插入点定位到需要插入数学公式的位置。

(2) 在"插入"选项卡的"文本"组中单击"对象"按钮,打开"对象"对话框,如图 3-17 所示。

图 3-16 "插入文件"对话框

图 3-17 "对象"对话框

(3) 在"对象"对话框中切换到"新建"选项卡。

(4) 在"对象类型"列表框中选择"Microsoft 公式 3.0"选项,然后单击"确定"按钮,弹出公式输入框和"公式"面板,如图 3-18 所示。

(5) 输入公式:其中一部分符号(如公式中的"S""＝""0"等)从键盘输入。"公式"面板中的第 1 行是各类数学符号,第 2 行是各类数学表达式模板。在输入时可用键盘上的上、下、左、右键或 Tab 键来切换公式输入框中插入点的位置。

(6) 关闭公式编辑器,回到文档的编辑状态。右击公式对象,选择快捷菜单中的"设置对象格式"命令,可修改对象格式,如大小、版式、底色等。如需再次编辑公式,可以直接双击

图 3-18 公式输入框和"公式"面板

公式,在出现的公式输入框和"公式"面板中进行操作。

3.2.3 编辑文档

在文档中输入文本后就要对文档进行编辑操作了。编辑文档主要包括文本的选定、文本的插入与改写、复制、移动、删除、查找与替换、撤销、恢复和重复等。

1. 文本的选定

1)连续文本区的选定

将鼠标指针移动到需要选定文本的开始处,按住鼠标左键拖动至需要选定文本的结尾处,释放左键;或者单击需要选定文本的开始处,按住 Shift 键在结尾处单击,则被选中的文本呈反显状态。

2)不连续多块文本区的选定

在选择一块文本之后,按住 Ctrl 键选择另外的文本,则多块文本可同时被选中。

3)文档的一行、一段以及全文的选定

移动鼠标指针至文档左侧的文档选定区,当鼠标指针变成空心斜向上的箭头时单击可选中鼠标箭头所指向的一整行,双击可选中整个段落,三击可选中全文。

4)选定整个文档

(1)按住 Ctrl 键单击文档选定区的任何位置。

(2)按 Ctrl+A 组合键。

(3)在"开始"选项卡的"编辑"组中单击"选择"→"全选"选项。

2. 文本的插入与改写

插入与改写是输入文本时的两种不同状态,在"插入"状态下输入文本时,插入点右侧的文本将随着新输入文本自动向右移动,即新输入的文本插入到原来的插入点之前;而在"改写"状态时,插入点右边的文本被新输入的文本所替代。

按 Insert 键或单击文档窗口底部状态栏中的"改写/插入"按钮,可以在这两种状态之间进行切换。

3. 文本的复制

复制文本常使用以下两种方法。

1)使用鼠标复制文本

选定需要复制的文本,在按住鼠标左键的同时按住 Ctrl 键将其拖动至目标位置,然后释放鼠标左键。

2)使用剪贴板复制文本

选定需要复制的文本,在"开始"选项卡的"剪贴板"组中单击"复制"按钮,或右击鼠标后选择快捷菜单中的"复制"命令;然后将光标移至目标位置,再单击"剪贴板"组中的"粘贴"

按钮,或右击鼠标后选择快捷菜单中的"粘贴"命令。

4. 文本的移动

移动文本常使用以下两种方法。

1）使用鼠标移动文本

选定需要移动的文本,按住鼠标左键将其拖动至目标位置,然后释放鼠标左键。

2）使用剪贴板移动文本

选定需要移动的文本,在"开始"选项卡的"剪贴板"组中单击"剪切"按钮,或右击鼠标后选择快捷菜单中的"剪切"命令;然后将光标移至目标位置,单击"剪贴板"组中的"粘贴"按钮,或右击鼠标后选择快捷菜单中的"粘贴"命令。

5. 文本的删除

如果要删除一个字符,可以将插入点移动到要删除字符的左边,然后按 Delete 键;也可以将插入点移动到要删除字符的右边,然后按 BackSpace 键。

如果要删除一个连续的文本区域,首先选定需要删除的文本,然后按 BackSpace 键或按 Delete 键。

6. 文本的查找与替换

查找与替换操作是编辑文档的过程中常用的操作。查找功能可以帮助用户快速找到文档中的某些内容,以便进行相关操作。替换是在查找的基础上将找到的内容替换成用户需要的内容。Word 允许文本的内容与格式完全分开,所以用户不仅可以在文档中查找文本,也可以查找指定格式的文本或者其他特殊字符,还可以查找和替换单词的不同形式,不仅可以进行内容的替换,还可以进行格式的替换。

在进行查找和替换操作之前需要了解"查找和替换"对话框的"搜索选项"组中的各个选项的含义,如表 3-1 和图 3-19 所示。

表 3-1　"搜索选项"组中各选项的含义

选 项 名 称	操 作 含 义
全部	整篇文档
向上	插入点到文档的开始处
向下	插入点到文档的结尾处
区分大小写	查找或替换字母时需要区分字母的大小写
全字匹配	在查找时只有完整的词才能被找到
使用通配符	可用"?"或"＊"分别代表任意一个字符或任意一个字符串
区分全/半角	在查找或替换时,所有字符需区分全角/半角
忽略空格	在查找或替换时,空格将被忽略

查找与替换的操作步骤如下。

（1）打开需要进行查找或者需要进行替换的文档。

（2）在"开始"选项卡中用下面 3 种方法之一打开"查找和替换"对话框。

- 单击"编辑"组中的"查找"按钮,在其下拉列表中选择"高级查找"选项。
- 单击"编辑"组中的"替换"按钮。
- 单击状态栏中的"页面"按钮。

（3）将"查找和替换"对话框切换至"查找"选项卡,在"查找内容"文本框中输入要查找

图 3-19 "查找和替换"对话框中的"搜索选项"组

的文本,单击"查找下一处"按钮。如果需要将查找到的内容替换为新的内容,应切换至"替换"选项卡,在"替换为"文本框中输入用于替换的文本,然后单击"替换"或"全部替换"按钮,如图 3-19 所示。

（4）如果需要查找和替换格式,单击"更多"按钮扩展对话框,再单击"格式"按钮进行格式设置,如图 3-20 所示。

【例 3.1】 将图 3-21 所示文档中的"儿童"替换成"孩子",替换字体的颜色为"红色"、字形为"粗体",带"粗下画线",效果如图 3-22 所示。并且要求将文档保存在"例 3.1"文件夹中,文件名为"查找和替换（排版结果）. docx"。

图 3-20 "格式"选项

图 3-21 原文档中的文字

其操作步骤如下。

（1）进入"例题 3"下的"例 3.1"文件夹,打开"查找和替换（文字素材）. docx"文档。

（2）将打开的"查找和替换"对话框切换至"替换"选项卡。

（3）在"查找"文本框中输入"儿童",在"替换为"文本框中输入"孩子",如图 3-19 所示。

教育子女（书选）

有一个**孩子**一直想不通，为什么他想考全班第一却只考了二十一名，他问母亲我是否比别人笨。母亲没有回答，她怕伤了**孩子**的自尊心。在他小学毕业时，母亲带他去看了一次大海，在看海的过程中回答了**孩子**的问题。**当孩子**以全校第一名的成绩考入清华，母校主动找他作报告时，他告诉了大家母亲给他的答案："你看那在海边争食的鸟儿，当浪打来的时候，小灰雀总能迅速起飞，它们扑打两三下翅膀就升入了天空；而海鸥显得非常笨拙，它们从沙滩飞入天空总要很长时间，然而，真正能飞越大海、横过大洋的还是它们。"给**孩子**们一点自信和鼓励吧，相信你的**孩子**们经过努力一定能够成为飞越大海、横过大洋的海鸥！

图 3-22 "查找和替换"后的效果

（4）单击"更多"按钮扩展对话框，再将光标定位于"替换为"文本框中，选择"格式"选项列表中的"字体"，设置字体格式为"加粗、粗下画线"和"字体颜色为红色"。

（5）单击"全部替换"按钮。

（6）将文件以"查找和替换（排版结果）.docx"为文件名保存在"例3.1"文件夹中。

【注意】 通过替换操作不仅可以替换内容，还可以同时替换内容和格式，还可以只进行格式的替换。

7. 撤销、恢复或重复

向文档中输入一串文本，例如"科学技术"，在快速工具栏中将立即产生两个命令按钮"撤销键入"和"重复键入"，如果单击"重复键入"按钮，则会在插入点处重复输入这一串文本；如果单击"撤销键入"按钮，刚输入的文本会被清除，同时"重复键入"按钮变成"恢复键入"按钮，单击"恢复键入"按钮后，刚刚清除的文本会重新恢复到文档中，如图 3-23 和图 3-24 所示。

图 3-23 撤销操作按钮

图 3-24 恢复操作按钮

按钮名称中的"键入"两个字是随着操作的不同而变化的，例如，如果执行的是删除文本操作，则按钮名称会变成"撤销清除"和"重复清除"。

使用撤销操作按钮可以撤销编辑操作中最近一次的误操作，而使用恢复操作按钮可以恢复被撤销的操作。

在撤销操作按钮右侧有一个下拉箭头，单击该箭头，在弹出的下拉列表项中记录了最近的各次编辑操作，最上面的一次操作是最近的一次操作，如果直接单击撤销操作按钮，则撤销的是最近一次的操作,如果在下拉列表项中选择某次操作进行恢复,则下拉列表项中这次操作之上(即这次操作之后)的所有操作都将被恢复。

3.3 Word 文档的基本排版

在文本输入、编辑完成以后就可以进行排版操作了。本节首先介绍 Word 文档的基本排版,然后介绍高级排版。基本排版主要包括文字格式、段落格式和页面格式的设置。

3.3.1 设置文字格式

本书所指的文字即字符,除了汉字以外还包括字母、数字、标点符号、特殊符号等。文字格式即字符格式,文字格式主要是指字体、字号、倾斜、加粗、下画线、颜色、边框和底纹等。在 Word 中,文字通常有默认的格式,在输入文字时采用默认的格式,如果要改变文字的格式,用户可以重新设置。

在设置文字格式时要先选定需要设置格式的文字,如果在设置之前没有选定任何文字,则设置的格式对后来输入的文字有效。

设置文字格式有两种方法:一种是在"开始"选项卡的"字体"组中单击相应的按钮进行设置,如图 3-25 所示;另一种是单击"字体"组右下角的"对话框启动器"按钮,即"字体"按钮,打开"字体"对话框进行设置,如图 3-26 所示。

图 3-25 "字体"组   图 3-26 "字体"对话框

"开始"选项卡的"字体"组中的按钮分为两行,第 1 行从左到右分别是字体、字号、增大字体、缩小字体、更改大小写、清除格式、拼音指南和字符边框按钮,第 2 行从左到右分别是加粗、倾斜、下画线、删除线、下标、上标、文本效果、以不同颜色突出显示文本、字体颜色、字符底纹和带圈字符按钮。

1. 设置字体和字号

在 Word 2010 中,对于汉字,默认的字体和字号分别是宋体(中文正文)、五号,对于西文字符,分别是 Calibri(西文正文)、五号。

字体和字号的设置可以分别用"字体"组中的字体、字号按钮或者"字体"对话框中的"字体"和"字号"下拉列表实现,其中在对话框中设置字体时中文和西文字体可以分别进行设置。在"字体"下拉列表中列出了可以使用的字体,包括汉字和西文,在列出字体名称的同时还会显示该字体的实际外观,如图 3-27 所示。

在设置字号时可以使用中文格式,以"号"作为字号单位,如"初号""五号""小五号"等;也可以使用数字格式,以"磅"作为字号单位,如"5"表示 5 磅、"6.5"表示 6.5 磅等。

(1) 在 Word 2010 中,中文格式的字号最大为"初号";数字格式的字号最大为"72"。

(2) 中文格式(从"初号"至"八号",共 16 种)下,字号越小字越大;数字格式(从"5"至"72",共 21 种)下,字号越大字越大。

由于 1 磅=1/72 英寸,而 1 英寸=25.4 毫米,所以 1 磅=0.353 毫米。

【注意】 设置中文字体类型对中、英文均有效,而设置英文字体类型仅对英文有效。

2. 设置字形和颜色

文字的字形包括常规、倾斜、加粗和加粗倾斜 4 种,字形可使用"字体"组中的"加粗"按钮和"倾斜"按钮进行设置。字体的颜色可使用"字体"组中的"字体颜色"下拉列表进行设置,如图 3-28 所示。文字的字形和颜色还可通过"字体"对话框进行设置。

图 3-27 "字体"下拉列表　　　　图 3-28 "字体颜色"下拉列表

3. 设置下画线和着重号

在"字体"对话框的"字体"选项卡中可以对文本设置不同类型的下画线,也可以设置着重号,如图 3-29 所示。在 Word 2010 中默认的着重号为"．"。

设置下画线最直接的方法是使用"字体"组中的"下画线"按钮。

4. 设置文字特殊效果

文字特殊效果包括"删除线""双删除线""上标"和"下标"等。文字特殊效果的设置方法为选定文字,将"字体"对话框切换至"字体"选项卡,然后在"效果"选项组中选择需要的效果项,再单击"确定"按钮,如图 3-30 所示。

图 3-29　在"字体"对话框中设置下画线和着重号　　　图 3-30　"字体"选项卡中的"效果"选项组

如果只是对文字加删除线，或者对文字设置上标或下标，直接使用"字体"组中的删除线、上标或下标按钮即可。

5. 设置文字间距

用户在使用 Word 2010 的过程中有时会有某些特殊需要，例如加大文字的间距、对文字进行缩放以及提升文字的位置等。在"字体"对话框中切换至"高级"选项卡，如图 3-31 所示，在"字符间距"选项组中可设置文字的缩放、间距和位置。

1）缩放文字

缩放文字指的是将文字本身放大或缩小，具体操作方法如下。

选定需要缩放的文字，在"字符间距"选项组中单击"缩放"框右侧的下三角按钮，如图 3-32 所示，在下拉列表中选定缩放值后单击"确定"按钮。

图 3-31　"字体"对话框中的"高级"选项卡　　　图 3-32　设置文字缩放

2）设置文字间距

设置文字间距的具体操作方法如下。

选定需要设置文字间距的文字，在"字符间距"选项组的"间距"下拉列表中选择"标准""加宽"或"紧缩"，如图 3-33 所示，再设置"磅值"，然后单击"确定"按钮。

图 3-33　设置文字间距

3）设置文字位置

设置文字位置的具体操作方法如下。

选定需要设置位置的文字，在"字符间距"选项组的"位置"下拉列表中选择"提升"或"降低"，如图 3-34 所示，并设置"磅值"，然后单击"确定"按钮。

图 3-34　设置文字位置

6. 设置文字边框和文字底纹

设置边框和底纹可以使内容更加醒目、突出，在 Word 2010 中可以添加的边框有 3 种，分别为文字边框、段落边框和页面边框；可以添加的底纹有文字底纹和段落底纹。这里首先介绍文字边框和文字底纹。

1）设置文字边框

（1）给文字设置系统默认的边框：选定文字后，在"开始"选项卡的"字体"组中直接单击"字符边框"按钮即可。

（2）给文字设置用户自定义的边框：选定文字后，在"字体"选项卡的"段落"组中单击"下框线"下拉按钮，在弹出的下拉列表中选择"边框和底纹"选项，或在"页面布局"选项卡的"页面背景"组中单击"页面边框"按钮，打开"边框和底纹"对话框，切换至"边框"选项卡，在"设置"选择区中选择方框类型，再设置方框的"样式""颜色"和"宽度"，在"应用于"下拉列表中选择"文字"，如图 3-35 所示，然后单击"确定"按钮。

图 3-35　设置文字边框

Word 2010 文字处理

114

2) 设置文字底纹

（1）给文字设置系统默认的底纹：选定文字后，在"开始"选项卡的"字体"组中直接单击"字符底纹"按钮即可。

（2）给文字设置用户自定义的底纹：首先打开"边框和底纹"对话框，然后切换至"底纹"选项卡，在"填充"组中选择颜色，或在"图案"组中选择"样式"，并在"应用于"下拉列表中选择"文字"，如图 3-36 所示，然后单击"确定"按钮。

图 3-36　设置文字底纹

7. 文字格式的复制和清除

1) 复制文字格式

如果文档中有若干个不连续的文本段要设置相同的文字格式，可以先对其中一段文本设置格式，然后使用 Word 格式复制功能将一个文本设置好的格式复制到另一个文本上，显然设置的格式越复杂，使用格式复制的方法效率越高。

复制格式需要使用"开始"选项卡的"剪贴板"组中的"格式刷"按钮完成，这个"格式刷"不仅可以复制字符格式，还可以复制段落格式。

一次复制字符格式的过程如下。

（1）选定已设置好文字格式的文本。

（2）在"开始"选项卡的"剪贴板"组中单击"格式刷"按钮，此时该按钮下沉显示，鼠标指针变成刷子形状。

（3）将光标移动到需要复制文字格式的文本的开始处，按住左键拖动鼠标直到需要复制文字格式的文本结尾处释放鼠标完成格式复制。

多次复制文字格式的过程如下。

（1）选定已设置好文字格式的文本。

（2）在"开始"选项卡的"剪贴板"组中双击"格式刷"按钮，此时该按钮下沉显示，鼠标指针变成刷子形状。

（3）将光标移动到需要复制文字格式的文本的开始处，按住左键拖动鼠标直到需要复制文字格式的文本结尾处然后释放鼠标。

（4）重复上述操作对不同位置的文本进行格式复制。

（5）复制完成后再次单击"格式刷"按钮结束格式的复制。

2）清除文字格式

格式的清除是指将用户所设置的格式恢复到默认状态，可以使用以下两种方法。

（1）选定需要使用默认格式的文本，然后用格式刷将该格式复制到要清除格式的文本。

（2）选定需要清除格式的文本，然后在"开始"选项卡的"字体"组中单击"清除格式"按钮或按 Ctrl+Shift+Z 组合键。

对于文字，除了可以进行上述字体、字号等的设置以外还可以进行一些其他设置，主要包括带圈字符、拼音、更改字母的大小写、突出显示和中文简繁转换等设置。这些设置可以通过单击"字体"组中的"带圈字符""拼音指南""更改大小写""以不同颜色突出显示文本"按钮以及在"审阅"选项卡的"中文简繁转换"组中单击相应按钮来实现。在此不做介绍，请读者自己体会。

3.3.2 设置段落格式

段落是指以段落标记作为结束的一段文本或一个对象，它可以是一个空行、一个字、一句话、一个表格或者一个图形等。在 Word 中，每按一次 Enter 键便产生一个段落标记，段落标记不仅是一个段落结束的标志，同时还包含了该段的格式信息，这一点在后面的格式复制中可以看出。

设置段落格式常使用两种方法：一种是在"开始"选项卡的"段落"组中单击相应按钮进行设置，如图 3-37 所示；另一种是单击"段落"组右下角的"对话框启动器"按钮即"段落"按钮，打开"段落"对话框进行设置，如图 3-38 所示。

图 3-37 "段落"组中的按钮

图 3-38 "段落"对话框

"开始"选项卡的"段落"组中的按钮分两行，第 1 行从左到右分别是项目符号、编号、多级列表、减少缩进量、增加缩进量、中文版式、排序和显示/隐藏编辑标记按钮，第 2 行从左到右分别是文本左对齐、居中、文本右对齐、两端对齐、分散对齐、行和段落间距、底纹和下框线（或边框和底纹）按钮。

段落格式的设置包括缩进、对齐方式、段间距与行距、边框与底纹以及项目符号与编号等。

在 Word 中,进行段落格式设置前需先选定段落,当只对某一个段落进行格式设置时,只需选中该段落;如果要对多个段落进行格式设置,则必须先选定需要设置格式的所有段落。

1. 设置对齐方式

Word 段落的对齐方式有"两端对齐""左对齐""居中""右对齐"和"分散对齐"5 种。

1) 对齐方式的特点

- 两端对齐:使文本按左、右边距对齐,并自动调整每一行的空格。
- 左对齐:使文本向左对齐。
- 居中:使段落各行居中,一般用于标题或表格中的内容。
- 右对齐:使文本向右对齐。
- 分散对齐:使文本按左、右边距在一行中均匀分布。

2) 设置对齐方式的操作方法

- 方法一:选定需要设置对齐方式的段落,在"开始"选项卡的"段落"组中单击相应的对齐方式按钮,如图 3-37 所示。
- 方法二:选定需要设置对齐方式的段落,打开"段落"对话框,切换到"缩进和间距"选项卡,在"常规"组的"对齐方式"下拉列表中选定用户所需的对齐方式,然后单击"确定"按钮,如图 3-38 所示。

2. 设置缩进方式

1) 缩进方式

段落缩进方式共有 4 种,分别是首行缩进、悬挂缩进、左缩进和右缩进。其中,首行缩进和悬挂缩进是控制段落的首行和其他行的相对起始位置,左缩进和右缩进用于控制段落的左、右边界。段落的左边界是指段落的左端与页面左边距之间的距离,段落的右边界是指段落的右端与页面右边距之间的距离。

在输入文本时,当输入到一行的末尾时会自动另起一行,这是因为在 Word 中默认以页面的左、右边距作为段落的左、右边界,通过左缩进和右缩进的设置可以改变选定段落的左、右边距。下面对段落的 4 种缩进方式进行相关说明。

- 左缩进:在实施左缩进操作后,被操作段落会整体向右侧缩进一定的距离。左缩进的数值可以为正数也可以为负数。
- 右缩进:与左缩进相对应,在实施右缩进操作后,被操作段落会整体向左侧缩进一定的距离。右缩进的数值可以为正数也可以为负数。
- 首行缩进:在实施首行缩进操作后,被操作段落的第 1 行相对于其他行向右侧缩进一定的距离。
- 悬挂缩进:悬挂缩进与首行缩进相对应。在实施悬挂缩进操作后,各段落除第 1 行以外的其余行向右侧缩进一定的距离。

2) 通过标尺进行缩进

选定需要设置缩进方式的段落后拖动水平标尺(横排文本时)或垂直标尺(纵排文本时)上的相应滑块到合适的位置,在拖动滑块的过程中如果按住 Alt 键,可同时看到拖动的数值。

在水平标尺上有 3 个缩进标记(其中悬挂缩进和左缩进为一个缩进标记),如图 3-39 所示,但可进行 4 种缩进操作,即悬挂缩进、首行缩进、左缩进和右缩进。用鼠标拖动首行缩进标记,用于控制段落的第 1 行中第一个字的起始位置;用鼠标拖动左缩进标记,用于控制段落的第 1 行以外的其他行的起始位置;用鼠标拖动右缩进标记,用于控制段落右缩进的位置。

图 3-39　缩进滑块

3)通过"段落"对话框进行缩进

选定需要设置缩进方式的段落后打开"段落"对话框,切换至"缩进和间距"选项卡,在"缩进"选项区中设置相关的缩进值后单击"确定"按钮,如图 3-40 所示。

图 3-40　用对话框进行缩进设置

4)通过"段落"组中的按钮进行缩进

选定需要设置缩进方式的段落,然后通过单击"减少缩进量"按钮或"增加缩进量"按钮进行缩进操作。

3. 设置段间距和行距

设置段间距和行距是文档排版操作中最重要的操作,首先要搞清楚段间距和行距两个基本概念。

段间距指段与段之间的距离,包括段前间距和段后间距。段前间距是指选定段落与前一段落之间的距离;段后间距是指选定段落与后一段落之间的距离。

行距指各行之间的距离,包括单倍行距、1.5 倍行距、2 倍行距、多倍行距、最小值和固定值。设置段间距和行距的方法如下。

- 方法一:选定需要设置段间距和行距的段落后打开"段落"对话框,切换至"缩进和间距"选项卡,在"间距"选项组中设置"段前"和"段后"间距,在"行距"选项组中设置"行距",如图 3-41 所示。
- 方法二:选定需要设置段间距和行距的段落,在"开始"选项卡的"段落"组中单击"行和段落间距"按钮,在打开的下拉列表中选择段间距和行距,如图 3-42 所示。

图 3-41　用对话框设置段间距和行距

图 3-42　用功能按钮设置段间距和行距

Word 2010 文字处理

【注意】 不同字号的默认行距是不同的,一般来说字号越大默认行距越大。默认行距的固定值以磅值为单位,五号字的行距是 12 磅。

4. 设置项目符号和编号

在 Word 中,有时为了让文本内容更具条理性和可读性,往往需要给文本内容添加项目符号和编号。项目符号和编号的区别在于项目符号是一组相同的特殊符号,而编号是一组连续的数字或字母。在很多时候,系统会自动给文本添加编号,但更多的时候需要用户手动添加。

对于添加项目符号或编号,用户可以在"段落"组中单击相应的按钮实现,还可以使用自动添加的方法,下面分别予以介绍。

1) 自动建立项目符号和编号

如果要自动创建项目符号和编号,应在输入文本前先输入一个项目符号或编号,后跟一个空格,再输入相应的文本,待本段落输入完成后按 Enter 键,项目符号和编号会自动添加到下一并列段的开头。

例如,在输入文本前先输入一个星号(＊),后跟一个空格,再输入文本,当按 Enter 键时星号会自动转换成".",并且新的一段自动添加该符号;如果要创建编号列表,则先输入"a.""1.""1)"或"一、"等格式的编号,后跟一个空格,然后输入文本,按 Enter 键,新一段开头会接上一段自动按顺序进行编号。

2) 设置项目符号

选定需要设置项目符号的文本段,单击"段落"组中的"项目符号"下拉按钮,在打开的"项目符号库"列表中选择一种需要的项目符号插入,同时系统会自动关闭"项目符号库"列表,如图 3-43 所示。

自定义项目符号的操作步骤如下。

(1) 如果给出的项目符号不能满足用户的要求,可以在"项目符号"下拉列表中选择"定义新项目符号"选项打开"定义新项目符号"对话框,如图 3-44 所示。

图 3-43 "项目符号库"列表

图 3-44 "定义新项目符号"对话框

(2) 在打开的"定义新项目符号"对话框中单击"符号"按钮,打开"符号"对话框,如图 3-45 所示,选择一种符号,然后单击"确定"按钮返回"定义新项目符号"对话框。

图 3-45 "符号"对话框

（3）单击"字体"按钮，打开"字体"对话框，为符号设置颜色，设置完毕后单击"确定"按钮返回"定义新项目符号"对话框。

（4）在"定义新项目符号"对话框中单击"图片"按钮，打开"图片项目符号"对话框，选择一种图片，单击"确定"按钮返回"定义新项目符号"对话框，即可用所选图片作为项目符号。如果用户对系统提供的图片不满意，还可以单击"图片项目符号"对话框中的"导入"按钮导入所需的图片。

（5）在"对齐方式"下拉列表中设置对齐方式，然后单击"确定"按钮插入符号，同时系统自动关闭"定义新项目符号"对话框。

3）设置编号

设置编号的一般方法为在"段落"组中单击"编号"下拉按钮打开"编号库"下拉列表，如图 3-46 所示，从现有编号列表中选择一种需要的编号后单击"确定"按钮。

自定义编号的操作步骤如下。

（1）如果现有编号列表中的编号样式不能满足用户的要求，则在"编号"下拉列表中选择"定义新编号格式"选项打开"定义新编号格式"对话框，如图 3-47 所示。

（2）在"编号格式"选项组的"编号样式"下拉列表中选择一种编号样式。

（3）在"编号格式"选项组中单击"字体"按钮打开"字体"对话框，对编号的字体和颜色进行设置。

（4）在"对齐方式"下拉列表中选择一种对齐方式。

（5）设置完成后单击"确定"按钮，在插入编号的同时系统会自动关闭对话框。

5. 设置段落边框和段落底纹

在 Word 中，边框的设置对象可以是文字、段落、页面

图 3-46 "编号库"下拉列表

和表格；底纹的设置对象可以是文字、段落和表格。前面已经介绍了对文字设置边框和底纹的方法，下面介绍设置段落边框、段落底纹和页面边框的方法。

1) 设置段落边框

选定需要设置边框的段落，将打开的"边框和底纹"对话框切换至"边框"选项卡，在"设置"选项组中选择边框类型，然后选择"样式""颜色"和"宽度"；在"应用于"下拉列表中选择"段落"选项，如图 3-48 所示，然后单击"确定"按钮。

图 3-47 "定义新编号格式"对话框   图 3-48 设置段落边框

2) 设置段落底纹

选定需要设置底纹的段落，将"边框和底纹"对话框切换至"底纹"选项卡，在"填充"下拉列表中选择一种填充色；或者在"图案"组中选择"样式"和"颜色"；在"应用于"下拉列表中选择"段落"，单击"确定"按钮，如图 3-49 所示。

图 3-49 设置段落底纹

3）设置页面边框

将插入点定位在文档中的任意位置，打开"边框和底纹"对话框，切换至"页面边框"选项卡，可以设置普通页面边框，也可以设置艺术型页面边框，如图 3-50 所示。

图 3-50　设置艺术型页面边框

取消边框或底纹的操作是先选择带边框和底纹的对象，然后打开"边框和底纹"对话框，将边框设置为"无"，将底纹设置为"无填充颜色"即可。

3.3.3　设置页面格式

文档的页面格式设置主要包括页面排版、分页与分节、插入页码、插入页眉和页脚以及预览与打印等设置。页面格式设置一般是针对整个文档而言的。

1. 页面排版

Word 在新建文档时采用默认的页边距、纸型、版式等页面格式，用户可根据需要重新设置页面格式。用户在设置页面格式时，首先必须切换至"页面布局"功能区的"页面设置"组，如图 3-51 所示。"页面设置"组中的按钮从左到右分别是"文字方向""页边距""纸张方向""纸张大小"和"分栏"，从上到下分别是"分隔符""行号"和"断字"。

图 3-51　"页面设置"组

页面格式可以通过单击"页边距""纸张方向"和"纸张大小"等按钮进行设置，也可以通过单击"页面设置"按钮打开"页面设置"对话框进行设置。在此仅介绍使用"页面设置"对话框进行页面格式设置的方法。

1）设置纸张类型

将"页面设置"对话框切换至"纸张"选项卡，在"纸张大小"下拉列表中选择纸张类型，也可以在"宽度"和"高度"文本框中自定义纸张大小；在"应用于"下拉列表中选择页面设置适用的文档范围，如图 3-52 所示。

  2）设置页边距

  页边距是指文本区和纸张边沿之间的距离，页边距决定了页面四周的空白区域，它包括左、右页边距和上、下页边距。

  将"页面设置"对话框切换至"页边距"选项卡，在"页边距"组中设置上、下、左、右 4 个边距值，在"装订线"处设置占用的空间和位置；在"纸张方向"组中设置纸张显示方向；在"应用于"下拉列表中选择适用范围，如图 3-53 所示。

图 3-52　"纸张"选项卡　　　　　　　　　图 3-53　"页边距"选项卡

2. 分页与分节

1）分页

  在 Word 中输入文本，当文档内容到达页面底部时 Word 会自动分页。但有时在一页未写完时希望重新开始新的一页，这时就需要通过手工插入分页符来强制分页。

  对文档进行分页的操作步骤如下。

  （1）将插入点定位到需要分页的位置。

  （2）切换至"页面布局"选项卡的"页面设置"组中单击"分隔符"按钮，如图 3-51 所示。

  （3）在打开的"分隔符"下拉列表中选择"分页符"选项，即可完成对文档的分页，如图 3-54 所示。

  分页的最简单方法是将插入点移到需要分页的位置，然后按 Ctrl＋Enter 组合键。

  2）分节

  为了便于对文档进行格式化，可以将文档分隔成任意数量的节，然后根据需要分别为每节设置不同的样式。一般在建立新文档时 Word 将整篇文档默认为是一个节。分节的具体操作步骤如下。

（1）将光标定位到需要分节的位置，然后切换至"页面布局"选项卡的"页面设置"组中单击"分隔符"按钮。

（2）在打开的"分隔符"下拉列表中列出了4种不同类型的分节符，如图3-55所示，选择文档所需的分节符即可完成相应的设置。

- 下一页：插入分节符并在下一页上开始新节。
- 连续：插入分节符并在同一页上开始新节。
- 偶数页：插入分节符并在下一偶数页上开始新节。
- 奇数页：插入分节符并在下一奇数页上开始新节。

图 3-54　分页符

图 3-55　分节符

3. 插入页码

页码用来表示每页在文档中的顺序编号，在 Word 2010 中添加的页码会随文档内容的增删自动更新。

在"插入"选项卡的"页眉和页脚"组中单击"页码"按钮，弹出下拉列表，如图3-56所示，选择页码的位置和样式进行设置。如果选择"设置页码格式"选项，则打开"页码格式"对话框，可以对页码格式进行设置，如图3-57所示。对页码格式的设置包括对编号格式、是否包括章节号和页码起始编号的设置等。

图 3-56　"页码"下拉列表

图 3-57　"页码格式"对话框

若要删除页码，只要在"插入"选项卡的"页眉和页脚"组中单击"页码"按钮，在打开的下拉列表中选择"删除页码"选项即可。

4. 插入页眉和页脚

页眉是指每页文稿顶部的文字或图形,页脚是指每页文稿底部的文字或图形。页眉和页脚通常用来显示文档的附加信息,例如页码、书名、章节名、作者名、公司徽标、日期和时间等。

1) 插入页眉/页脚

其操作步骤如下。

(1) 在"插入"选项卡的"页眉和页脚"组中单击"页眉"按钮,弹出下拉列表,如图 3-58 所示。选择"编辑页眉"选项,或者选择内置的任意一种页眉样式,或者直接在文档的页眉/页脚处双击,进入页眉/页脚编辑状态。

图 3-58　"页眉"下拉列表

(2) 在页眉编辑区中输入页眉的内容,同时 Word 2010 会自动添加"页眉和页脚工具-设计"选项卡,如图 3-59 所示。

图 3-59　"页眉和页脚工具-设计"选项卡

(3) 如果想输入页脚的内容,可单击"导航"组中的"转至页脚"按钮,转到页脚编辑区中输入文字或插入图形内容。

2) 首页不同的页眉/页脚

对于书刊、信件、报告或总结等 Word 文档，通常需要去掉首页的页眉/页脚，这时可以按以下步骤操作。

(1) 进入页眉/页脚编辑状态，在"页眉和页脚工具-设计"选项卡的"选项"组中勾选"首页不同"复选框。

(2) 按上述添加页眉和页脚的方法在页眉或页脚编辑区中输入页眉或页脚。

3) 奇偶页不同的页眉/页脚

对于进行双面打印并装订的 Word 文档，有时需要在奇数页上打印书名、在偶数页上打印章节名，这时可按以下步骤操作。

(1) 进入页眉/页脚编辑状态，在"页眉和页脚工具-设计"选项卡的"选项"组中勾选"奇偶页不同"复选框。

(2) 按上述添加页眉和页脚的方法在页眉或页脚编辑区中分别输入奇数页和偶数页的页眉或页脚。

5. 预览与打印

在完成文档的编辑和排版操作后，首先要对其进行打印预览，如果用户不满意效果还可以进行修改和调整，满意后再对打印文档的页面范围、打印份数和纸张大小进行设置，然后将文档打印出来。

1) 预览文档

在打印文档之前，用户可以使用打印预览功能查看文档效果。打印预览的显示与实际打印的真实效果基本一致，使用该功能可以避免打印失误或不必要的损失。同时在预览窗格中还可以对文档进行编辑，以得到满意的效果。

在 Word 2010 中单击"文件"按钮，在下拉列表中选择"打印"命令，打开新的页面，其中包含 3 个部分，即左侧的选项栏、中间的命令选项栏和右侧的效果预览窗格，在右侧的窗格中可预览打印效果，如图 3-60 所示。

在打印预览窗格中，如果用户看不清预览的文档，可多次单击预览窗格右下方的"显示比例"工具右侧的"＋"号按钮，使之达到合适的缩放比例以便进行查看。单击"显示比例"工具左侧的"－"号按钮，可以使文档缩小至合适大小，以便实现以多页方式查看文档效果。此外，拖动"显示比例"滑块同样可以对文档的缩放比例进行调整。单击"＋"号按钮右侧的"缩放到页面"按钮，可以预览文档的整个页面。

总之，在打印预览窗格中可以进行以下几种操作。

(1) 通过使用"显示比例"工具可设置适当的缩放比例进行查看。

(2) 在预览窗格的左下方可查看到文档的总页数，以及当前预览文档的页码。

(3) 通过拖动"显示比例"滑块可以实现将文档以单页、双页或多页方式进行查看。

在中间命令选项栏的底部单击"页面设置"选项，可打开"页面设置"对话框，使用此对话框可以对文档的页面格式进行重新设置和修改。

2) 打印文档

在预览效果满足要求后即可对文档实施打印了，打印的操作方法如下。

单击"文件"按钮，在打开的下拉列表中选择"打印"命令，在打开的新页面中设置打印份数、打印机属性、打印页数和双面打印等，设置完成后单击"打印"按钮即可开始打印文档。

图 3-60　打印预览

3.4　Word 文档的高级排版

Word 文档的高级排版主要包括文档的修饰,例如分栏、首字下沉,插入批注、脚注、尾注和题注,编辑长文档以及邮件合并等。

3.4.1　分栏

对于报刊和杂志,在排版时经常需要对文章内容进行分栏排版,以使文章易于阅读,页面更加生动美观。

【例 3.2】　进入"例 3.2"文件夹打开"分栏(文字素材).docx"文档,将正文分为等宽的两栏,中间加分隔线,然后将文档以"分栏(排版结果).docx"为文件名保存到"例 3.2"文件夹中。其操作步骤如下。

(1)打开"分栏(文字素材).docx"文档,选定需要进行分栏的文本区域(对整篇文档进行分栏不用选定文本区域),本例应该选中除标题文字以外的正文。

(2)在"页面布局"选项卡的"页面设置"组中单击"分栏"按钮,弹出下拉列表,如图 3-61所示。

(3)在"分栏"下拉列表中可选择一栏、两栏、三栏或偏左、偏右,本例应该选择"更多分栏"选项,打开"分栏"对话框,如图 3-62 所示。

(4)在"预设"组中选择"两栏"或在"栏数"微调框中输入2。如果设置各栏宽相等,可选中"栏宽相等"复选框。如果设置不同的栏宽,则取消选中"栏宽相等"复选框,各栏的"宽度"和"间距"可以在相应文本框中输入和调节。如果选中"分隔线"复选框,可以在各栏之间加上分隔线。本例应该选择"两栏"并选中"栏宽相等"和"分隔线"复选框。

图 3-61 "分栏"下拉列表　　　　　　　　　　　图 3-62 "分栏"对话框

（5）在"应用于"下拉列表中选择分栏设置的应用范围。

（6）单击"确定"按钮，完成设置，分栏效果如图 3-63 所示。

泰山

泰山，自古就是中国的一大名山，称魁五岳。有史以来，历代汉族帝王且不论，便是入主中原的异族帝王也每每封禅泰山，以求天地神灵保佑社稷福祚世代相传不息。然而，泰山之所以久负盛名、令人向往，却完全不是借助于那些帝王的声势，而实在是由于它那雄伟险峻的山峰，壮观非凡的气势，变幻神异的风光，以及由此而引起的人们的无数凝想。

古人写游览泰山的诗文，不乏名作，其中以清人姚鼐的《登泰山记》尤为上品，读来甚有韵味。《登泰山记》是姚鼐于乾隆三十九年冬季游泰山后所写的一篇游记散文。它简要地介绍了登山的经过，具体形象地描绘了泰山雄伟壮观的景致，表现了作者对祖国河山的热爱和景仰。全文短小优美，把泰山的特征一一摆在读者眼前。特别是写日出的一段文字令人神往，为后人广为传颂，读来耳目为之一新。似乎读者也随着作者正艰难地往上攀登，正兴致旺盛地观赏着喷红放亮的日出景象。泰山是我国的"五岳"之首，有"天下第一山"之美誉，又称东岳，中国最美的、令人震撼的十大名山之一。

图 3-63 设置分栏效果图

（7）单击"文件"按钮选择"另存为"命令，在打开的"另存为"对话框中将文档以"分栏（排版结果）.docx"为文件名保存到"例 3.2"文件夹中。

【注意】 若要取消分栏，则需选中分栏的文本，然后在"分栏"对话框中设置为"一栏"；如果遇到最后一段分栏不成功的情况，则需要在段末加上回车符。

3.4.2 设置首字下沉

首字下沉是指一个段落的第一个字采用特殊的格式显示，目的是使段落醒目，引起读者的注意。设置首字下沉的方法如下。

（1）将插入点定位到需要设置首字下沉的段落。

（2）在"插入"选项卡的"文本"组中单击"首字下沉"按钮，打开下拉列表，如图 3-64 所示。若选择"首字下沉选项"，则打开"首字下沉"对话框，如图 3-65 所示。

图 3-64 "首字下沉"下拉列表　　　　　图 3-65 "首字下沉"对话框

(3) 在"位置"选项栏中选择"无"将取消原来设置的首字下沉;选择"下沉"可将段落的第一个字符设为下沉格式并与左页边距对齐,段落中的其余文字环绕在该字符的右侧和下方;选择"悬挂"可将段落的第一个字符设为下沉,并将其置于从段落首行开始的左页边距中。

(4) 在"选项"组中设置字体、下沉行数和距正文的距离。

(5) 单击"确定"按钮完成设置。

【例 3.3】 进入"例 3.3"文件夹打开"首字下沉(文字素材).docx"文档,对文档中的两段文本分别设置不同的首字下沉效果,第一段设置的是下沉 3 行,第二段设置的是下沉两行,字体均为"华文行楷",距正文 0.4 厘米,设置效果如图 3-66 所示。最后将文档以"首字下沉(排版结果).docx"为文件名保存到"例 3.3"文件夹中。最后将文档以"首字下沉(排版结果).docx"为文件名保存在"例 3.3"文件夹中。按如上所述步骤操作,最后其设置效果如图 3-66 所示。

> **泰** 山,自古就是中国的一大名山,称魁五岳。有史以来,历代汉族帝王且不论,便是入主中原的异族帝王也每每封禅泰山,以求天地神灵保佑社稷福祚世代相传不息。然而,泰山之所以久负盛名、令人向往,却完全不是借助于那些帝王的声势,而实在是由于它那雄伟险峻的山峰,壮观非凡的气势,变幻神异的风光,以及由此而引起的人们的无数凝想。
>
> **古** 人写游览泰山的诗文,不乏名作,其中以清人姚鼐的《登泰山记》尤为上品,读来甚有韵味。《登泰山记》是姚鼐于乾隆三十九年冬季游泰山后所写的一篇游记散文。它简要地介绍了登山的经过,具体形象地描绘了泰山雄伟壮观的景致,表现了作者对祖国河山的热爱和景仰。全文短小优美,把泰山的特征——摆在读者眼前。特别是写日出的一段文字令人神往,为后人广为传颂,读来耳目为之一新。似乎读者也随着作者正艰难地往上攀登,正兴致旺盛地观赏着喷红放亮的日出景象。

图 3-66 首字下沉效果

3.4.3 批注、脚注、尾注和题注

1. 插入批注

批注是审阅者根据自己对文档的理解给文档添加上的注释和说明的文字。文档的作者可以根据审阅者的批注对文档进行修改和更正。

插入批注的方法如下。

（1）将光标置于要批注的词组前或选中该词组。

（2）切换至"审阅"选项卡的"批注"组中单击"新建批注"按钮，如图 3-67 所示。

（3）在打开的批注框中输入需要注释和说明的文字。

2. 插入脚注和尾注

脚注和尾注用于给文档中的文本提供解释、批注以及相关的参考资料。一般可用脚注对文档内容进行注释说明，用尾注说明引用的文献资料。脚注和尾注分别由两个互相关联的部分组成，即注释引用标记和与其对应的注释文本。脚注位于页面底端，尾注位于文档末尾。

插入脚注和尾注的方法如下。

（1）选中需要添加注释的文本。

（2）在"引用"选项卡的"脚注"组中单击"插入脚注"或"插入尾注"按钮，如图 3-68 所示。

图 3-67 "审阅"选项卡的"批注"组

图 3-68 "引用"选项卡的"脚注"组

（3）此时文本的右上角插入了一个"脚注"或"尾注"的序号，同时在文档相应页面下方或文档尾部添加了一条横线并出现光标，光标位置为插入"脚注"或"尾注"内容的插入点，输入"脚注"或"尾注"内容即可。

在图 3-69 中，为"带汁诸葛亮"中的"汁"字加批注（"汁"指眼泪），位于该页右侧空白处；为"北伐"加脚注（南宋宁宗朝时韩侂胄主持的北伐金朝的战争），位于该页的底端；为"指挥若定失萧曹"加尾注（杜甫《咏怀古迹》五首之五），位于文档的末尾。

插入脚注和尾注还可以选择在"引用"选项卡的"脚注"组中单击"脚注和尾注"按钮，在打开的"脚注和尾注"对话框中进行设置。

3. 插入题注

题注是一种可以为文档中的图形、表格、公式或其他对象添加的编号标签。如果在文档的编辑过程中对题注进行了添加、删除或移动操作，则可以一次性更新所有题注编号，而不需要进行单独调整。

在文档中插入题注的操作步骤如下。

（1）在文档中选择要插入题注的位置。

图 3-69　插入批注、脚注和尾注的效果

（2）在"引用"选项卡的"题注"组中单击"插入题注"按钮。

（3）打开"题注"对话框，可以根据添加题注的不同对象在"选项"区域的下拉列表中选择不同的标签类型，如图 3-70 所示。

（4）如果期望在文档中使用自定义的标签显示方式，则可以单击"新建标签"按钮打开"新建标签"对话框，如果在"标签"文本框中输入文字"图"，如图 3-71 所示，则新标签名"图"将出现在"标签"下拉列表中。

图 3-70　选择以"图表"为标签的"题注"对话框

图 3-71　"新建标签"对话框

（5）如果要为该标签设置编号类型，可单击"编号"按钮，在打开的"题注编号"对话框中进行设置，如图 3-72 所示。

（6）如果要为题注设置显示相对于对象的位置，可以在"题注"对话框的"选项"组中的"位置"下拉列表中进行选择，如图 3-73 所示。最后单击"确定"按钮。

图 3-72　"题注编号"对话框

图 3-73　设置题注的显示位置

3.4.4　编辑长文档

编辑长文档需要对文档使用高效排版技术。为了提高排版效率,Word 2010字处理软件提供了一系列的高效排版功能,包括样式、模板、生成目录等。

1. 使用样式功能

样式是一组已命名的字符和段落格式的组合。例如,一篇文档有各级标题、正文、页眉和页脚等,它们都有各自的字体大小和段落间距等,各以其样式名存储以便使用。

使用样式可以使文档的格式更容易统一,还可以构造大纲,使文档更具条理性;此外,使用样式还可以更加方便地生成目录。

1) 设置样式

其操作步骤如下。

(1) 选定要应用样式的文本。

(2) 在"开始"选项卡的"样式"组中选择所需样式,图3-74所示为标题文本应用"标题2"样式。

图3-74　标题文本应用"标题2"样式

2) 新建样式

当Word提供的样式不能满足工作的需要时,可修改已有的样式快速创建自己特定的样式。新建样式的操作步骤如下。

(1) 在"开始"选项卡的"样式"组中单击"样式"按钮打开"样式"任务窗格,如图3-75所示。

(2) 在"样式"任务窗格中单击"新建样式"按钮打开"根据格式设置创建新样式"对话框,如图3-76所示。

(3) 在"名称"文本框中输入样式名称,然后选择样式类型、样式基准、该样式的格式等,单击"确定"按钮。

新样式建立好以后,用户可以像使用系统提供的样式那样使用新样式。

3) 修改和删除样式

在"样式"任务窗格中单击"样式名"右边的下拉箭头,在下拉列表中选择"删除"命令即可将该样式删除,原应用该样式的段落改用"正文"样式;如果要修改样式,则在该"样式名"下拉列表中选择"修改样式"命令,在打开的"修改样式"对话框中进行相应设置。

2. 生成目录

在编写书籍、撰写论文时一般都应有目录,以便全貌反映文档的内容和层次结构,便于阅读。如果要生成目录,必须对文档的各级标题进行格式化,通常利用样式的"标题"统一格式化,以便于长文档、多人协作编辑的文档的统一。目录一般分为3级,使用相应的"标题1""标题2"和"标题3"样式来格式化,也可以使用其他几级标题样式,甚至还可以是自己创建的标题样式。

图 3-75 "样式"任务窗格　　　　图 3-76 "根据格式设置创建新样式"对话框

　　由于目录是基于样式创建的,故在自动生成目录前需要对作为目录的章节标题应用样式,一般情况下应用 Word 内置的标题样式即可。

　　文档目录的制作步骤如下。

　　(1) 标记目录项：对正文中用作目录的标题应用标题样式,同一层级的标题应用同一种标题样式。

　　(2) 创建目录：

　　① 将光标定位于需要插入目录处,一般为正文开始前。

　　② 在"引用"选项卡的"目录"组中单击"目录"按钮,如图 3-77 所示。

图 3-77 "引用"选项卡的"目录"组

　　③ 在弹出的下拉列表中选择"插入目录"选项打开"目录"对话框。

　　④ 在"格式"下拉列表框中选择需要使用的目录模板,在"显示级别"下拉列表框中选择显示的最低级别并选中"显示页码"和"页码右对齐"复选框,如图 3-78 所示。

　　⑤ 单击"确定"按钮,创建的目录如图 3-79 所示。

图 3-78 "目录"对话框

图 3-79 生成的目录示例

3.4.5 邮件合并技术

1. 邮件合并的概念

如果用户希望批量创建一组文档,可以通过 Word 2010 提供的邮件合并功能来实现。邮件合并主要指在文档的固定内容中合并与发送信息相关的一组通信资料,从而批量生成需要的邮件文档,使用这种功能可以大大提高工作效率。

邮件合并功能除了可以批量处理信函、信封、邀请函等与邮件相关的文档外,还可以轻松地批量制作标签、工资条和水电通知单等。

1）邮件合并所需的文档

邮件合并所需的文档,一个是主文档,另一个是数据源。主文档是用于创建输出文档的蓝图,是一个经过特殊标记的 Word 文档;数据源是用户希望合并到输出文档的一个数据列表。

2）适用范围

邮件合并适用于需要制作的数量比较大且内容可分为固定不变部分和变化部分的文档,变化的内容来自数据表中含有标题行的数据记录列表。

3）利用邮件合并向导

Word 2010 提供了"邮件合并分步向导"功能,可以帮助用户逐步了解整个邮件合并的具体使用过程,并能便捷、高效地完成邮件合并任务。

2. 邮件合并技术的使用

【例 3.4】 使用"邮件合并分步向导"功能按如下要求制作邀请函。

问题的提出:某高校学生会计划举办一场"大学生网络创业交流会"的活动,拟邀请部分专家和老师给在校学生进行演讲。因此,校学生会外联部需要制作一批邀请函,并分别递送给相关的专家和老师。要求将制作的邀请函保存到以专业＋学号命名的文件夹中,文件名为"Word-邀请函.docx"。

事先准备的素材资料放在"第 3 章 素材库\例题 3"下的"例 3.4"文件夹中。主文档的文件名为"Word-邀请函主文档.docx",数据源文件名为"通讯录.xlsx"。

其操作步骤如下。

(1) 打开"Word-邀请函主文档.docx"文件,并将光标定位在"尊敬的"和"(老师)"文字之间,如图 3-80 所示。

图 3-80 主文档

(2) 在"邮件"选项卡的"开始邮件合并"组中单击"开始邮件合并"按钮,弹出下拉列表,如图 3-81 所示。

(3) 选择"邮件合并分步向导"选项打开"邮件合并"任务窗格,进入"邮件合并分步向导"的第 1 步。在"选择文档类型"栏中选择希望创建的输出文档的类型,此处选择"信函",如图 3-82 所示。

图 3-81 "开始邮件合并"下拉列表　　　　　　图 3-82　第 1 步

（4）单击"下一步：正在启动文档"超链接，进入"邮件合并分步向导"的第 2 步，在"选择开始文档"区域中选中"使用当前文档"单选按钮，以当前文档作为邮件合并的主文档，如图 3-83 所示。

（5）单击"下一步：选取收件人"超链接，进入第 3 步，在"选择收件人"区域中选中"使用现有列表"单选按钮，如图 3-84 所示。

（6）单击"浏览"超链接，打开"选取数据源"对话框，选择"通讯录.xlsx"文件后单击"打开"按钮，打开"邮件合并收件人"对话框，单击"确定"按钮完成现有工作表的链接工作，如图 3-85 所示。

图 3-83　第 2 步　　　　　　图 3-84　第 3 步　　　　　　图 3-85　第 4 步

Word 2010 文字处理

　　(7)选择收件人列表之后,单击"下一步:撰写信函"超链接,进入第4步,如图3-85所示。在"撰写信函"区域中单击"其他项目"超链接,打开"插入合并域"对话框,在"域"列表框中按照题意选择"姓名"域,单击"插入"按钮,在插入完所需的域后单击"关闭"按钮关闭"插入合并域"对话框。

　　(8)在图3-84中单击"下一步:预览信函"超链接,进入第5步。在"预览信函"区域中单击"≪"或"≫"按钮,可查看具有不同邀请人的姓名和称呼的信函,如图3-86所示。

图3-86　第5步之文档中已插入"姓名"域标记

　　(9)预览并处理输出文档后,单击"下一步:完成合并"超链接,进入"邮件合并分步向导"的最后一步。此处单击"编辑单个信函"超链接,打开"合并到新文档"对话框,在"合并记录"区域中选中"全部"单选按钮,如图3-87所示。

图3-87　"邮件合并分步向导"的最后一步

　　(10)设置完成后单击"确定"按钮,即可在文中看到每页邀请函只包含一位专家或老师的姓名。单击"文件"按钮,选择"另存为"命令,打开"另存为"对话框,在"保存位置"框中选择以专业＋学号命名的文件夹，在"文件名"文本框中输入文件名"Word-邀请函"，在"保存类型"下拉列表框中选择"Word 文档（*.docx）"。

【提示】 如果用户想要更改收件人列表，可单击"做出更改"选项组中的"编辑收件人列表"超链接，在随后打开的"邮件合并收件人"对话框中进行更改。如果用户想从最终的输出文档中删除当前显示的输出文档，可单击"排除此收件人"按钮。

3.5 Word 2010 表格处理

在文档中使用表格是一种简明扼要的表达方式，它以行和列的形式组织信息，结构严谨，效果直观。一张表格常常可以代表大篇的文字描述，所以在各种经济、科技等书刊和文章中越来越多地使用表格。

3.5.1 插入表格

1. 表格工具

在 Word 2010 文档中插入表格后会增加一个"表格工具-设计/布局"选项卡。

"表格工具-设计"选项卡中包括"表格样式选项""表格样式"和"绘图边框"3 个组，如图 3-88 所示。"表格样式"组中提供了 141 个内置表格样式，便于用户应用各种表格样式；"绘图边框"组便于用户快速地绘制表格，设置表格边框和底纹。

图 3-88 "表格工具-设计"选项卡

"表格工具-布局"选项卡中包括"表""行和列""合并""单元格大小""对齐方式"和"数据"6 个组，主要提供了表格布局方面的功能，如图 3-89 所示。利用"表"组中的选项可方便地查看和定位表对象，利用"行和列"组中的选项可方便地增加或删除表格中的行和列，"合并"组中的选项用于合并或折分单元格；"对齐方式"组中的选项提供了文字在单元格内的对齐方式和文字方向等，"单元格大小"组用于调整行高和列宽；"数据"组用于数据计算和排序等。

图 3-89 "表格工具-布局"选项卡

2. 建立表格

在"插入"选项卡的"表格"组中单击"表格"按钮，在弹出的下拉列表中选择不同的选项，可用不同的方法建立表格，如图 3-90 所示。在 Word 2010 中建立表格的方法一般有 5 种，下面逐一介绍。

1）拖动法

将光标定位到需要添加表格的位置，单击"表格"按钮，在弹出的下拉列表中按住鼠标左键拖动设置表格中的行和列，此时可在下拉列表的"表格"区中预览到表格行、列数，待行、列数满足要求后释放鼠标左键，即可在光标定位处插入一个空白表格。图 3-90 所示为使用拖动法建立 6 行 7 列的表格。注意，用这种方法建立的表格不能超过 8 行 10 列。

2）对话框法

在"表格"下拉列表中选择"插入表格"选项，打开"插入表格"对话框，如图 3-91 所示，输入或选择行、列数及设置相关参数，然后单击"确定"按钮，即可在光标指定位置插入一个空白表格。

图 3-90 "表格"下拉列表

图 3-91 "对话框"法

3）手动绘制法

在"表格"下拉列表中选择"绘制表格"选项，鼠标指针变成铅笔状，同时系统会自动弹出"表格工具-设计"选项卡，此时用铅笔状鼠标指针可在文档中的任意位置绘制表格，并且还可利用展开的"表格工具-设计"选项卡中的相应按钮设置表格边框线或擦除绘制的错误表格线等。

4）组合符号法

将光标定位在需要插入表格的位置，输入一个"＋"号（代表列分隔线），然后输入若干个"－"号（"－"号越多代表列越宽），再输入一个"＋"号和若干个"－"号，依此类推，然后再输入一个"＋"号，如图 3-92 所示，最后按 Enter 键，则一个一行多列的表格插入到文档中，如图 3-93 所示。再将光标定位到行尾连续按 Enter 键，这样一个多行多列的表格就创建完成了。

图 3-92 组合符号法　　　　　　　　图 3-93 一行多列表格

5）将文本转换成表格

在 Word 中可以将一个具有一定行、列宽度的格式文本转换成多行多列的表格。

【例 3.5】 将图 3-94 所示的后 5 行文字转换成表格。

2005 年 6 月 14 日人民币汇率表

货币名称	现汇买入价	现钞买入价	卖出价	基准价
美元	826.41	821.44	828.89	827.65
日元	7.5420	7.4853	7.5798	7.6486
欧元	1001.24	992.71	1004.24	1000.80
港币	106.28	105.64	106.60	106.37

图 3-94　需要转换成表格的文本

其操作步骤如下。

（1）选中图 3-94 所示的后 5 行文字。

（2）在"插入"选项卡的"表格"组中单击"表格"按钮，在弹出的下拉列表中选择"文本转换成表格"选项。

（3）打开"将文字转换成表格"对话框，选择一种文字分隔符，如图 3-95 所示。

（4）单击"确定"按钮关闭对话框，转换后的表格如图 3-96 所示。

图 3-95　"将文字转换成表格"对话框

2005 年 6 月 14 日人民币汇率表

货币名称	现汇买入价	现钞买入价	卖出价	基准价
美元	826.41	821.44	828.89	827.65
日元	7.5420	7.4853	7.5798	7.6486
欧元	1001.24	992.71	1004.24	1000.80
港币	106.28	105.64	106.60	106.37

图 3-96　转换后的表格

3.5.2　编辑表格

在 Word 中对表格的编辑操作包括调整表格的行高与列宽、添加或删除行与列、对表格的单元格进行拆分和合并等。

1. 选定表格的编辑区

如果要对表格进行编辑操作，需要先选定表格后操作。

选定表格编辑区的方法如下。

• 选中一个单元格：用鼠标指向单元格的左侧，当鼠标指针变成实心斜向上的箭头时单击。

• 选中整行：用鼠标指向行左侧，当鼠标指针变成空心斜向上的箭头时单击。

• 选中整列：用鼠标指向列上边界，当鼠标指针变成实心垂直向下的箭头时单击。

• 选中连续多个单元格：用鼠标从左上角单元格拖动到右下角单元格，或按住 Shift 键选定。

- 选中不连续多个单元格：按住 Ctrl 键用鼠标分别选定每个单元格。
- 选中整个表格：将鼠标指针定位在单元格中，单击表格左上角出现的移动控制点。

2. 调整行高和列宽

1）用鼠标在表格线上拖动

（1）移动鼠标指针到要改变行高或列宽的行表格线或列表格线上。

（2）当鼠标指针变成左右双箭头形状时按住鼠标左键拖动行表格线或列表格线，当行高或列宽合适后释放鼠标左键。

2）用鼠标在标尺的行、列标记上拖动

（1）先选中表格或单击表格中的任意单元格。

（2）分别沿水平或垂直方向拖动"标尺"的列或行标记用于调整列宽和行高，如图 3-97 所示。

图 3-97　拖动列或行标记调整列宽或行高

3）用"表格属性"对话框

用"表格属性"对话框可以对选定区域或整个表格的行高和列宽进行精确设置。其操作步骤如下：

（1）选中需要设置行高或列宽的区域。

（2）在"表格工具-布局"选项卡的"表"组中单击"属性"按钮打开"表格属性"对话框，如图 3-98 所示。

图 3-98　"表格属性"对话框

（3）切换到"行"或"列"选项卡，对"指定高度"或"指定宽度"进行行高或列宽的精确设置。

（4）单击"确定"按钮。

3．删除行或列

1）使用功能按钮

选中需要删除的行或列，在"表格工具-布局"选项卡的"行和列"组中单击"删除"按钮弹出下拉列表，如图 3-99 所示，选择"删除行"或"删除列"选项，即可删除选定的行或列。在该下拉列表中还包括"删除单元格"和"删除表格"选项。

2）使用快捷菜单命令

（1）右击表格中需要删除的行或列，在弹出的快捷菜单中选择"删除单元格"命令。

（2）打开"删除单元格"对话框，选中"删除整行"或"删除整列"单选按钮，如图 3-100 所示，即可删除选中的行或列。

图 3-99 "删除"按钮的下拉列表

图 3-100 "删除单元格"对话框

4．插入行或列

1）使用功能按钮

（1）选中表格中的一行（或多行）一列（或多列），激活"表格工具-布局"选项卡。

（2）在"行和列"组中选择"在上方插入行"或"在下方插入行"、"在左侧插入列"或"在右侧插入列"，如图 3-101 所示；如果选中的是多行多列，则插入的也是同样数目的多行多列。

2）使用快捷菜单

（1）右击表格中的一行（或多行）一列（或多列）。

（2）在弹出的快捷菜单中选择"插入"命令，然后在打开的级联菜单中选择相应的命令，便可在指定位置插入一行（或多行）一列（或多列），如图 3-102 所示。

图 3-101 "行和列"组

图 3-102 用快捷菜单插入行或列

3）在表格底部添加空白行

在表格底部添加空白行可以使用下面两种更简单的方法。

第3章

- 将插入点移到表格右下角的单元格中,然后按 Tab 键。
- 将插入点移到表格最后一行右侧的行结束处,然后按 Enter 键。

5. 合并和拆分单元格

使用合并和拆分单元格功能可以将表格变成不规则的复杂表格。

1) 合并单元格

(1) 选定需要合并的多个单元格,激活"表格工具-布局"选项卡。

(2) 在"合并"组中单击"合并单元格"按钮,或右击选中的单元格,在弹出的快捷菜单中选择"合并单元格"命令,选定的多个单元格将被合并成一个单元格,如图 3-103 所示。

2) 拆分单元格

(1) 选定需要拆分的单元格。

(2) 在"表格工具-布局"选项卡的"合并"组中单击"拆分单元格"按钮;或右击选中的单元格,在弹出的快捷菜单中选择"拆分单元格"命令,打开"拆分单元格"对话框,如图 3-104 所示,在该对话框中输入要拆分的行数和列数,然后单击"确定"按钮,拆分效果如图 3-105 所示。

图 3-103　合并单元格　　　　　　图 3-104　"拆分单元格"对话框

图 3-105　拆分单元格效果

3.5.3　设置表格格式

在创建一个表格之后,就要对表格进行格式化了。在进行表格的格式化操作时,仍需利用"表格工具-设计"或"表格工具-布局"选项卡中的相应功能按钮完成。

1. 设置单元格对齐方式

单元格对齐方式有 9 种。选定需要设置对齐方式的单元格区域,在"对齐方式"组中单击相应的对齐方式按钮,如图 3-106 所示,或右击选中的单元格区域,在弹出的快捷菜单中选择"单元格对齐方式"命令,然后在打开的 9 个选项中选择一种对齐方式。

2. 设置边框和底纹

1) 设置表格边框

(1) 选定需要设置边框的单元格区域或整个表格。

图 3-106　单元格对齐方式

（2）在"表格工具-设计"选项卡的"绘图边框"组中选择笔样式（即边框线类型）、笔画粗细（即边框线粗细）、笔颜色（即边框线颜色），如图 3-107 所示。

图 3-107　设置表格边框

（3）在"表格工具-设计"选项卡的"表格样式"组中单击"边框"的下三角按钮，从打开的下拉列表中选择相应的表格边框线，如图 3-108 所示。

2）设置表格底纹

（1）选定需要设置底纹的单元格区域或整个表格。

（2）在"表格工具-设计"选项卡的"表格样式"组中单击"底纹"按钮，从打开的下拉列表中选择一种颜色，如图 3-109 所示。

图 3-108　"边框"下拉列表

图 3-109　"底纹"下拉列表

3. 设置内置表格样式

在"表格工具-设计"选项卡的"表格样式"组中单击"其他"按钮，在弹出的下拉列表中列出了 98 种内置表格样式，如图 3-110 所示，选择其中任何一种，可将表格设置为内置表格样式。

4. 设置文字排列方向

单元格中文字的排列方向分为横向和纵向两种，其设置方法是在"表格工具-布局"选项卡的"对齐方式"组中单击"文字方向"按钮。

144

图 3-110　设置内置表格样式

5. 设置斜线表头

首先选中需要设置斜线表头的单元格，然后在"边框"的下拉列表中选择"斜下框线"或"斜上框线"选项，如图 3-108 所示。

6. 将表格转换成文本

【例 3.6】 将图 3-111 所示的表格转换成文本。

其操作步骤如下。

（1）选中表格，弹出"表格工具-布局"选项卡。

（2）在"数据"组中单击"转换成文本"按钮。

（3）弹出"表格转换成文本"对话框，选择一种文字分隔符，如图 3-112 所示，单击"确定"按钮即可将表格转换成文本。

职工登记表

职工号	姓名	单位	职称	工资
HG001	孙亮	化工	教授	720
JS001	王大明	计算机	教授	680
DZ003	张卫	电子	副教授	600
HG002	陆新	化工	副教授	580

图 3-111　需要转换成文本的表格

图 3-112　"表格转换成文本"对话框

3.5.4 表格中的数据统计和排序

1. 表格中的数据统计

Word 提供了在表格中快速进行数值的加、减、乘、除及求平均值等计算功能；还提供了常用的统计函数供用户调用，包括求和（SUM）、求平均值（AVERAGE）、求最大值（MAX）、求最小值（MIN）和条件函数（IF）等。和 Excel 一样，表格中的每一行号依次用数字 1、2、3 等表示，每一列号依次用字母 A、B、C 等表示，每一单元格号为行列交叉号，即交叉的列号加上行号，例如 H5 表示第 H 列第 5 行的单元格。如果要表示表格中的单元格区域，可采用"左上角单元格号：右下角单元格号"。

在"表格工具-布局"选项卡的"数据"组中，"公式"和"排序"按钮分别用于表格中数据的计算和排序,如图 3-113 所示。

【例 3.7】 如图 3-114 所示,要求计算学号为"12051"的学生的计算机、英语、数学、物理、电路 5 个科目的总成绩,将结果置于 G2 单元格。

其操作步骤如下。

(1) 选中 G2 单元格,单击"公式"按钮弹出"公式"对话框,如图 3-114 所示。

图 3-113 "数据"组

图 3-114 求和

(2) 在"公式"对话框中从"粘贴函数"下拉列表中选择 SUM 函数,将其置入"公式"文本框中,并输入函数参数"b2:f2"。

(3) 单击"确定"按钮关闭"公式"对话框。同理,用以上方法可计算出其他学号的学生的 5 科总成绩。

如图 3-115 所示,如果要计算"计算机"单科成绩的平均分,首先选中 B6 单元格,在"公式"对话框中选择粘贴函数为 AVERAGE,输入函数参数"b2:b5",单击"确定"按钮,然后用同样的方法计算出其他单科成绩的平均分。

图 3-115 求单科平均分

2. 表格中的数据排序

【例 3.8】 在图 3-116 所示的表格中,要求按"物理"成绩"降序"排序,如果"物理"成绩相同,则按"电路"成绩"升序"排序。

其操作步骤如下。

(1) 选中表格中的任意单元格,在"表格工具-布局"选项卡的"数据"组中单击"排序"按钮,打开"排序"对话框,如图 3-117 所示。

(2) "主要关键字"选择"物理",并选中"降序"单选按钮;"次要关键字"选择"电路",并选中"升序"单选按钮。"类型"均选择"数字"。

学号	计算机	英语	数学	物理	电路	求和
12051	72	82	91	55	62	362
12052	85	90	54	70	94	393
12053	76	87	92	65	90	410
12054	67	74	58	65	86	350

图 3-116 需要排序的数据表格

图 3-117 "排序"对话框

(3)单击"确定"按钮关闭对话框,排序效果如图 3-118 所示。

学号	计算机	英语	数学	物理	电路	求和
12052	85	90	54	70	94	393
12054	67	74	58	65	86	350
12053	76	87	92	65	90	410
12051	72	82	91	55	62	362

图 3-118 经过排序以后的数据表格

3.6 Word 2010 图文混排

如果整篇文档都是文字,没有任何修饰性的内容,这样的文档阅读起来不仅缺乏吸引力,而且会使读者阅读时感到疲倦不堪。Word 2010 具有强大的图形处理功能,它不仅提供了大量图形及多种形式的艺术字,而且支持多种绘图软件创建的图形,从而帮助用户轻而易举地实现图片和文字的混排。

3.6.1 绘制图形

1. 用绘图工具手工绘制图形

在 Word 2010 中包含一套手工绘制图形的工具,主要包括直线、箭头、各种形状、流程图、星与旗帜等,称为自选图形或形状。

例如插入一个"笑脸"形状的图形,在"插入"选项卡的"插图"组中单击"形状"下拉按钮,弹出下拉列表,如图 3-119 所示。

在"基本形状"栏中单击选中"笑脸"图形,然后用鼠标在文档中画出一个图形,如图 3-120 所示。选中图形后右击,在弹出的快捷菜单中选择"添加文字"命令,可在图形中添加文字。

图 3-119　"形状"下拉列表

用鼠标单击该绿色按钮可任意旋转图形

用鼠标拖动该黄色按钮向上移动可把笑脸变为哭脸

图 3-120　新建自选图形"笑脸"

用鼠标单击图形上方的绿色按钮,可任意旋转图形;用鼠标拖动"笑脸"图形中的黄色按钮向上移动,可把"笑脸"变为"哭脸",如图 3-121 所示。

2. 设置图形格式

对于绘制好的图形,可以设置的格式主要包括形状样式、形状填充、形状轮廓、形状效果以及图形的排列、组合与叠放次序等。

图 3-121　"哭脸"图形

设置图形格式的方法是选中绘制的图形单击,打开包括"插入形状""形状样式""艺术字样式""文本""排列"和"大小"6 个组的选项卡,如图 3-122 所示,根据需要选择相应功能组中的功能按钮进行设置。

图 3-122　"绘图工具-格式"选项卡

第 3 章

Word 2010 文字处理

3.6.2 插入图片

用户可以在 Word 中绘制图形,也可以在 Word 中插入图片、编辑图片和对图片进行格式设置。

1. 插入图片

向文档中插入的图片可以是 Word 内部的剪贴画,也可以是利用其他图形处理软件制作的以文件形式保存的图形。

1)插入剪贴画

其操作步骤如下。

(1)定位插入点到需要插入剪贴画的位置。

(2)在"插入"选项卡的"插图"组中单击"剪贴画"按钮。

(3)打开"剪贴画"任务窗格,在"搜索文字"文本框中输入"科技",在"结果类型"下拉列表中选择"所有媒体文件类型",并勾选"包括 Office.com 内容"复选框。

(4)单击"搜索"按钮,在任务窗格下方的列表框中会显示"科技"类型的各种剪贴画,如图 3-123 所示。

(5)单击某张剪贴画即可将其插入到指定位置。

2)插入图形文件中的图形

其操作步骤如下。

(1)定位插入点到需要插入图片的位置。

(2)在"插入"选项卡的"插图"组中单击"图片"按钮,打开"插入图片"对话框,如图 3-124 所示。

图 3-123 "剪贴画"任务窗格

图 3-124 "插入图片"对话框

（3）在"插入图片"对话框中选择需要插入的图形文件，然后单击"插入"按钮，则文件中的图形便被插入到插入点指定的位置。

3）插入 SmartArt 图形

SmartArt 图形是一种专门用于表达数据间对应关系的图形。这些图形的外观简洁、美观，与用户自己绘制的形状相比，它可以理解为一种面向行业应用的已定义好的结构流程图。插入 SmartArt 的方法将在 5.2.4 节中介绍，为避免重复，在此不再叙述。

2. 图片的编辑和格式化

对于 Word 文档中插入的图片，可以进行编辑和格式化，包括以下几种操作。

（1）缩放、裁剪、复制、移动、旋转等编辑操作。

（2）组合与取消组合、叠放次序、文字环绕方式等图文混排操作。

（3）图片样式、填充、边框线、颜色、对比度、水印等格式化操作。

设置图片格式的方法是选中图片单击，打开包括"调整""图片样式""排列"和"大小" 4 个组的选项卡，如图 3-125 所示，根据需要选择相应功能组中的功能按钮进行设置。

图 3-125 "图片工具-格式"选项卡

3. 图文混排

观察图 3-122 所示的"绘图工具-格式"选项卡和图 3-125 所示的"图片工具-格式"选项卡，它们既有不同的功能组，又有完全相同的"排列"组。在此重点讲述"排列"组，即文字相对于图形的环绕方式控制，这种控制对图形、图片、SmartArt 图形、艺术字、剪贴画和文本框都实用。在"排列"组中有"位置"和"自动换行"两个按钮，利用它们可设置文字相对于图形或图片的环绕方式。下面就来介绍这两个按钮的使用方法。

1）利用"位置"按钮

（1）选中图形或图片。

（2）在"排列"组中单击"位置"按钮，弹出其下拉列表，如图 3-126 所示。

（3）如果选择"嵌入文本行中"选项，则将对象设置为"嵌入型"；如果选择"文字环绕"9 种类型中的任意一种，则将对象设置为相应类型；如果选择"其他布局选项"，则打开"布局"对话框，切换至"文字环绕"选项卡，如图 3-127 所示。

（4）对于文字相对于图形的环绕方式，还可以在"布局"对话框的"文字环绕"选项卡下的"环绕方式"栏中单击相应图标按钮进行设置。

图 3-128 所示为图文混排中的文字环绕的 4 种效果。

2）利用"自动换行"按钮

（1）选中图形或图片。

（2）在"排列"组中单击"自动换行"按钮，在弹出的下拉列表中选择 7 种环绕方式中的任意一种，如图 3-129 所示。

图 3-126 "位置"下拉列表

图 3-127 "布局"对话框的"文字环绕"选项卡

图 3-128 文字环绕的 4 种效果

图 3-129 "自动换行"下拉列表

(3) 选择"其他布局选项"命令,打开"布局"对话框,单击相应图标按钮进行设置。

3.6.3 插入艺术字

大家在报刊、杂志上经常会看到形式多样的艺术字,这些艺术字可以给文章增添强烈的视觉冲击效果。使用 Word 2010 可以创建出形式多样的艺术字效果,甚至可以把文本扭曲成各种各样的形状或设置为具有三维轮廓的效果。

1. 建立艺术字

建立艺术字的方法通常有两种,一种是先输入文字,再将输入的文字应用为艺术字样式;另一种方法是先选择艺术字样式,再输入文字。下面以第 2 种方法为例说明建立艺术字的操作步骤。

(1) 定位需要插入艺术字的位置。

（2）在"插入"选项卡的"文本"组中单击"艺术字"下拉按钮，从弹出的下拉列表中选择某种艺术字样式，例如选择"填充-红色，强调文字颜色 2，粗糙棱台"选项，此时在插入点处便插入了所选的艺术字样式，如图 3-130 所示。

（3）选择熟悉的输入法，在提示文本"请在此放置您的文字"处输入文字，然后调节艺术字的字号大小和位置，效果如图 3-131 所示。

图 3-130　选择艺术字样式　　　　　　　　　　图 3-131　输入文字

2. 编辑艺术字

选中艺术字，弹出"绘图工具-格式"选项卡，其中包括"形状样式"和"艺术字样式"等 6 个组。利用"形状样式"和"艺术字样式"等组中的按钮可以对艺术字的形状和样式进行设置，如图 3-132 所示。

图 3-132　"形状样式"组和"艺术字样式"组

编辑艺术字的操作步骤如下。

（1）选中艺术字，在"艺术字样式"组中单击"文本效果"按钮，从弹出的下拉列表中选择"映像"→"全映像，8pt 偏移量"选项，为艺术字应用映像效果，如图 3-133 所示。

（2）继续单击"文本效果"按钮，从弹出的下拉列表中选择"发光"→"红色，8pt 发光，强调文字颜色 2"选项，为艺术字应用发光效果，如图 3-134 所示。

图 3-133　应用映像效果　　　　　　　　　　图 3-134　应用发光效果

（3）再次单击"文本效果"按钮，从弹出的下拉列表中选择"转换"→"山形"选项，为艺术字应用山形效果，如图 3-135 所示。

（4）切换至"开始"选项卡的"字体"组中，设置艺术字的字体为"方正书宋简体"，然后调节艺术字的位置和大小，最终效果如图 3-136 所示。

图 3-135　应用山形效果　　　　　　　　　　图 3-136　最终效果

3.6.4　使用文本框

文本框是实现图文混排时非常有用的工具，它如同一个容器，在其中可以插入文字、表格、图形等不同对象，可置于页面中的任何位置，并可随意调整其大小，放到文本框中的对象

152

会随着文本框一起移动。在 Word 2010 中,文本框用来建立特殊的文本,并且可以对其进行一些特殊处理,例如设置边框、颜色和版式格式等。

Word 2010 提供了 44 种内置文本框,例如简单文本框、奥斯汀提要栏和大括号型引述等。通过插入这些内置文本框可以快速地制作出形式多样的优秀文档。

用户除了可以插入内置的文本框以外,还可以根据需要手动绘制横排或竖排文本框,该文本框主要用于插入图片、表格和文本等对象。

【例 3.9】 进入"例 3.9"文件夹打开"竖排文本(素材).docx"文档,将横排文本转换成竖排文本,并设置适当的格式。

其操作步骤如下。

(1) 打开"竖排文本(素材).docx"文档。

(2) 在"插入"选项卡的"文本"组中单击"文本框"按钮。

(3) 从打开的下拉列表中选择"绘制竖排文本框"选项,如图 3-137 所示,此时鼠标指针变成"+"字形。

(4) 将"+"字形鼠标指针移动到文档中的合适位置,然后按住左键拖动鼠标指针绘制竖排文本框,释放鼠标左键后即可完成"竖排文本框"的绘制操作。

(5) 将横排文本剪切后粘贴至竖排文本框中,然后选中文本框,单击"形状填充"按钮,在其下拉列表中设置以浅绿色填充;单击"形状轮廓"按钮,在其下拉列表中选择"无轮廓"选项;适当调整文本框的大小;切换至"开始"选项卡的"字体"组和"段落"组中设置字体格式和文本段落格式。最终效果如图 3-138 所示。

图 3-137 选择"绘制竖排文本框"选项

图 3-138 竖排文本效果

3.6.5 设置水印

在 Word 中,水印是显示在文档文本后面的半透明图片或文字,它是一种特殊的背景,在文档中使用水印可增加趣味性。水印一般用于标识文档,在页面视图模式或打印出的文档中才可以看到水印。

【例 3.10】 进入"例 3.10"文件夹打开"设置水印(素材).docx"文档,设置文字水印。

其操作步骤如下。

(1) 在"页面布局"选项卡的"页面背景"组中单击"水印"按钮。

(2) 在弹出的"水印"下拉列表中选择"自定义水印"选项,如图 3-139 所示,打开"水印"对话框,如图 3-140 所示。

(3) 如果制作图片水印,则选中"图片水印"单选按钮,并勾选"冲蚀"复选框。单击"选择图片"按钮,打开"插入图片"对话框,选择一幅图片插入,然后单击"确定"按钮,即插入了图片水印。

图 3-139 "水印"下拉列表

图 3-140 "水印"对话框

（4）本例要求制作文字水印，所以选中"文字水印"单选按钮，在"文字"下拉列表中输入文字，再设置字体、字号、字体颜色，并勾选"半透明"复选框，选中"斜式"或"水平"单选按钮，然后单击"确定"或"应用"按钮关闭对话框，即插入了文字水印。其效果可进入"例3.10"文件夹打开"设置文字水印（样张）.docx"文档查看。

习　题　3

1. 进入"第3章 素材库\习题3"下的"习题3.1"文件夹，打开"XT3_1.docx"文档，对文档中的文字进行编辑和排版，最后将文档以"XT3_1排版.docx"为文件名保存到"习题3.1"文件夹中，具体要求如下。

（1）将文中的所有错词"电子尚无"替换为"电子商务"；自定义页面纸张大小为"19.5厘米（宽）×27厘米（高度）"；设置页面左、右边距为3厘米；为页面添加1磅、深红色（标准色）、"方框"型边框；设置页面颜色为"水绿色，强调文字颜色5，淡色80%"。

（2）将标题段（"1.国内企业申请的专利部分"）设置为四号深蓝色楷体、加粗、居中、绿色边框、边框宽度为3磅、黄色底纹。

（3）将正文（"根据我国企业申请的……围绕了认证、安全、支付来研究的。"（表4-2资料来源：根据中华人民共和国知识产权局的专利检索归纳总结而得））字体设置为宋体、五号，首行缩进两个字符，行距设置为18磅。

（4）将正文第一段（"根据我国企业申请的……覆盖的领域包括："）分两栏，中间加分隔线；最后一段（"如果和电子商务知识产权……围绕了认证、安全、支付来研究的。"）设置为首字下沉两行、隶书、距正文0.4厘米。

（5）为第一段（"根据我国企业申请的……覆盖的领域包括："）和最后一段（"如果和电子商务知识产权……围绕了认证、安全、支付来研究的。"）之间的8行设置项目符号"◆"。

（6）为倒数第 9 行（"表 4-2 国内企业申请的专利分类统计"）插入脚注，脚注内容为"资料来源：中华人民共和国知识产权局"，脚注字体为小五号宋体，将该行文本效果设置为"渐变填充-紫色，强调文字颜色 4，映像"。

154

（7）将最后面的 8 行文字转换为一个 8 行 3 列的表格，设置表格居中。

（8）分别将表格第 1 列的第 4、5 行单元格、第 3 列的第 4、5 行单元格、第 1 列的第 2、3 行单元格和第 3 列的第 2、3 行单元格进行合并；表格中的所有文字中部居中；设置表格外框线为 3 磅蓝色单实线，内框线为 1 磅黑色单实线；为表格第 1 行添加"水绿色，强调文字颜色 5，淡色 40％"。

（9）插入页眉、页脚，页眉内容为"我国的电子商务专利"，字体为楷体、三号，居中，文本效果为"渐变填充-紫色，强调文字颜色 4，映像"；页脚内容为系统日期和时间，字体为楷体、小四号、加粗、深蓝色，文本右对齐。

2. 问题的提出：某高校为了使学生更好地进行职场定位和职业准备、提高就业能力，该校学工处将于 2013 年 4 月 29 日（星期五）19：30—21：30 在校国际会议中心举办题为"领慧讲堂—大学生人生规划"的就业讲座，特别邀请资深媒体人、著名艺术评论家赵蕈先生担任演讲嘉宾。

请根据上述活动的描述，利用 Microsoft Word 制作一份宣传海报（宣传海报的样式请参考"习题 3.2"文件夹中的"Word—海报参考样式.docx"文件），要求如下。

（1）进入"第 3 章 素材库\习题 3"下的"习题 3.2"文件夹，打开"XT3_2.docx"文档，对文档中的文字进行编辑和排版，最后将文档以"XT3_2 排版.docx"为文件名保存到"习题 3.2"文件夹中。

（2）调整文档版面，要求页面高度为 35 厘米，页面宽度为 27 厘米，页边距（上、下）为 5 厘米，页边距（左、右）为 3 厘米，并将"习题 3.2"文件夹中的图片"Word—海报背景图片.jpg"设置为海报背景。

（3）在"报告人："位置后面输入报告人姓名（赵蕈）。

（4）根据"Word—海报参考样式.docx"文件将标题"领慧讲堂就业讲座"的字体、字号和颜色分别设置为"华文琥珀""初号"和"红色"，并"居中"显示；将正文部分"报告题目：大学生人生规划……报告地点：校国际会议中心"的字体设置为"宋体""二号"，字体颜色为"深蓝"和"白色，背景 1"（参见样式）；将"欢迎大家踊跃参加"设置为"华文行楷""初号""白色，背景 1"并"居中"显示（参见样式）。

（5）根据版面布局需要，将"报告题目：大学生人生规划……报告地点：校国际会议中心"5 段文字的段落格式设置为"行距"为"单倍行距"，"段前"和"段后"间距为 0 行，"首行缩进"为"3.5 字符"；将"主办:校学工处"的字体设置为"宋体""二号"，字体颜色为"深蓝"和"白色，背景 1"并右对齐（参见样式）。

（6）在"主办:校学工处"位置后另起一页，并设置第 2 页的页面纸张大小为 A4 篇幅，将纸张方向设置为"横向"，页边距上、下、左、右均为 2.5 厘米，并选择"普通"。

（7）在新页面的"日程安排"段落下面复制本次活动的日程安排表（请参考"Word—活动日程安排.xlsx"文件），要求表格内容引用 Excel 文件中的内容，如果 Excel 文件中的内容发生变化，Word 文档中的日程安排信息将随之发生变化。

（8）在新页面的"报名流程"段落下面利用 SmartArt 制作本次活动的报名流程（学工处

报名、确认座席、领取资料、领取门票）。

（9）设置"报告人介绍"段落下面的文字的排版布局为参考示例文件中所示的样式。

（10）更换报告人照片为"习题 3.2"文件夹下的 Pic 2.jpg 照片，将该照片调整到适当位置，并且不要遮挡文档中的文字内容，然后设置"柔化"为"50％"，"亮度和对比度"为"－20％和＋40％"。

3. 进入"第 3 章 素材库\习题 3"下的"习题 3.3"文件夹，打开文档"XT3_3.docx"，按以下具体要求进行编辑、排版，最后以"XT3_3 排版.docx"为文件名保存到"习题 3.3"文件夹中。

问题的提出：为召开云计算技术交流大会，小王需制作一批邀请函，要邀请的人员名单见"Word 人员名单.xlsx"，邀请函的样式参见"邀请函参考样式.docx"，大会定于 2013 年 10 月 19 日至 20 日在武汉举行。

请根据上述活动描述，利用 Microsoft Word 制作一批邀请函，要求如下。

（1）修改标题"邀请函"文字的字体为宋体、字号为小四，并设置为加粗、字体颜色为红色、黄色阴影、居中。

（2）设置正文的各段落为 1.25 倍行距，段后间距为 0.5 倍行距；设置正文首行缩进两个字符。

（3）落款和日期位置为右对齐，右侧缩进 3 个字符。

（4）将文档中的"×××大会"替换为"云计算技术交流大会"。

（5）设置页面高度为 27 厘米，页面宽度为 27 厘米，上、下页边距为 3 厘米，左、右页边距为 3 厘米。

（6）将电子表格"Word 人员名单.xlsx"中的姓名信息自动填写到"邀请函"中"尊敬的"3 个字后面，并根据性别信息在姓名后添加"先生"（性别为男）或"女士"（性别为女）。

（7）设置页面边框为红"★"。

（8）在正文第 2 段的第一句话"……进行深入而广泛的交流"后插入脚注"参见 http://www.cloudcomputing.cn 网站"。

（9）将设计的主文档以文件名"XT3_3 排版.docx"保存，并生成最终文档，以"邀请函.docx"为文件名保存到"习题 3.3"文件夹中。

第4章 | Excel 2010 电子表格处理

Excel 2010 是微软公司 Office 2010 系列办公软件中的重要组成部分,是一款集数据表格、数据库、图表等于一身的优秀电子表格软件。其功能强大、技术先进、使用方便,不仅具有 Word 表格的数据编排功能,而且提供了丰富的函数和强大的数据分析工具,可以简单、快捷地对各种数据进行处理、统计和分析。它具有强大的数据综合管理功能,可以通过各种统计图表的形式把数据形象地表示出来。由于 Excel 2010 可以使用户愉快轻松地组织、计算和分析各种类型的数据,因此被广泛应用于财务、行政、金融、统计和审计等众多领域。

学习目标:
- 理解 Excel 2010 电子表格的基本概念。
- 掌握 Excel 2010 的基本操作以及编辑、格式化工作表的方法。
- 掌握公式、函数和图表的使用方法。
- 掌握常用的数据管理与分析方法。
- 熟悉 Excel 2010 的数据综合管理与决策分析功能的应用方法。

4.1 Excel 2010 概述

Excel 2010 是一款非常出色的电子表格软件,它具有界面友好、操作简便、易学易用等特点,在人们的工作和学习中起着越来越重要的作用。

4.1.1 Excel 2010 的基本功能

Excel 2010 到底能够解决人们日常工作中的哪些问题呢?下面简要介绍其 4 个方面的实际应用。

1. 表格制作

制作或者填写一个表格是用户经常遇到的工作内容,手工制作表格不仅效率低,而且格式单调,难以制作出一个好的表格,而利用 Excel 2010 提供的丰富功能可以轻松、方便地制作出具有较高专业水准的电子表格,以满足用户的各种需要。

2. 数据运算

在 Excel 2010 中,用户不仅可以使用自己定义的公式,而且可以使用系统提供的 9 大类函数,以完成各种复杂的数据运算。

3. 数据处理

在日常生活中有许多数据需要处理,Excel 2010 具有强大的数据库管理功能,利用它所提供的有关数据库操作的命令和函数可以十分方便地完成排序、筛选、分类汇总、查询及数据透视表等操作,Excel 2010 的应用也因此更加广泛。

4. 建立图表

Excel 2010 提供了 14 大类图表，每一大类又有若干子类。用户只需要使用系统提供的图表向导功能选择表格中的数据就可以方便、快捷地建立一个既实用又具有多种风格的图表。使用图表可以直观地表达工作表中的数据，增加了数据的可读性。

4.1.2 Excel 2010 的窗口

Excel 2010 的启动和退出与 Word 2010 类似，在此不再赘述。

启动 Excel 2010 程序后即打开 Excel 2010 的窗口，如图 4-1 所示。

图 4-1 Excel 2010 的窗口

1. 标题栏

标题栏用来显示使用的程序窗口名和工作簿文件的标题。启动软件后默认标题为"新建 Microsoft Excel 工作表.xlsx"，如果是通过打开一个已有文件启动软件，该文件的名字就会出现在标题栏上。窗口左上角的图标是窗口控制菜单图标，右上角是窗口最小化、最大化/还原和关闭按钮。

2. 功能选项卡

功能选项卡包括文件、开始、插入、页面布局、公式、数据、审阅及视图等，每个功能选项卡具有相应的功能区，使用功能区中的命令按钮可以实现 Excel 的各种操作。

3. 功能区

功能区中的命令按钮按逻辑组的形式分成若干组，可以帮助用户快速找到完成某一操作所需的命令。为了使屏幕更简洁，可以使用帮助按钮左侧的功能区控制按钮打开或关闭功能区。

4. 快速访问工具栏

快速访问工具栏一般位于窗口的左上角，用户也可以将其放在功能区的下方，它通常包括最常用的命令按钮，默认包括"保存""撤销输入"和"重复输入"3 个命令按钮。用户可以单击"自定义快速访问工具栏"按钮，在打开的下拉列表中根据需要添加或者删除常用命令按钮。

Excel 2010 电子表格处理

5. 数据编辑区

名称框与编辑栏构成数据编辑区,它位于功能区的下方。如图 4-2 所示,左边是名称框,用来显示当前单元格或单元格区域的名称;右边是编辑栏,用来编辑或输入当前单元格的值或公式;中间有 3 个工具按钮"√""×"和"f_x",分别表示对输入数据的"确认""取消"和"插入函数"。

图 4-2　数据编辑区

6. 状态栏与视图栏

窗口底部一行的左端为状态栏,用于显示当前命令、操作或状态的有关信息;右端为视图栏,包括"普通""页面布局"和"分页预览"3 个视图控制按钮以及视图显示比例调节按钮。

7. 工作簿窗口

编辑栏和状态栏之间的一大片区域是工作簿窗口,这也是电子表格的工作区。该窗口由工作表编辑区(若干单元格组成)、水平滚动条、垂直滚动条、工作表滚动按钮和工作表标签等几个部分组成。

一个新的工作簿文件包括 3 张工作表,工作表标签的默认名称分别为 Sheet1、Sheet2 和 Sheet3,每个工作簿最多可以容纳 255 张工作表。

图 4-2 所示的工作表标签名称 Sheet1 下面有下画线,表示以标签 Sheet1 为标签名字的工作表是当前工作表。用户可以使用工作表滚动按钮或单击工作表标签,选择其他任意一张工作表为当前工作表。工作表标签区还可以用来对工作表进行其他多种操作,这一点将在后面的内容中做详细说明。

8. 全部选定区

工作簿的左上角(即行标和列标的交叉位置)称为全部选定区,单击该处可以选定工作表中的所有单元格,即整个工作表。

4.1.3　工作簿、工作表和单元格

1. 工作簿

如前所述,工作簿是计算和存储数据的 Excel 文件,是 Excel 2010 文档中一个或多个工作表的集合,其扩展名为 .xlsx。每一个工作簿可以由一张或多张工作表组成,在默认情况下有 3 张工作表,这 3 张表的默认名称分别是 Sheet1、Sheet2 和 Sheet3。用户可以根据需要插入或删除工作表,在一个工作簿中最多可以包含 255 个工作表。如果把一个 Excel 工作簿看成一个账本,那么一页就相当于账本中的每一张工作表。

2. 工作表

工作表由行标、列标和网格线组成,即由单元格构成,也称为电子表格。一个 Excel 工作表最多有 1 048 576 行、16 348 列。行标用数字 1～1 048 576 表示,列标用字母 A～Z、AA～AZ、BA～BZ、…、XFD 表示。一个工作表最多可以有 16 348×1 048 576 个单元格。

3. 单元格

单元格是组成工作表的基本元素,工作表中行列的交叉位置就是一个单元格,单元格的名称由列标和行标组成,例如 A1。单元格内输入和保存的数据既可以包含文字、数字或公式,也可以包含图片和声音等。除此之外,对于每一个单元格中的内容,用户还可以设置格式,例如字体、字号、对齐方式等。所以,一个单元格由数据内容、格式等部分组成。

4. 单元格的地址

单元格的地址由列标＋行标组成,例如第 C 列第 5 行交叉处的单元格,其地址是 C5。单元格的地址可以作为变量名用在表达式中,例如"A2＋B3"表示将 A2 和 B3 这两个单元格的数值相加。单击某个单元格,该单元格就成为当前单元格,在该单元格右下角有一个小方块,这个小方块称为填充柄或复制柄,用来进行单元格内容的填充或复制。当前单元格和其他单元格的区别是呈突出显示状态。

5. 单元格区域

在利用公式或函数进行运算时,若参与运算的是由若干相邻单元格组成的连续区域,可以使用区域的表示方法进行简化。只写出区域开始和结尾的两个单元格的地址,两个地址之间用冒号":"隔开,即可表示包括这两个单元格在内的它们之间的所有单元格。例如包括 A1~A8 这 8 个单元格的连续区域可表示为"A1:A8"。

区域表示法有以下 3 种情况。

(1) 同一行的连续单元格:例如 A1:F1 表示第 1 行中的第 A 列到第 F 列的 6 个单元格,所有单元格都在同一行。

(2) 同一列的连续单元格:例如 A1:A10 表示第 A 列中的第 1 行到第 10 行的 10 个单元格,所有单元格都在同一列。

(3) 矩形区域中的连续单元格:例如 A1:C4 表示以 A1 和 C4 作为对角线两端的矩形区域,共 3 列 4 行 12 个单元格。如果要对这 12 个单元格的数值求平均值,就可以使用求平均值函数"AVERAGE(A1:C4)"来实现。

4.2 Excel 2010 的基本操作

对工作簿的基本操作与 Word 基本相似,主要有新建、保存、关闭及打开。在新建的工作簿中并没有数据,具体的数据要分别输入不同的工作表中,因此在建立工作簿后首先要做的就是向工作表中输入数据。

4.2.1 工作簿的基本操作

1. 新建工作簿

启动 Excel 后系统会自动创建一个名为"新建 Microsoft Excel 工作表.xlsx"的新工作簿。用户可以在该工作簿的工作表中输入数据并进行保存。如果用户要创建新工作簿,可采用以下方法。

1) 创建空白工作簿

(1) 选择"文件"选项卡中的"新建"选项,如图 4-3 所示。

(2) 单击"空白工作簿"图标。

(3) 单击窗口右下角的"创建"按钮,即可创建一个名为"工作簿1"的Excel文档文件。如果再次创建空白工作簿,则会命名为"工作簿2",依此类推。

图 4-3　创建空白工作簿

2) 创建专业性工作簿

在默认情况下,建立的工作簿都是空白工作簿,除此之外,Excel还提供了大量的、固定的、专业性很强的表格模板,例如会议议程、预算、日历等。这些模板对数字、字体、对齐方式、边框、底纹、行高与列宽都做了固定格式的编辑和设置,如果用户使用这些模板,就可以轻松愉快地设计出引人注目的、具有专业功能和外观的表格。

创建专业性工作簿的操作如下。

(1) 在"文件"选项卡中选择"新建"选项,在打开的页面中可以看到"可用模板"和"Office.com模板"两部分。

(2) 单击"可用模板"中的"样本模板"图标,可以看到本机上可用的模板,选择某个模板后单击"创建"按钮,然后再做适当修改,则可创建出自己需要的具有专业性的表格。

(3) "Office.com模板"是放在指定服务器上的资源,如图4-4所示,用户必须联网才能使用这些模板,选择某个模板后必须下载才能使用。

2. 保存工作簿

保存工作簿的常用方法如下。

(1) 单击快速访问工具栏中的"保存"按钮。

(2) 选择"文件"选项卡中的"保存"选项。

(3) 选择"文件"选项卡中的"另存为"选项。

图 4-4　Office.com 模板

【说明】　如果是第一次保存工作簿或选择"另存为"选项,会弹出"另存为"对话框,确定"保存位置"和"文件名",注意保存类型为"Excel 工作簿(＊.xlsx)"。

3. 打开工作簿

打开已保存的工作簿常用以下方法。

(1) 如果在快速访问工具栏中有"打开"按钮,则单击"打开"按钮。

(2) 选择"文件"选项卡中的"打开"选项。

【说明】　以上两种情况都会弹出"打开"对话框,只要在对话框中选择一个工作簿,然后单击"打开"按钮,就可以在 Excel 中打开该工作簿。

4. 关闭工作簿

同时打开的工作簿越多,所占用的内存空间越大,会直接影响计算机的处理速度,因此当工作簿操作完成不再使用时应及时将其关闭。关闭工作簿常用以下方法。

(1) 选择"文件"选项卡中的"关闭"选项。

(2) 单击工作簿窗口右上角的"关闭"按钮。

【说明】　以上两种情况都会弹出保存提示对话框,如图 4-5 所示。单击"保存"按钮,则保存文档退出;单击"不保存"按钮,则放弃保存退出;单击"取消"按钮,则放弃本次关闭操作。

图 4-5　保存提示对话框

4.2.2　工作表的基本操作

在新建的工作簿中只包含 3 张工作表,用户还可以根据需要添加工作表,如前所述,工作表最多可以增加到 255 张。对工作表的操作是指对工作表进行选择、插入、删除、移动、复制和重命名等操作,所有这些操作都可以在 Excel 窗口的工作表标签上进行。

1. 选择工作表

选择工作表可以分为选择单张工作表和选择多张工作表。

1) 选择单张工作表

在选择单张工作表时只需单击某个工作表的标签即可,该工作表的内容将显示在工作簿窗口中,同时对应的标签变为白色。

2) 选择多张工作表

(1) 选择连续的多张工作表可先单击第一张工作表的标签,然后按住 Shift 键单击最后一张工作表的标签。

(2) 选择不连续的多张工作表可在按住 Ctrl 键后分别单击要选择的每一张工作表的标签。

对于选定的工作表,用户可以进行复制、删除、移动和重命名等操作。最快捷的方法是右击选定工作表的工作表标签,然后在弹出的快捷菜单中选择相应的命令,如图 4-6 所示。用户还可以利用快捷菜单选定全部工作表。

2. 插入工作表

在某个工作表前面插入一张新的工作表的操作步骤如下。

(1) 右击工作表标签,在弹出的快捷菜单中选择"插入"命令,弹出"插入"对话框,如图 4-7 所示。

图 4-6 右击工作表标签弹出的快捷菜单

图 4-7 "插入"对话框

(2) 切换到"常用"选项卡,选择"工作表",或者切换到"电子表格方案"选项卡,选择某个固定格式表格,然后单击"确定"按钮关闭对话框。

此时,插入的新工作表会成为当前工作表。其实,插入新工作表最快捷的方法还是单击工作表标签右侧的"插入工作表"按钮。

3. 删除工作表

删除工作表的方法是首先选定要删除的工作表,然后右击工作表标签,在弹出的快捷菜单中选择"删除"命令。

如果工作表中含有数据,则会弹出确认删除对话框,如图 4-8 所示,单击"删除"按钮,则该工作表即被删除,该工作表对应的标签也会消失。注意,被删除的工作表无法用"撤销"命令来恢复。

如果要删除的工作表中没有数据,则不会弹出确认删除对话框,工作表将被直接删除。

图 4-8 确认删除对话框

4. 移动和复制工作表

工作表在工作簿中的顺序并不是固定不变的,用户可以通过移动重新安排它们的排列次序。移动或复制工作表的方法如下。

(1)选定要移动的工作表,在标签上按住鼠标左键拖动,在拖动的同时可以看到鼠标指针上多了一个文档标记,并且在工作表标签上有一个黑色箭头指示位置,拖到目标位置处释放左键,即可改变工作表的位置,如图 4-9 所示。按住 Ctrl 键拖动实现的是复制操作。

(2)右击工作表标签,选择快捷菜单中的"移动或复制"命令,弹出"移动或复制工作表"对话框,如图 4-10 所示,选择要移动到的位置。如果勾选"建立副本"复选框,则实现的是复制操作。

图 4-9 拖动工作表标签　　　　　图 4-10 "移动或复制工作表"对话框

5. 重命名工作表

Excel 2010 在建立一个新的工作簿时,工作表以 Sheet1、Sheet2、Sheet3 等命名。但在实际工作中,这种命名不便于记忆,也不利于进行有效管理,用户可以为工作表重新命名。重命名工作表常采用以下两种方法。

(1)双击工作表标签。

(2)右击工作表标签,选择快捷菜单中的"重命名"命令。

【说明】 上述两种方法均会使工作表标签变成黑底白字,输入新的工作表名后单击工

163

第 4 章

作表中的其他任意位置或按 Enter 键即可确认重命名。

4.2.3 输入数据

1. 输入数据的基本方法

输入数据的一般操作步骤如下。

(1) 单击某个工作表标签,选择要输入数据的工作表。

(2) 单击要输入数据的单元格,使之成为当前单元格,此时名称框中显示该单元格的名称。

(3) 向该单元格直接输入数据,也可以在编辑栏中输入数据,输入的数据会同时显示在该单元格和编辑栏中。

(4) 如果输入的数据有错,可单击编辑栏中的"×"按钮或按 Esc 键取消输入,然后重新输入。如果正确,可单击编辑栏中的"√"按钮或按 Enter 键确认。

(5) 继续向其他单元格输入数据。选择其他单元格可用以下方法。

- 按方向键→、←、↓、↑。
- 按 Enter 键。
- 直接单击其他单元格。

2. 各种类型数据的输入

在每个单元格中可以输入不同类型的数据,例如数值、文本、日期和时间等。在输入不同类型的数据时必须使用不同的格式,只有这样 Excel 才能识别输入数据的类型。

1) 文本型数据的输入

文本型数据即字符型数据,包括英文字母、汉字、数字以及其他字符。显然,文本型数据就是字符串,在单元格中默认左对齐。在输入文本时,如果输入的是数字字符,则应在数字文本前加上单引号以示区别,而输入其他文本时可直接输入。

数字字符串是指由数字字符组成的字符串,例如学生学号、身份证号和邮政编码等。数字字符串是不能参与求和、求平均值等运算的。在此特别强调,输入数字字符串时不能省略单引号,这是因为 Excel 无法判断输入的是数值还是字符串。

2) 数值型数据的输入

数值型数据可直接输入,在单元格中默认的是右对齐。在输入数值型数据时,除了 0～9、正/负号和小数点以外还可以使用以下符号。

- E 和 e 用于指数符号的输入,例如"5.28E＋3"。
- 以"＄"或"￥"开始的数值表示货币格式。
- 圆括号表示输入的是负数,例如"(735)"表示－735。
- 逗号","表示分节符,例如"1,234,567"。
- 以符号"％"结尾表示输入的是百分数,例如 50％。

如果输入数值的长度超过单元格的宽度,将会自动转换成科学记数法,即指数法表示。例如,如果输入的数据为 123456789,则会在单元格中显示 1.234567E＋8。

3) 日期型数据的输入

日期型数据的输入格式比较多,例如要输入日期 2011 年 1 月 25 日。

(1) 如果要求按年月日顺序,常使用以下 3 种格式输入。

- 11/1/25。
- 2011/1/25。
- 2011-1-25。

在上述 3 种格式输入确认后,单元格中均显示相同格式,即 2011-1-25。在此要说明的是,第 1 种输入格式中年份只用了两位,即 11 表示 2011 年。如果要输入 1909,则年份必须按 4 位格式输入。

(2) 如果要求按日月年顺序,常使用以下两种格式输入,输入结果均显示为第 1 种格式。

- 11-Jan-11。
- 11/Jan/11。

如果只输入两个数字,则系统默认输入的是月和日。例如,如果在单元格中输入 2/3,则表示输入的是 2 月 3 日,年份默认为系统年份。如果要输入当天的日期,可按 Ctrl+; 组合键。

输入的日期型数据在单元格中默认右对齐。

4) 时间型数据的输入

在输入时间时,时和分之间、分和秒之间均用冒号":"隔开,也可以在时间后面加上 A 或 AM、P 或 PM 等分别表示上午、下午,即使用格式"hh:min:ss[a/am/p/pm]",其中秒 ss 和字母之间应该留有空格,例如"7:30 AM"。

另外,也可以将日期和时间组合输入,在输入时日期和时间之间要留有空格,例如 "2009-1-5 10:30"。

若要输入当前系统时间,可以按 Ctrl+Shift+; 组合键。

输入的时间型数据和输入的日期型数据一样,在单元格中默认右对齐。

5) 分数的输入

由于分数线、除号和日期分隔符均使用同一个符号"/",所以为了使系统区分输入的是日期还是分数,规定输入分数时要在分数前面加上 0 和空格。例如输入分数 1/3,应先在单元格中输入 0 和空格,再输入 1/3,即"0 1/3",这时编辑输入区中显示的是 0.333 333 333 333 333,而单元格中仍显示 1/3。如果要输入 5/3,应向单元格中输入"0 5/3"或输入"1 2/3"。

6) 逻辑值的输入

在单元格中对数据进行比较运算时可得到 True(真)或 False(假)两种比较结果,逻辑值在单元格中的对齐方式默认为居中。

3. 自动填充有规律性的数据

如果要在连续的单元格中输入相同的数据或具有某种规律的数据,例如数字序列中的等差序列、等比序列和有序文字(即文字序列)等,使用 Excel 的自动填充功能可以方便、快捷地完成输入操作。

1) 自动填充相同的数据

在单元格的右下角有一个黑色的小方块,称为填充柄或复制柄,当鼠标指针移至填充柄处时鼠标指针的形状变成"+"。选定一个已输入数据的单元格后拖动填充柄向相邻的单元格移动,可填充相同的数据,如图 4-11 所示。

2) 自动填充数字序列

如果要输入的数字型数据具有某种特定规律,例如等差序列或等比序列(又称为数字序

图 4-11　自动填充相同数据

列),也可使用自动填充功能。

【例 4.1】　在 A1：G1 单元格中分别输入数字 1、3、5、7、9、11、13。

本例要输入的是一个等差序列,操作步骤如下。

(1) 在 A1 和 B1 单元格中分别输入两个数字 1 和 3。

(2) 选中 A1、B1 两个单元格,此时这两个单元格被黑框包围。

(3) 将鼠标指针移动到 B1 单元格右下角的填充柄处,指针变为细十字形状"+"。

(4) 按住鼠标左键拖动"+"形状控制柄到 G1 单元格后释放,这时 C1 到 G1 单元格会分别填充数字 5、7、9、11 和 13。

【说明】　用鼠标拖动填充柄填充的数字序列默认为等差序列,如果要填充等比序列,要在"开始"选项卡的"编辑"组中单击"填充"按钮。

【例 4.2】　在 A3：G3 单元格区域的单元格中分别输入数字 1、2、4、8、16、32、64。

本例要输入的是一个等比序列,操作步骤如下。

(1) 在 A3 单元格中输入第一个数字 1。

(2) 选中 A3：G3 单元格区域。

(3) 在"开始"选项卡的"编辑"组中单击"填充"按钮右侧的下拉按钮,在打开的下拉列表中选择"系列"选项,打开"序列"对话框,如图 4-12 所示。

(4) 在"序列产生在"选项组中选中"行"单选按钮;在"类型"选项组中选中"等比序列"单选按钮;在"步长值"文本框中输入数字 2;由于在此之前已经选中 A3：G3 单元格区域,因此在"终止值"文本框中不需要输入任何值。

(5) 单击"确定"按钮关闭对话框,这时在 A3：G3 单元格区域的单元格中分别填充了数字 1、2、4、8、16、32、64。从"序列"对话框可以看出,使用填充命令还可以进行日期的填充。

3) 自动填充文字序列

使用上述方法不仅可以输入数字序列,还可以输入文字序列。

【例 4.3】　使用填充法在 A5：G5 单元格区域的单元格中分别输入星期一至星期日,如图 4-13 所示。

图 4-12　"序列"对话框

图 4-13　使用填充柄填充数字序列和文字序列

本例要输入的是一个文字序列,操作步骤如下。

(1) 在 A5 单元格中输入文字"星期一"。

(2) 单击选中 A5 单元格,并将鼠标指针移动到该单元格右下角的填充柄处,此时指针变成十字形状"＋"。

(3) 拖动填充柄到 G5 单元格后释放鼠标,这时在 A5：G5 单元格区域的单元格中分别填充了所要求的文字。

【注意】 本例中的"星期一"~"星期日"文字是 Excel 预先定义好的文字序列,所以在 A5 单元格中输入了"星期一"后,拖动填充柄时,Excel 会按该序列的内容依次填充"星期二"~"星期日"。如果序列的数据用完了,会再使用该序列的开始数据继续填充。

Excel 在系统中已经定义了以下常用文字序列。

- 日、一、二、三、四、五、六
- Sunday、Monday、Tuesday、Wednesday、Thursday、Friday、Saturday
- Sun、Mon、Tue、Wed、Thur、Fri、Sat
- 一月、二月、…
- January、February、…
- Jan、Feb、…

4.2.4 编辑工作表

编辑工作表的操作主要包括修改内容、复制内容、移动内容、删除内容、增删行/列等,在进行编辑之前首先要选择操作对象。

1. 选择操作对象

选择操作对象主要包括选择单个单元格、选择连续区域、选择不连续多个单元格或区域以及选择特殊区域。

1) 选择单个单元格

选择单个单元格可以使某个单元格成为活动单元格。单击某个单元格,该单元格以黑色方框显示,即表示被选中。

2) 选择连续区域

选择连续区域的方法有以下 3 种(以选择 A1：F5 为例)。

- 单击区域左上角的单元格 A1,然后按住鼠标左键拖动到该区域的右下角单元格 F5。
- 单击区域左上角的单元格 A1,然后按住 Shift 键单击该区域右下角的单元格 F5。
- 在名称框中输入"A1：F5",然后按 Enter 键。

3) 选择不连续多个单元格或区域

按住 Ctrl 键分别选择各个单元格或单元格区域。

4) 选择特殊区域

特殊区域的选择主要是指以下不同区域的选择。

- 选择某个整行：直接单击该行的行号。
- 选择连续多行：在行标区按住鼠标左键从首行拖动到末行。
- 选择某个整列：直接单击该列的列号。

168

- 选择连续多列：在列标区按住鼠标左键从首列拖动到末列。
- 选择整个工作表：单击工作表的左上角(即行标与列标相交处)的"全部选定区"按钮或按 Ctrl+A 组合键。

2．修改单元格内容

修改单元格内容的方法有以下两种。

- 双击单元格或选中单元格后按 F2 键,使光标变成闪烁的显示方式,便可直接对单元格中的内容进行修改。
- 选中单元格,在编辑栏中进行修改。

3．移动单元格内容

若要将某个单元格或某个区域的内容移动到其他位置上,可以使用鼠标拖动法或剪贴板法。

1) 用鼠标拖动法

首先将鼠标指针移动到所选区域的边框上,然后按住鼠标左键拖动到目标位置即可。在拖动过程中边框显示为虚框。

2) 用剪贴板法

其操作步骤如下。

(1) 选定要移动内容的单元格或单元格区域。

(2) 在"开始"选项卡的"剪贴板"组中单击"剪切"按钮。

(3) 单击目标单元格或目标单元格区域左上角的单元格。

(4) 在"剪贴板"组中单击"粘贴"按钮。

4．复制单元格内容

若要将某个单元格或某个单元格区域的内容复制到其他位置,同样可以使用鼠标拖动法或剪贴板法。

1) 用鼠标拖动法

首先将鼠标指针移动到所选单元格或单元格区域的边框,然后同时按住 Ctrl 键和鼠标左键拖动鼠标到目标位置即可。在拖动过程中边框显示为虚框,同时鼠标指针的右上角有一个小的十字符号"+"。

2) 用剪贴板法

使用剪贴板复制的过程与移动的过程一样,只是要单击"剪贴板"组中的"复制"按钮。

5．清除单元格

清除单元格或某个单元格区域不会删除单元格本身,只是删除单元格或单元格区域中的内容、格式等之一或全部清除。

其操作步骤如下。

(1) 选中要清除的单元格或单元格区域。

(2) 在"开始"选项卡的"编辑"组中单击"清除"按钮,在其下拉列表中选择"全部清除""清除格式""清除内容"等选项之一,即可实现相应项目的清除操作,如图 4-14 所示。

【注意】 在选中某个单元格或某个单元格区域后按 Delete 键,只能清除该单元格或单元格区域中的内容。

图 4-14 "清除"选项

6. 行、列、单元格的插入与删除

1) 插入行、列

在"开始"选项卡的"单元格"组中单击"插入"按钮，在打开的下拉列表中选择"插入工作表行"或"插入工作表列"选项即可插入行或列。插入的行或列分别显示在当前行或当前列的上端或左端。

2) 删除行、列

选中要删除的行或列或者该行或者该列所在的一个单元格，然后单击"单元格"组中的"删除"按钮，在下拉列表中选择"删除工作表行"或"删除工作表列"选项，可将该行或列删除。

3) 插入单元格

选中要插入单元格的位置，单击"单元格"组中的"插入"按钮，在打开的下拉列表中选择"插入单元格"选项打开"插入"对话框，如图 4-15 所示，选中"活动单元格右移"或"活动单元格下移"单选按钮，然后单击"确定"按钮，即可插入新的单元格，插入后原活动单元格会右移或下移。

4) 删除单元格

选中要删除的单元格，单击"单元格"组中的"删除"按钮，在打开的下拉列表中选择"删除单元格"选项打开"删除"对话框，如图 4-16 所示，选中"右侧单元格左移"或"下方单元格上移"单选按钮，然后单击"确定"按钮，该单元格即被删除。如果选中"整行"或"整列"单选按钮，则该单元格所在的行或列会被删除。

图 4-15 "插入"对话框

图 4-16 "删除"对话框

4.2.5 格式化工作表

工作表由单元格组成，因此格式化工作表就是对单元格或单元格区域进行格式化。格式化工作表包括调整行高和列宽、设置单元格格式以及设置条件格式。

1. 调整行高和列宽

工作表中的行高和列宽是 Excel 默认设定的，行高自动以本行中最高的字符为准，列宽默认为 8 个字符宽度。用户可以根据自己的实际需要调整行高和列宽，操作方法有以下几种。

1) 使用鼠标拖动法

将鼠标指针指向行标或列标的分界线，当鼠标指针变成双向箭头时按下左键拖动鼠标即可调整行高或列宽，这时鼠标上方会自动显示行高或列宽的数值，如图 4-17 所示。

2) 使用功能按钮精确设置

选定需要设置行高或列宽的单元格或单元格区域，然后在"单元格"组中单击"格式"按钮，在下拉列表中选择"行高"或"列宽"选项，如图 4-18 所示，打开"行高"对话框或"列宽"对话框，输入数值后单击"确定"按钮关闭对话框，即可精确设置行高和列宽。如果选择"自动调整行高"或"自动调整列宽"选项，系统将自动调整到最佳行高或列宽。

图 4-17 显示列宽 　　　　　　　图 4-18 "格式"下拉列表

2. 设置单元格格式

在一个单元格中输入了数据内容后可以对单元格格式进行设置，设置单元格格式可以使用"开始"选项卡中的功能按钮，如图 4-19 所示。

图 4-19 "开始"选项卡

"开始"选项卡中包括"字体""对齐方式""数字"和"单元格"组，主要用于单元格或单元格区域的格式设置；另外还有"剪贴板"和"编辑"两个组，主要用于进行 Excel 文档的编辑输入、单元格数据的计算等。

单击"单元格"组中的"格式"按钮，在其下拉列表中选择"设置单元格格式"选项；或者单击"字体"组、"对齐方式"组和"数字"组中的"设置单元格格式"按钮，均可打开"设置单元格格式"对话框，如图 4-20 所示。用户可以在该对话框中设置"数字""对齐""字体""边框""填充"和"保护"6 项格式。

1) 设置数字格式

Excel 2010 提供了多种数字格式，在对数字进行格式化时可以通过设置小数位数、百分号、货币符号等来表示单元格中的数据。将"设置单元格格式"对话框切换至"数字"选项卡，在"分类"列表框中选择一种分类格式,在对话框的右侧窗格中进一步设置小数位数、货币符号等即可,如图 4-20 所示。

图 4-20　"数字"选项卡

2）设置字体格式

将"设置单元格格式"对话框切换至"字体"选项卡,如图 4-21 所示,可以对字体、字形、字号、颜色、下画线及特殊效果等进行设置。

图 4-21　"字体"选项卡

3）设置对齐方式

将"设置单元格格式"对话框切换至"对齐"选项卡,如图 4-22 所示,可以实现水平对齐、垂直对齐、改变文本方向、自动换行及合并单元格等设置。

172

图 4-22　"对齐"选项卡

【例 4.4】　设置"学生成绩表"标题行居中。

设置标题行居中的操作方法有两种,具体如下。

(1) 合并及居中:选定要合并的单元格区域 A1:D1,如图 4-23 所示,然后单击"对齐方式"组中的"合并后居中"按钮,则所选的单元格区域合并为一个单元格 A1,并且标题文字居中放置,如图 4-24 所示。

图 4-23　选中要合并的单元格 A1:D1

图 4-24　合并后居中

(2) 跨列居中:选定要跨列的单元格区域 A1:D1,然后打开"设置单元格格式"对话框并切换至"对齐"选项卡,在"水平对齐"下拉列表框中选择"跨列居中"选项,在"垂直对齐"下拉列表中选择"居中"选项,然后单击"确定"按钮,此时标题居中放置了,但是单元格并没有合并。

4) 设置边框和底纹

在 Excel 工作表中可以看到灰色的网格线,但如果不进行设置,这些网格线是打印不出来的,为了突出工作表或某些单元格的内容,可以为其添加边框和底纹。首先选定要设置边框和底纹的单元格区域,然后在"设置单元格格式"对话框的"边框"或"填充"选项卡中进行设置即可,如图 4-25 和图 4-26 所示。

图 4-25 "边框"选项卡

图 4-26 "填充"选项卡

- 设置边框：在"边框"选项卡中首先选择线条样式和颜色，然后在"预置"组中选择"内部"或"外边框"选项，分别设置内、外线条。
- 设置填充：在"填充"选项卡中设置单元格底纹的颜色或图案，可以设置选定区域的底纹与填充色。

5）设置保护

设置单元格保护是为了保护单元格中的数据和公式，其中有"锁定"和"隐藏"两个复选框。

Excel 2010 电子表格处理

选中"锁定"复选框可以防止单元格中的数据被更改、移动，或单元格被删除；选中"隐藏"复选框可以隐藏公式，使得在编辑栏中看不到所应用的公式。

首先选定要设置保护的单元格区域，打开"设置单元格格式"对话框，在"保护"选项卡中设置锁定或隐藏，如图 4-27 所示。但是，只有在工作表被保护后锁定单元格或隐藏公式才生效。

图 4-27 "保护"选项卡

【例 4.5】 格式化工作表。对"学生成绩表"的标题行设置跨列居中，将字体设置为楷体、20 磅、加粗、红色，并添加浅绿色底纹；表格中的其余数据水平和垂直居中，设置保留两位小数；为工作表中的 A2：D8 数据区域添加虚线内框线、实线外框线。

其操作步骤如下。

（1）选中 A1：D1 单元格区域。

（2）打开"设置单元格格式"对话框，切换至"对齐"选项卡，在"水平对齐"下拉列表中选择"跨列居中"选项，在"垂直对齐"下拉列表中选择"居中"选项；切换至"字体"选项卡，从"字体"列表框中选择"楷体"选项，在"字形"列表框中选择"加粗"选项，在"字号"列表框中选择"20"选项，设置颜色为"红色"；切换至"填充"选项卡，在"背景栏"选项组中设置颜色为"浅绿色"，然后单击"确定"按钮关闭对话框。

（3）选中 A2：D8 单元格区域。

（4）打开"设置单元格格式"对话框，切换至"对齐"选项卡，在"水平对齐"和"垂直对齐"两个下拉列表中均选择"居中"选项；切换至"数字"选项卡，在"分类"列表框中选择"数值"选项，在"小数位数"数值框中输入"2"或调整为"2"；切换至"边框"选项卡，在"线条样式"列表框中选择"实线"选项，在"预置"选项组中选择"外边框"选项，再从"线条样式"列表框中选择"虚线"选项，然后在"预置"选项组中选择"内部"选项，最后单击"确定"按钮关闭对话框。

格式化后的工作表效果如图 4-28 所示。

学生成绩表			
姓名	语文	数学	总分
王小兰	97.00	87.00	184.00
张峰	88.00	82.00	170.00
王志勇	75.00	70.00	145.00
李思	65.00	83.00	148.00
李梅	73.00	78.00	151.00
王芳芳	56.00	75.00	131.00

Sheet1 Sheet2 Sheet3

图 4-28　格式化后的工作表效果

3. 设置条件格式

使用 Excel 2010 提供的条件格式化功能可以根据指定的条件设置单元格的格式,例如改变字形、颜色、边框和底纹等,以便在大量数据中快速查阅到所需要的数据。

【例 4.6】　在 C 班学生成绩表中,利用条件格式化功能指定当成绩大于 90 分时字形格式为"加粗"、字体颜色为"蓝色",并添加黄色底纹。

其操作步骤如下。

(1) 选定要进行条件格式化的区域。

(2) 在"开始"选项卡的"样式"组中单击"条件格式"→"突出显示单元格规则"→"大于"选项,打开"大于"对话框,如图 4-29 所示,在"为大于以下值的单元格设置格式"文本框中输入"90",在其右边的"设置为"下拉列表框中选择"自定义格式"选项,打开"设置单元格格式"对话框,如图 4-30 所示。

图 4-29　"大于"对话框

(3) 切换至"字体"选项卡,将字形设置为"加粗",字体颜色设置为"蓝色";切换至"填充"选项卡,将底纹颜色设置为"黄色",然后单击"确定"按钮返回"大于"对话框,再单击"确定"按钮关闭对话框,设置效果如图 4-31 所示。

(4) 如果还需要设置其他条件,按照上面的方法继续操作即可。

4.2.6　打印工作表

在对工作表中的数据输入、编辑和格式化后,为了阅读方便和以备用户存档,经常需要将它们打印出来。在打印之前可以对打印的内容先进行预览或进行一些必要的设置,所以打印工作表一般分为两个步骤——打印预览和打印输出。另外,还可以对工作表进行页面设置,以使工作表有更好的打印效果。

图 4-30　"设置单元格格式"对话框

Excel 2010 提供了打印预览功能,通过打印预览可以在屏幕上显示工作表的实际打印效果,例如页面设置、纸张、页边距、分页符效果等。如果用户不满意可及时调整,以避免打印后因不符合要求而造成不必要的浪费。

如果要对工作表进行打印预览,只需将工作表打开,单击"文件"选项卡,在打开的新页面中选择"打印"命令,这时在窗口的右侧将显示工作表的预览效果,如图 4-32 所示。

A	B	C	D	E	F
	C班学生成绩表				
学号	姓名	性别	语文	数学	英语
2010001	张　山	男	90	83	68
2010002	罗明丽	女	63	92	83
2010003	李　丽	女	88	82	86
2010004	岳晓华	女	78	58	76
2010005	王克明	男	68	63	89
2010006	苏　妍	女	85	66	90
2010007	李　军	男	95	75	58
2010009	张　虎	男	53	76	92

图 4-31　设置效果图

图 4-32　工作表的打印预览效果

如果用户对工作表的预览效果十分满意,就可以立即打印输出了。在打印之前,可以在页面的中间区域对各项打印属性进行设置,包括打印的份数、页边距、纸型、纸张方向、打印的页码范围等。在全部设置完成后,只需单击"打印"按钮,即可打印出用户所需的工作表。

4.3 Excel 2010 的数据计算

Excel 电子表格系统除了能进行一般的表格处理以外,最主要的是它的数据计算功能。在 Excel 中,用户可以在单元格中输入公式或使用 Excel 提供的函数完成对工作表中数据的计算,并且当工作表中的数据发生变化时计算的结果也会自动更新,可以帮助用户快速、准确地分析和处理数据。

4.3.1 使用公式

Excel 中的公式由等号、运算符和运算数 3 个部分构成,运算数包括常量、单元格引用值、名称和工作表函数等元素。使用公式是实现电子表格数据处理的重要手段,它可以对数据进行加、减、乘、除及比较等多种运算。

1. 运算符

用户可以使用的运算符有算术运算符、比较运算符、文本运算符和引用运算符 4 种。

1) 算术运算符

算术运算符包括加(＋)、减(－)、乘(＊)、除(/)、百分数(％)及乘方(^)等。当一个公式中包含多种运算时要注意运算符之间的优先级。算术运算符运算的结果为数值型。

2) 比较运算符

比较运算符包括等于(＝)、大于(＞)、小于(＜)、大于或等于(＞＝)、小于或等于(＜＝)及不等于(＜＞)。比较运算符运算的结果为逻辑值 True 或 False。例如,在 A1 单元格中输入数字"8",在 B1 单元格中输入"＝A1＞5",由于 A1 单元格中的数值 8＞5,因此为真,在 B1 单元格中会显示"True",且居中显示;如果在 A1 单元格中输入数字"3",则 B1 单元格中会居中显示"False"。

3) 文本运算符

文本运算符也就是文本连接符(&),用于将两个或多个文本连接为一个组合文本。例如"中国"&"北京"的运算结果为"中国北京"。

4) 引用运算符

引用运算符用于将单元格区域进行合并运算,包括冒号":"、逗号","和空格" "。

- 冒号运算符:用于定义一个连续的数据区域,例如 A2：B4 表示 A2 到 B4 的 6 个单元格,即包括 A2、A3、A4、B2、B3、B4。

- 逗号运算符:称为并集运算符,用于将多个单元格或单元格区域合并成一个引用。例如要求将 C2、D2、F2、G2 单元格中的数值相加,结果数值放在单元格 E2 中,则单元格 E2 中的计算公式可以用"＝SUM(C2,D2,F2,G2)"表示,结果示例如图 4-33 所示。

- 空格运算符:称为交集运算符,表示只处理区域中互相重叠的部分。例如公式"SUM(A1：B2 B1：C2)"表示求 A1：B2 区域和 B1：C2 区域相交的部分,也就是单元格 B1、B2 的和。

Excel 2010 电子表格处理

E2		▼	f_x	=SUM(C2,D2,F2,G2)		
	A	B	C	D	E	F	G
1	部门	姓名	基本工资	岗位津贴	总计	绩效工资	福利工资
2	数学系	张玉霞	1100	356	3862	2356	50
3	基础部	李青	980	550		2340	100
4	艺术系	王大鹏	1380	500		1500	100

图 4-33　并集运算求和

【说明】　运算符的优先级由高到低依次为冒号"："、逗号"，"、空格" "、负号"－"、百分号"％"、乘方"＾"、乘"＊"和除"/"、加"＋"和减"－"、文本连接符"＆"、比较运算符。

2. 输入公式

在指定的单元格中可以输入自定义的公式，格式为"＝公式"。

其操作步骤如下。

(1) 选定要输入公式的单元格。

(2) 输入等号"＝"作为公式的开始。

(3) 输入相应的运算符，选取包含参与计算的单元格的引用。

(4) 按 Enter 键或者单击编辑栏上的"输入"按钮确认。

【说明】　在输入公式时，等号和运算符号必须采用半角英文符号。

3. 复制公式

如果有多个单元格用的是同一种运算公式，可使用复制公式的方法简化操作。选中被复制的公式，先复制然后粘贴即可；或者使用公式单元格右下角的复制柄拖动复制，也可以直接双击填充柄实现公式快速自动复制。

【例 4.7】　在图 4-34 所示的表格中计算出各教师的工资总计。

其操作步骤如下。

(1) 选定要输入公式的单元格 E2。

(2) 输入等号和公式"＝C2＋D2＋F2＋G2"，这里的单元格引用可直接单击单元格，也可以输入相应单元格地址。

(3) 按 Enter 键，或单击编辑栏中的"输入"按钮，计算结果即出现在 E2 单元格中。

(4) 按住鼠标左键拖动 E2 单元格右下角的复制柄至 E4 单元格，完成公式的复制，结果如图 4-34 所示。

E2		▼	f_x	=C2+D2+F2+G2		
	A	B	C	D	E	F	G
1	部门	姓名	基本工资	岗位津贴	总计	绩效工资	福利工资
2	数学系	张玉霞	1100	356	3862	2356	50
3	基础部	李青	980	550	3970	2340	100
4	艺术系	王大鹏	1380	500	3480	1500	100

图 4-34　拖动"复制柄"复制公式

4.3.2　使用函数

使用公式计算虽然很方便，但只能完成简单的数据计算，对于复杂的运算，需要使用函数来完成。函数是预先设置好的公式，Excel 提供了几百个内置函数，可以对特定区域中的数据实施一系列操作。使用函数进行复杂的运算比使用等效的公式计算更快、更灵活、效率更高。

1. 函数的组成

函数是公式的特殊形式,其格式为函数名(参数1,参数2,参数3,…)

其中,函数名是系统保留的名称,在圆括号中可以有一个或多个参数,参数之间用逗号隔开,也可以没有参数,当没有参数时,函数名后的圆括号是不能省略的。参数是用来执行操作或计算的数据,可以是数值或含有数值的单元格引用。

例如,函数"SUM(A1,B1,D2)"表示对 A1、B1、D2 几个单元格中的数值求和,其中 SUM 是函数名;A1、B1、D2 为 3 个单元格引用,它们是函数的参数。

又如,函数"SUM(A1,B1:B3,C4)"中有 3 个参数,分别是单元格 A1、区域 B1:B3 和单元格 C4。

函数 PI( )没有参数,它的作用是返回圆周率 π 的值。

2. 函数的使用方法

1) 使用"插入函数"按钮

下面通过例题说明函数的使用方法。

【例 4.8】 在成绩表中计算出每个学生的平均成绩,如图 4-35 所示。

姓名	语文	数学	物理	化学	平均成绩
韩风	86	87	89	97	
田艳	57	83	79	46	
彭华	66	68	98	70	

图 4-35　成绩表

其操作步骤如下。

(1) 选定要存放结果的单元格 F3。

(2) 在"公式"选项卡的"函数库"组中单击"插入函数"按钮或单击编辑栏左侧的 f_x 按钮,弹出"插入函数"对话框,如图 4-36 所示。

图 4-36　"插入函数"对话框

(3) 在"或选择类别"下拉列表框中选择"常用函数"选项,在"选择函数"列表框中选择 AVERAGE 选项,然后单击"确定"按钮,弹出"函数参数"对话框,如图 4-37 所示。

Excel 2010 电子表格处理

图 4-37　"函数参数"对话框

（4）在 Number1 编辑框中输入函数的正确参数，例如 B3：E3，或者单击 Number1 编辑框后面的拾取按钮，当"函数参数"对话框缩小成一个横条时，如图 4-38 所示，用鼠标拖动选取数据区域，然后按 Enter 键或再次单击拾取按钮，返回"函数参数"对话框，最后单击"确定"按钮。

图 4-38　函数参数的拾取

（5）拖曳 F3 单元格右下角的复制柄到 F5 单元格，这时在 F3～F5 单元格中分别计算出了 3 个学生的平均成绩。

2）使用编辑栏中的公式选项列表

首先选定要存放结果的单元格 F3，然后输入"＝"，再单击"名称框"右边的下三角按钮，在下拉列表中选择相应的函数选项，如图 4-39 所示，后面的操作和使用功能按钮插入函数的操作完全相同。

3）使用"自动求和"按钮

选定要存放结果的单元格 F3，单击"函数库"或"编辑"组中的"自动求和"的下三角按钮，在下拉列表中选择相应函数，本例选择"平均值"选项，如图 4-40 所示，再单击编辑栏中的"输入"按钮或按 Enter 键。其他学生的平均成绩可通过拖曳 F3 单元格右下角的复制柄复制函数进行填充。

图 4-39　使用公式选项列表

图 4-40　使用"自动求和"按钮

3. 常用函数介绍

Excel 提供了 12 大类几百个内置函数,这些函数的涵盖范围包括财务、日期与时间、数学与三角函数、统计、查找与引用、数据库、文本、逻辑、信息、工程、多维数据集和兼容性等,下面仅对常用函数做一下简单介绍。

1) 求和函数 SUM

函数格式:

```
SUM(number1,[number2], … )
```

该函数用于将指定的参数 number1、number2 等相加求和。

参数说明:至少需要包含一个参数 number1,每个参数都可以是区域、单元格引用、数组、常量、公式或另一个函数的结果。

2) 求平均值函数 AVERAGE

函数格式:

```
AVERAGE(number1,[number2], … )
```

该函数用于求指定参数 number1、number2 等的算术平均值。

参数说明:至少需要包含一个参数 number1,且必须是数值,最多可包含 255 个。

3) 求最大值函数 MAX

函数格式:

```
MAX(number1,[number2], … )
```

该函数用于求指定参数 number1、number2 等的最大值。

参数说明:至少需要包含一个参数 number1,且必须是数值,最多可包含 255 个。

4) 求最小值函数 MIN

函数格式:

```
MIN (number1,[number2], … )
```

该函数用于求指定参数 number1、number2 等的最小值。

参数说明:至少需要包含一个参数 number1,且必须是数值,最多可包含 255 个。

5) 计数函数 COUNT

函数格式:

```
COUNT(value1,value2], … )
```

该函数用于统计指定区域中包含数值的个数,只对包含数字的单元格进行计数。

参数说明:至少需要包含一个参数 value1,最多可包含 255 个。

6) 逻辑判断函数 IF(或称条件函数)

函数格式:

```
IF(logical_test,[value_if_true],[value_if_false])
```

如果 logical_test 逻辑表达式的计算结果为 True,IF 函数将返回某个值,否则返回另一个值。

第4章

Excel 2010 电子表格处理

其参数说明如下。

- logical_test：必需的参数，作为判断条件的任意值或表达式。在该参数中可以使用比较运算符。
- value_if_true：可选的参数，logical_test 参数的计算结果为 True 时所要返回的值。
- value_if_false：可选的参数，logical_test 参数的计算结果为 False 时所要返回的值。

例如，IF(5>4,"A","B")的结果为"A"。

IF 函数可以嵌套使用，最多可以嵌套 7 层。

【例 4.9】 在图 4-41 所示的工作表中按英语成绩所在的不同分数段计算对应的等级。

等级标准的划分原则：90～100 为优，80～89 为良，70～79 为中，60～69 为及格，60 分以下为不及格。

【分析】 很显然，这一问题需要使用逻辑判断函数(即条件函数)完成计算。

其操作步骤如下。

(1) 选中 D3 单元格，向该单元格中输入公式"=IF(C3>=90,"优",IF(C3>=80,"良",IF(C3>=70,"中",IF(C3>=60,"及格","不及格"))))"

在该公式中使用的 IF 函数嵌套了 4 层。

(2) 单击编辑栏中的"输入"按钮或按 Enter 键，D3 单元格中显示的结果为"中"。

(3) 将鼠标指针移到 D3 单元格边框右下角的黑色方块，当指针变成"+"形状时按住左键拖动鼠标到 D7 单元格，在 D4:D7 单元格区域中进行公式的复制。

计算后的结果如图 4-42 所示。

	A	B	C	D
1	A班英语成绩统计表			
2	学号	姓名	英语	等级
3	201001	陈卫东	75	
4	201002	黎明	86	
5	201003	汪洋	54	
6	201004	李一兵	65	
7	201005	肖前卫	94	

图 4-41 英语成绩

	A	B	C	D
1	A班英语成绩统计表			
2	学号	姓名	英语	等级
3	201001	陈卫东	75	中
4	201002	黎明	86	良
5	201003	汪洋	54	不及格
6	201004	李一兵	65	及格
7	201005	肖前卫	94	优

图 4-42 计算后的结果

7) 条件计数函数 COUNTIF

函数格式：

```
COUNTIF(range,criteria)
```

该函数用于计算指定区域中满足给定条件的单元格个数。

其参数说明如下。

- range：必需的参数，计数的单元格区域。
- criteria：必需的参数，计数的条件，条件的形式可以为数字、表达式、单元格地址或文本。

8) 条件求和函数 SUMIF

函数格式：

```
SUMIF(range,criteria,sum_range)
```

该函数用于对指定单元格区域中符合指定条件的值求和。

其参数说明如下。

- range：必需的参数，用于条件判断的单元格区域。
- criteria：必需的参数，求和的条件，其形式可以为数字、表达式、单元格引用、文本或函数。
- sum_range：可选参数区域，要求和的实际单元格区域，如果 sum_range 参数被省略，Excel 会对 range 参数中指定的单元格求和。

9）排位函数 RANK

函数格式：

```
RANK(number,ref,order)
```

该函数用于返回某数字在一列数字中相对于其他数值的大小排位。

其参数说明如下。

- number：必须的参数，为指定的排位数字。
- ref：必需的参数，为一组数或对一个数据列表的引用（绝对地址引用）。
- order：可选参数，为指定排位的方式，0 值或忽略表示降序，非 0 值表示升序。

10）截取字符串函数 MID

函数格式：

```
MID(text,start_num,num_chars)
```

该函数用于从文本字符串中的指定位置开始返回特定个数的字符。

其参数说明如下。

- text：必需的参数，包含要截取字符的文本字符串。
- start_num：必需的参数，文本中要截取字符的第 1 个字符的位置。文本中第 1 个字符的位置为 1，依此类推。
- num_chars：必需的参数，指定希望从文本串中截取的字符个数。

11）取年份值函数 YEAR

函数格式：

```
YEAR(serial_number)
```

该函数用于返回指定日期对应的年份值，返回 1900～9999 的值。

参数说明：serial_number 为必需的参数，是一个日期值，其中必须要包含查找的年份值。

12）文本合并函数 CONCATENATE

函数格式：

```
CONCATENATE(text1,[text2],…)
```

该函数用于将几个文本项合并为一个文本项，可将最多 255 个文本字符串连接成一个文本字符串。连接项可以是文本、数字、单元格地址或这些项目的组合。

参数说明：至少有一个文本项，最多可以有 255 个，文本项之间用逗号分隔。

【提示】 用户也可以用文本连接运算符"＆"代替 CONCATENATE 函数来连接文本项。例如,"＝A1＆B1"与"＝CONCATENATE(A1,B1)"返回的值相同。

4.3.3 单元格引用

在例 4.9 中进行公式复制时,Excel 并不是简单地将公式复制下来,而是会根据公式的原来位置和目标位置计算出单元格地址的变化。

例如,原来在 F3 单元格中插入的函数是"＝AVERAGE(B3：E3)",当复制到 F4 单元格时,由于目标单元格的行标发生了变化,这样复制的函数中引用的单元格的行标也会相应发生变化,函数变成了"＝AVERAGE(B4：E4)"。这实际上是 Excel 中单元格的一种引用方式,称为相对引用,除此之外还有绝对引用和混合引用。

1. 相对引用

Excel 2010 默认的单元格引用为相对引用。相对引用是指在公式或者函数复制、移动时公式或函数中单元格的行标、列标会根据目标单元格所在的行标、列标的变化自动进行调整。

相对引用的表示方法是直接使用单元格的地址,即表示为"列标行标",例如单元格 A6、单元格区域 B5：E8 等,这些写法都是相对引用。

2. 绝对引用

绝对引用是指在公式或者函数复制、移动时不论目标单元格在什么位置,公式中单元格的行标和列标均保持不变。

绝对引用的表示方法是在列标和行标前面加上符号"＄",即表示为"＄列标＄行标",例如单元格＄A＄6、单元格区域＄B＄5：＄E＄8 都是绝对引用的写法。下面举例说明单元格的绝对引用。

【例 4.10】 在图 4-43 所示的工作表中计算出各种书籍的销售比例。

其操作步骤如下。

(1) 向 A6 单元格中输入"合计"文字。

(2) 计算销售总计:先选择单元格 B6,然后单击"自动求和"按钮,或者向该单元格中输入公式"＝B2＋B3＋B4＋B5"后单击编辑栏中的"输入"按钮或按 Enter 键,这时 B6 单元格中会显示总计结果为 1273。

	A	B	C
1	书名	销售数量	所占百分比
2	计算机基础	526	
3	微机原理	158	
4	汇编语言	261	
5	计算机网络	328	
6			

图 4-43 各种书籍的销售数量

(3) 选中单元格 C2,向 C2 单元格中输入公式"＝B2/＄B＄6",然后单击编辑栏中的"输入"按钮或按 Enter 键。

(4) 选中单元格 C2,设置其百分数格式。在"开始"选项卡的"数字"组中直接单击"百分比"按钮,再单击"增加小数位数"或"减少小数位数"按钮以调整小数位数,如图 4-44 所示;或者打开"设置单元格格式"对话框,切换到"数字"选项卡,在"分类"列表框中选择"百分比"选项,并调整小数位数,然后单击"确定"按钮关闭对话框。

(5) 再次选中单元格 C2,拖动其右下角的复制柄到 C5 单元格后释放,这样 C2 到 C5 单元格中就存放了各种书籍所占的百分比。

【分析】 百分比为每一种书的销售量除以销售总计,由于每一种书的销售量在单元格区域 B2：B5 中是相对可变的,因此分子部分的单元格引用应为相对引用;而销售总计的值是固定不变的且存放在 B6 单元格中,因此公式中的分母部分的单元格引用应为绝对引用。由于得到的结果是小数,然后通过第(4)步将小数转换成百分数,第(5)步则是完成公式的复制,计算的结果如图 4-45 所示。

图 4-44 "开始"选项卡中的"数字"组   图 4-45 计算各种书的销售比例

3. 混合引用

如果在公式复制、移动时公式中单元格的行标或列标只有一个要进行自动调整,而另一个保持不变,这种引用方式称为混合引用。

混合引用的表示方法是在行标或列标中的一个前面加上符号"$",即"列标$行标"或"$列标行标",例如 A$1、B$5：E$8、$A1、$B5：$E8 等都是混合引用的方法。

在例 4.10 的公式复制中,由于目标单元格 C3、C4、C5 的行标有变化而列标不变,因此在 C2 单元格输入的公式中,分母部分也可以使用混合引用的方法,即输入"=B2/B$6"。

这样,一个单元格的地址引用时就有 4 种表示方法,这 4 种表示方法在输入时可以互相转换,在公式中用鼠标选定引用单元格的部分,反复按 F4 键,便可在这 4 种表示方法之间进行循环转换。

例如公式中对 B2 单元格的引用,反复按 F4 键时引用方法按下列顺序变化:

$$B2 \rightarrow \$B\$2 \rightarrow B\$2 \rightarrow \$B2$$

4.3.4 常见出错信息及解决方法

在使用 Excel 公式进行计算时有时不能正确地计算出结果,并且在单元格内会显示出各种错误信息,下面介绍几种常见的错误信息及处理方法。

1. ＃＃＃＃

这种错误信息常见于列宽不够时。

解决方法:调整列宽。

2. ＃DIV/0!

这种错误信息表示除数为 0,常见于公式中除数为 0 或在公式中除数使用了空单元格的情况下。

解决方法:修改单元格引用,用非零数字填充。如果必须使用"0"或引用空单元格,也可以用 IF 函数使该错误信息不再显示。例如,该单元格中的公式原本是"=A5/B5",若 B5 可能为零或空单元格,那么可以将该公式修改为"=IF(B5=0," ",A5/B5)",这样当 B5 为零或为空时就不显示任何内容,否则显示 A5/B5 的结果。

3. ＃N/A

这种错误信息通常出现在数值或公式不可用时。例如,想在 F2 单元格中使用函数

Excel 2010 电子表格处理

"=RANK(E2,＄E＄2：＄E＄96)"求 E2 单元格数据在 E2：E96 单元格区域中的名次,但 E2 单元格中却没有输入数据,则会出现此类错误信息。

解决方法:在单元格 E2 中输入新的数值。

4. ♯REF!

这种错误信息的出现是因为移动或删除单元格导致了无效的单元格引用,或者是函数返回了引用错误信息。例如 Sheet2 工作表的 C 列单元格引用了 Sheet1 工作表的 C 列单元格数据,后来删除了 Sheet1 工作表中的 C 列,就会出现此类错误。

解决方法:重新修改公式,恢复被引用的单元格范围或重新设定引用范围。

5. ♯!

这种错误信息常出现在公式使用的参数错误的情况下。例如,要使用公式"= A7+A8"计算 A7 与 A8 两个单元格的数字之和,但是 A7 或 A8 单元格中存放的数据是姓名不是数字,这时就会出现此类错误。

解决方法:确认所用公式参数没有错误,并且公式引用的单元格中包含有效的数据。

6. ♯NUM!

这种错误出现在当公式或函数中使用无效的参数时,即公式计算的结果过大或过小,超出了 Excel 的范围(正负 10 的 307 次方之间)时。例如,在单元格中输入公式"=10＾300＊100＾50",按 Enter 键后即会出现此错误。

解决方法:确认函数中使用的参数正确。

7. ♯NULL!

这种错误信息出现在试图为两个并不相交的区域指定交叉点时。例如,使用 SUM 函数对 A1：A5 和 B1：B5 两个区域求和,使用公式"=SUM(A1：A5 B1：B5)"(注意,A5 与 B1 之间有空格),便会因为对并不相交的两个区域使用交叉运算符(空格)而出现此错误。

解决方法:取消两个范围之间的空格,用逗号来分隔不相交的区域。

8. ♯NAME?

这种错误信息出现在 Excel 不能识别公式中的文本时。例如函数拼写错误、在公式中引用某区域时没有使用冒号、公式中的文本没有用双引号等。

解决方法:尽量使用 Excel 所提供的各种向导完成函数的输入。例如使用插入函数的方法来插入各种函数、用鼠标拖动的方法来完成各种数据区域的输入等。

另外,在某些情况下不可避免地会产生错误。如果希望打印时不打印错误信息,可以单击"文件"按钮,在打开的新页面中选择"打印"命令,再选择"页面设置"命令打开"页面设置"对话框,切换至"工作表"选项卡,在"错误单元格打印为"下拉列表中选择"空白"选项,确定后将不会打印错误信息。

4.4 Excel 2010 的图表

Excel 可将工作表中的数据以图表的形式展示,这样可以使数据更直观、更易于理解,同时也有助于用户分析数据,比较不同数据之间的差异。当数据源发生变化时,图表中对应的数据也会自动更新。Excel 的图表类型有十几类(包括二维图表和三维图表),每一类又有若干子类型。

根据图表显示的位置不同可以将图表分为两种,一种是嵌入式图表,它和创建图表使用的数据源放在同一张工作表中;另一种是独立图表,即创建的图表另存为一张工作表。

4.4.1 图表概述

如果要建立 Excel 图表,首先要对需要建立图表的 Excel 工作表进行认真分析,一是要考虑选取工作表中的哪些数据,即创建图表的可用数据;二是要考虑建立什么类型的图表;三是要考虑对组成图表的各种元素如何进行编辑和格式设置。只有这样,才能使创建的图表形象、直观,具有专业化和可视化效果。

创建一个专业化的 Excel 图表一般采用以下步骤。

(1)选择数据源:从工作表中选择创建图表的可用数据。

(2)选择合适的图表类型及其子类型。"插入"选项卡中的"图表"组如图 4-46 所示,"图表"组主要用于创建各种类型的图表,创建方法有下面 3 种。

- 如果已经确定需要创建某种类型的"图表",例如"饼图",则单击"饼图"的下三角按钮,在下拉列表中单击某个选项选择一个子类型即可,如图 4-47 所示。

图 4-46 "图表"组   图 4-47 "饼图"的下拉列表

- 如果创建的图表不是"图表"组中的前 6 种(柱形图、折线图、饼图、条形图、面积图、散点图)之一,则可单击"其他图表"按钮,然后在下拉列表中选择某种图表类型及其子类型。
- 单击"图表"组右下角的"创建图表"按钮,或单击某图表按钮从下拉列表中选择"所有图表类型"选项,可打开"插入图表"对话框,如图 4-48 所示,在该对话框中选择某种图表类型及其子类型,然后单击"确定"按钮关闭对话框。

通过以上 3 种方法创建的图表仅为一个没有经过编辑和格式设置的初始化图表。

(3)对第(2)步创建的初始化图表进行编辑和格式化设置,以满足自己的需要。

如图 4-48 所示,在 Excel 2010 中提供了 11 种图表类型,每一种图表类型又包含了少到几种多到十几种的子图表类型,在创建图表时需要针对不同的应用场合和不同的使用范围选择不同的图表类型及其子类型。为了便于读者创建不同类型的图表,以满足不同场合的需要,下面对 11 种图表类型及其用途做简要说明。

- 柱形图:用于比较一段时间中两个或多个项目的相对大小。
- 折线图:按类别显示一段时间内数据的变化趋势。
- 饼图:在单组中描述部分与整体的关系。

图 4-48 "插入图表"对话框

- 条形图：在水平方向上比较不同类型的数据。
- 面积图：强调一段时间内数值的相对重要性。
- XY(散点图)：描述两种相关数据的关系。
- 股价图：综合了柱形图的折线图，专门设计用来跟踪股票价格。
- 曲面图：一个三维图，当第 3 个变量变化时跟踪另外两个变量的变化。
- 圆环图：以一个或多个数据类别来对比部分与整体的关系，在中间有一个更灵活的饼状图。
- 气泡图：突出显示值的聚合，类似于散点图。
- 雷达图：表明数据或数据频率相对于中心点的变化。

4.4.2 创建初始化图表

下面以一个学生成绩表为例说明创建初始化图表的过程。

【例 4.11】 根据图 4-49 所示的 A 班学生成绩表创建每位学生 3 门科目成绩的三维簇状柱形图。

其操作步骤如下。

(1) 选定要创建图表的数据区域，这里所选区域为 A2：A10 和 C2：E10。

(2) 在"插入"选项卡的"图表"中单击"柱形图"的下三角按钮，如图 4-46 所示，从下拉列表的子类型中选择"三维簇状柱形图"，生成的图表如图 4-50 所示。

图 4-50 所示的图表仅为初始化图表或简单图表，对图

	A	B	C	D	E
1	A班学生成绩表				
2	姓名	性别	数学	英语	计算机
3	张蒙丽	女	88	81	76
4	王华志	男	75	49	86
5	吴宇	男	68	95	76
6	郑霞	女	96	69	78
7	许芳	女	78	89	92
8	彭树三	男	67	85	65
9	许晓兵	男	85	71	79
10	刘丽丽	女	78	68	90

图 4-49 A 班学生成绩表

表中的各元素做进一步编辑和格式化设置并加上注释，生成如图 4-51 所示的三维簇状柱形图。

【例 4.12】 根据图 4-49 所示的 A 班学生成绩表创建刘丽丽同学 3 门科目成绩的分离型三维饼图。

图 4-50　三维簇状柱形图

图 4-51　三维簇状柱形图及图表中各元素的说明

其操作步骤如下。

（1）选择数据源：按照题目要求只需选择姓名、数学、英语和计算机 4 个字段对应刘丽丽的记录，即选择 A2、A10、C2：E2、C10：E10 这些不连续的单元格和单元格区域，如图 4-52 所示。

	A	B	C	D	E
1	A班学生成绩表				
2	姓名	性别	数学	英语	计算机
3	张蒙丽	女	88	81	76
4	王华志	男	75	49	86
5	吴宇	男	68	95	76
6	郑霞	女	96	69	78
7	许芳	女	78	89	92
8	彭树三	男	67	85	65
9	许晓兵	男	85	71	79
10	刘丽丽	女	78	68	90

图 4-52　选择数据源

Excel 2010 电子表格处理

（2）选择图表类型及其子类型：在"图表"组中单击"饼图"的下三角按钮，在下拉列表中选择"分离型三维饼图"选项，如图4-53所示。

（3）生成的图表如图4-54所示。将鼠标指针定位在图表上，按住鼠标左键拖曳，可将图表移动到需要的位置；将鼠标指针定位在图表边框或图表的视窗角上，当其以双箭头显示时按住鼠标左键拖曳可以调整图表的大小。

图 4-53　选择"分离型三维饼图"

图 4-54　分离型三维饼图

4.4.3　图表的编辑和格式化设置

在初始化图表建立以后，往往需要使用"图表工具"选项卡中的相应功能按钮，或者在图表区右击，在快捷菜单中选择相应的命令，对初始化图表进行编辑和格式化设置。

选中图表或图表区中的任何位置，即会弹出"图表工具－设计/布局/格式"选项卡。

1. "图表工具－设计"选项卡

如图4-55所示，"图表工具-设计"选项卡中包括"类型""数据""图表布局""图表样式"和"位置"5个组。

图 4-55　"图表工具-设计"选项卡

- "类型"组：用于重新选择图表类型和另存为模板。
- "数据"组：用于按行或者是按列产生图表以及重新选择数据源。打开如图4-50所示的图表，单击"切换行/列"按钮，将图表中的原图例（即课程）转换成横坐标，将原横坐标（即姓名）转换成"图例"，转换后的图表如图4-56所示。
- "图表布局"组：用于调整图表中各元素的相对位置，图4-57和图4-58分别是选择"布局2"和"布局6"选项设计的图表。

图 4-56 按行/列转换后的三维簇状柱形图

图 4-57 布局 2

图 4-58 布局 6

- "图表样式"组：用于图表样式的选择。图表样式主要是指图表颜色和图表区背景色的搭配。图 4-59 和图 4-60 分别是选择"样式 2"和"样式 42"设计的图表。

图 4-59 样式 2

图 4-60 样式 42

Excel 2010 电子表格处理

- "位置"组：用于设置"嵌入式图表"或者"独立式图表"。单击"位置"组中的"移动图表"按钮，打开"移动图表"对话框，如图4-61所示，若选中"对象位于"单选按钮，则创建的图表与工作表放置在一起，称为"嵌入式图表"；若选中"新工作表"单选按钮，则创建的图表单独放置，而且如果是第1次创建，图表默认名字为Chart1，如图4-62所示。

图4-61 "移动图表"对话框

图4-62 独立式图表

2. "图表工具－布局"选项卡

如图4-63所示，"图表工具-布局"选项卡中包括"当前所选内容""插入""标签""坐标轴""背景""分析"和"属性"7个组。

图4-63 "图表工具-布局"选项卡

- "当前所选内容"组：包括两个选项，其中"设置所选内容格式"选项用于对选定对象的格式进行设置；"重设以匹配样式"选项用于清除自定义格式，恢复原匹配格式。
- "插入"组：用于插入图片、形状和文本框等对象。
- "标签"组：用于对图表标题、坐标轴标题、图例和数据标签等进行设置。
- "背景"组：用于"图表背景墙""图表基底"和"三维旋转"的设计，如图4-64所示。此项仅仅针对三维图表设计。

- "分析"组：主要用于一些复杂图表（例如"折线图""股价图"等）的分析，包括"趋势线""折线""涨/跌柱线"和"误差线"等选项。
- "属性"组：用于显示当前图表的名称，用户可以在"图表名称"文本框中更改图表名称。

图 4-64　设置有"图表背景墙"和"图表基底"的三维簇状柱形图

3. "图表工具-格式"选项卡

如图 4-65 所示，"图表工具-格式"选项卡中包括"形状样式""艺术字样式""排列"和"大小"4 个组。

图 4-65　"图表工具－格式"选项卡

【例 4.13】　对例 4.11 创建的初始化图表（即图 4-50）进行编辑和格式化。

其操作步骤如下。

（1）在"图表工具-设计"选项卡的"位置"组中单击"移动"按钮，将图表设置为独立式图表，图表名称为"A 班学生成绩图表"。

（2）在"图表工具-设计"选项卡的"数据"组中单击"切换行/列"按钮，将"姓名"设置为"图例"，并将"图例""课程名"文字设置为楷体、18 磅、深蓝色，将纵坐标数字设置为楷体、14 磅、深蓝色。

（3）在"图表工具-布局"选项卡的"标签"组中单击"图表标题"按钮，设置图表标题为"居中覆盖标题"，标题内容为"A 班学生成绩图表"，字体为楷体、24 磅、深红色。

（4）在"图表工具-布局"选项卡的"背景"组中单击"图表背景墙"按钮，将图表背景墙设置为"纹理填充"→"水滴"。

（5）在"图表工具-布局"选项卡的"背景"组中单击"图表基底"按钮，将图表基底设置为"纹理填充"→"褐色大理石"。

193

（6）右击图表区，在弹出的快捷菜单中选择"设置图表区域格式"命令，然后在打开的对话框中选择"纹理填充"→"羊皮纸"选项。

经过以上编辑和格式化设置后的图表效果如图 4-66 所示。

图 4-66　经过编辑和格式化设置后的图表

4.5　Excel 2010 的数据处理

Excel 不仅具有数据计算功能，而且具有高效的数据处理能力，使用它可以对数据进行排序、筛选、分类汇总和创建数据透视表。其操作方便、直观、高效，比一般数据库更胜一筹，充分地发挥了它在表格处理方面的优势，这也使得 Excel 被广泛应用。

4.5.1　数据清单

数据清单又称为数据列表，是由工作表中的单元格构成的矩形区域，即一张二维表，如图 4-67 所示。其特点如下。

（1）与数据库相对应，一张二维表被称为一个关系；二维表中的一列为一个"字段"，又称为"属性"；一行为一条"记录"，又称为元祖；第 1 行为表头，又称"字段名"或"属性名"。图 4-67 所示的数据表包含 7 个字段、7 个记录。

	A	B	C	D	E	F	G
1	学号	姓名	语文	数学	英语	化学	物理
2	201011	王兰兰	87	89	85	76	80
3	201012	张 雨	57	78	79	46	85
4	201013	夏林虎	92	68	98	70	76
5	201014	韩 青	80	98	78	67	87
6	201015	郑 爽	74	78	85	92	92
7	201016	程雪兰	85	68	95	55	83
8	201017	王 瑞	95	52	87	87	68

图 4-67　Excel 工作表及表中的数据

（2）在表中不允许有空行、空列，因为如果出现空行、空列，会影响 Excel 对数据的检测和选定数据列表。每一列必须是性质相同、类型相同的数据，例如字段名是"姓名"，则该列存放的数据必须全部是姓名；并且不能出现完全相同的两个数据行。

对于数据清单，完全可以像一般工作表那样直接建立和编辑。

4.5.2　数据排序

数据排序是指按一定的规则对数据进行整理、排列。数据表中的记录按用户输入的先后顺序排列以后往往需要按照某一属性（列）顺序显示。例如，在学生成绩表中统计成绩时经常需要按成绩从高到低或从低到高显示，这就需要对成绩进行排序。用户可以对数据清单中的一列或多列数据按升序（数字 1→9，字母 A→Z）或降序（数字 9→1，字母 Z→A）排序。数据排序分为简单排序和多重排序。

1. 简单排序

在"数据"选项卡的"排序和筛选"组中单击"升序"或"降序"按钮即可实现简单的排序，如图 4-68 所示。

图 4-68　"排序和筛选"组

【例 4.14】　在 B 班学生成绩表中按英语成绩由高分到低分进行降序排序。

其操作步骤如下。

（1）单击 B 班学生成绩表中"英语"所在列的任意一个单元格，如图 4-69 所示。

（2）切换到"数据"选项卡。

	A	B	C	D	E	F	G
1			B班学生成绩表				
2	学号	姓名	语文	数学	英语	化学	物理
3	201011	王兰兰	87	89	85	76	80
4	201012	张 雨	57	78	79	46	85
5	201013	夏林虎	92	68	98	70	76
6	201014	韩 青	80	98	78	67	87
7	201015	郑 爽	74	78	83	92	92
8	201016	程雪兰	85	68	95	55	83
9	201017	王 瑞	95	52	87	87	68

图 4-69　简单排序前的工作表

（3）在"排序和筛选"组中单击"降序"按钮，排序结果如图 4-70 所示。

2. 多重排序

使用"排序和筛选"组中的"升序"按钮和"降序"按钮只能按一个字段进行简单排序，当排序的字段出现相同数据项时必须按多个字段进行排序，即多重排序，多重排序要使用"排序"对话框来完成。在 Excel 2010 中为用户提供了多重排序功能，包括主要关键字、次要关

Excel 2010 电子表格处理

图 4-70　经过简单排序后的工作表

键字等,每个关键字就是一个字段,每一个字段均可按"升序"(即递增方式)或"降序"(即递减方式)进行排序。

【例 4.15】　在 B 班学生成绩表中,先按数学成绩由低分到高分进行排序,若数学成绩相同,再按学号由小到大进行排序。

其操作步骤如下。

(1)选定 B 班学生成绩表中的任意一个单元格。

(2)切换到"数据"选项卡。

(3)在"排序和筛选"组中单击"排序"按钮打开"排序"对话框,如图 4-71 所示。

图 4-71　"排序"对话框

(4)"主要关键字"选"数学","排序依据"选"数值","次序"选"升序"。

(5)"次要关键字"选"学号","排序依据"选"数值","次序"选"升序"。

(6)设置完成后单击"确定"按钮关闭对话框,排序结果如图 4-72 所示。用户还可以根据自己的需要再指定"次要关键字",本例无须再指定"次要关键字"。

图 4-72　多重排序结果

4.5.3 数据的分类汇总

数据的分类汇总是指对数据清单某个字段中的数据进行分类,并对各类数据快速进行统计计算。Excel 提供了 11 种汇总类型,包括求和、计数、统计、求最大值、求最小值及求平均值等,默认的汇总方式为求和。在实际工作中经常需要对一系列数据进行小计和合计,这时可以使用 Excel 提供的分类汇总功能。

需要特别指出的是,在分类汇总之前必须先对需要分类的数据项进行排序,然后再按该字段进行分类,并分别为各类数据的数据项进行统计汇总。

【例 4.16】 对图 4-73 所示的 C 班学生成绩表分别计算男生、女生的语文、数学成绩的平均值。

其操作步骤如下。

(1) 对需要分类汇总的字段进行排序:在本例中需要对"性别"字段进行排序,选择"性别"字段的任意一个单元格,然后在"数据"选项卡的"排序和筛选"组中单击"升序"或"降序"按钮,排序结果如图 4-73 所示。

(2) 在"数据"选项卡的"分级显示"组中单击"分类汇总"按钮,打开"分类汇总"对话框,如图 4-74 所示。

	A	B	C	D	E	F
1	C班学生成绩表					
2	学号	姓名	性别	语文	数学	总分
3	2010001	张 山	男	68	84	152
4	2010003	罗 勇	男	72	69	141
5	2010005	王克明	男	63	56	119
6	2010006	李 军	男	75	74	149
7	2010009	张朝江	男	92	95	187
8	2010002	李茂丽	女	95	72	167
9	2010004	岳 华	女	89	94	183
10	2010007	苏 玥	女	89	88	177
11	2010008	罗美丽	女	78	86	164
12	2010010	黄蔓丽	女	95	85	180

图 4-73 C 班学生成绩表   图 4-74 "分类汇总"对话框

(3) 在"分类字段"下拉列表中选择"性别"选项。

(4) 在"汇总方式"下拉列表中有"求和""计数""平均值""最大""最小"等选项,这里选择"平均值"选项。

(5) 在"选定汇总项"列表框中勾选"语文"和"数学"复选框,取消其余默认的汇总项,例如"总分"。

(6) 单击"确定"按钮关闭对话框,完成分类汇总,结果如图 4-75 所示。

分类汇总的结果通常按 3 级显示,可以通过单击分级显示区上方的 3 个按钮 ①、②、③ 进行分级显示控制。

在分级显示区中还有 ⊞、⊟ 等分级显示符号,其中,单击 ⊞ 按钮,可将高一级展开为低一级显示;单击 ⊟ 按钮,可将低一级折叠为高一级显示。

Excel 2010 电子表格处理

学号	姓名	性别	语文	数学	总分
		C班学生成绩表			
2010001	张　山	男	68	84	152
2010003	罗　勇	男	72	69	141
2010005	王克明	男	63	56	119
2010006	李　军	男	75	74	149
2010009	张朝江	男	92	95	187
		男　平均值	74	75.6	
		女　平均值	89.2	85	
		总计平均值	81.6	80.3	

图 4-75　按"性别"字段分类汇总的结果

如果要取消分类汇总,可以在"分级显示"组中再次单击"分类汇总"按钮,在打开的"分类汇总"对话框中单击"全部删除"按钮。

4.5.4　数据的筛选

筛选是指从数据清单中找出符合特定条件的数据记录,也就是把符合条件的记录显示出来,而把其他不符合条件的记录暂时隐藏起来。Excel 2010 提供了两种筛选方法,即自动筛选和高级筛选。在一般情况下,自动筛选就能够满足大部分的需要。但是,当需要利用复杂的条件来筛选数据时就必须使用高级筛选。

1. 自动筛选

自动筛选给用户提供了快速访问大数据清单的方法。

【例 4.17】　在 D 班学生成绩表中显示"数学"成绩排在前 3 位的记录。

其操作步骤如下。

(1) 选定 D 班学生成绩表中的任意一个单元格,如图 4-76 所示。

(2) 在"数据"选项卡的"排序和筛选"组中单击"筛选"按钮,此时数据表的每个字段名旁边会显示出下三角箭头,此为筛选器箭头,如图 4-77 所示。

图 4-76　D班学生成绩表(数据清单)

图 4-77　含有筛选器箭头的数据表

(3) 单击"数学"字段名旁边的筛选器箭头,弹出下拉列表,选择"数字筛选"→"10 个最大的值"选项,打开"自动筛选前 10 个"对话框,如图 4-78 所示。

（4）在"自动筛选前10个"对话框中指定显示的条件为"最大""3""项"。

（5）单击"确定"按钮关闭对话框，则会在数据表中显示出数学成绩最高的3条记录，其他记录被暂时隐藏起来，被筛选出来的记录的行号显示为蓝色，该列的列号右边的筛选器箭头也变成蓝色，如图4-79所示。

图4-78　"自动筛选前10个"对话框　　　　　图4-79　经过筛选以后的数据表

【例4.18】　在D班学生成绩表中筛选出"英语"成绩大于80分且小于90分的记录。其操作步骤如下。

（1）选定D班学生成绩表中的任一单元格，如图4-76所示。

（2）按例4.17的第（2）步操作将数据表置于筛选界面。

（3）单击"英语"字段名旁边的筛选器箭头，从打开的下拉列表中选择"数字筛选"→"自定义筛选"选项，打开"自定义自动筛选方式"对话框，在其中一个输入条件中选择"大于"，在右边的文本框输入"80"；另一个条件选择"小于"，在右边的文本框中输入"90"，两个条件之间的关系选项选择"与"单选按钮，如图4-80所示。

（4）单击"确定"按钮关闭对话框，即可筛选出英语成绩满足条件的记录，如图4-81所示。

图4-80　"自定义自动筛选方式"对话框　　　图4-81　筛选出英语成绩满足条件的记录

【例4.19】　在D班学生成绩表中筛选出女生中"英语"成绩大于80分且小于90分的记录。

【分析】　这是一个双重筛选的问题，例4.18已经通过"英语"字段从D班学生成绩表中筛选出"英语"成绩大于80分且小于90分的记录，所以本例只需在例4.18的基础上进行"性别"字段的筛选即可。

其操作步骤如下。

（1）单击"性别"字段名旁边的筛选器箭头，从下拉列表中选择"文本筛选"→"等于"选项，打开"自定义自动筛选方式"对话框，如图4-82所示。

（2）在"等于"编辑框右边的文本框中输入文字"女"。

（3）单击"确定"按钮关闭对话框，双重筛选后的结果如图 4-83 所示。

图 4-82　"自定义自动筛选方式"对话框　　　　　图 4-83　双重筛选后的数据

【说明】　如果要取消自动筛选功能，只需在"数据"选项卡的"排序和筛选"组中再次单击"筛选"按钮，则数据表中字段名右边的箭头按钮就会消失，数据表被还原。

2．高级筛选

下面通过实例来说明问题。

【例 4.20】　在 D 班学生成绩表中筛选出"语文"成绩大于 80 分的男生的记录。

【分析】　要将符合两个及两个以上不同字段的条件的数据筛选出来，倘若使用自动筛选来完成，需要对"语文"和"性别"两个字段分别进行筛选，即双重筛选，在此不再阐述。

如果使用高级筛选的方法来完成，则必须在工作表的一个区域设置条件（即条件区域）。两个条件的逻辑关系有"与"和"或"关系，在条件区域中"与"和"或"的关系表达式是不同的，其表达方式如下。

- "与"条件将两个条件放在同一行，表示的是语文成绩大于 80 分的男生，如图 4-84 所示。
- "或"条件将两个条件放在不同行，表示的是语文成绩大于 80 分的学生或者是男生，如图 4-85 所示。

图 4-84　"与"条件排列图　　　　　　　图 4-85　"或"条件排列图

其操作步骤如下。

（1）输入条件区域：打开 D 班学生成绩表，在 B12 单元格中输入"语文"，在 C12 单元格中输入"性别"，在 B13 单元格中输入"＞80"，在 C13 单元格中输入"男"。

（2）在工作表中选中 A2：F10 单元格区域或其中的任意一个单元格。

（3）在"数据"选项卡的"排序和筛选"组中单击"高级"按钮，打开"高级筛选"对话框，如图 4-86 所示。

（4）在对话框的"方式"选项组中选中"将筛选结果复制到其他位置"单选按钮。

（5）如果列表区为空白，可单击"列表区域"编辑框右边的拾取按钮，然后用鼠标从列表区域的 A2 单元格拖动到 F10 单元格,此时输入框中出现"＄A＄2：＄F＄10"。

(6) 单击"条件区域"编辑框右边的拾取按钮,然后用鼠标从条件区域的 B12 拖动到 C13,输入框中出现"＄B＄12：＄C＄13"。

(7) 单击"复制到"编辑框右边的拾取按钮,然后选择筛选结果显示区域的第一个单元格 A14。

(8) 单击"确定"按钮关闭对话框,筛选结果如图 4-87 所示。

图 4-86 "高级筛选"对话框

图 4-87 高级筛选结果

4.5.5 数据透视表

数据透视表是比分类汇总更为灵活的一种数据统计和分析方法。它可以同时灵活地变换多个需要统计的字段对一组数值进行统计分析,统计可以是求和、计数、求最大值、求最小值、求平均值、数值计数、求标准偏差及求方差等。利用数据透视表可以从不同方面对数据进行分类汇总。

下面通过实例来说明如何创建数据透视表。

【例 4.21】 对图 4-88 所示的商品销售表内的数据建立数据透视表,按行为"商品名"、列为"产地"、数据为"数量"进行求和,并置于现有工作表的 H2:M7 单元格区域。

图 4-88 商品销售表

其操作步骤如下。

（1）选定产品销售表 A2：F10 区域中的任意一个单元格。

（2）在"插入"选项卡的"表格"组中单击"数据透视表"下三角按钮，在下拉列表中选择"数据透视表"选项，打开"创建数据透视表"对话框，如图 4-89 所示。

（3）在"请选择要分析的数据"选项组中选中"选择一个表或区域"单选按钮，并在"表/区域"框中选中 A2：F10 单元格区域（第（1）步已选）；在"选择放置数据透视表的位置"选项组中选中"现有工作表"单选按钮，在"位置"编辑框中选中 H2：M7 单元格区域，单击"确定"按钮关闭对话框。然后打开"数据透视表字段列表"任务窗格，如图 4-90 所示。

图 4-89 "创建数据透视表"对话框   图 4-90 "数据透视表字段列表"任务窗格

（4）拖动"商品名"到"行标签"文本框，拖动"产地"到"列标签"文本框，拖动"数量"到"∑数值"文本框。

（5）单击"数据透视表字段列表"任务窗格的关闭按钮，数据透视表创建完成。数据透视表设置效果如图 4-91 所示。

图 4-91 商品销售表的数据透视表

习 题 4

1. 进入"第 4 章 素材库\习题 4"下的"习题 4.1"文件夹，打开"XT4_1.xlsx"文档，Sheet1 工作表数据如图 P4-1-1 所示，按以下要求进行操作，最后以"XT4_1 计算.xlsx"为文件名保存到"习题 4.1"文件夹中。

（1）将 Sheet1 工作表的 A1：D1 单元格合并为一个单元格，内容水平居中，单元格中的字体为华文行楷、16 磅、加粗、红色；计算职工的平均年龄置于 C13 单元格内（数值型，保留小数点后 1 位）；计算职称为高工、工程师和助工的人数置于 G5：G7 单元格区域（利用 COUNTIF 函数）；将 A1：D13 单元格区域加深蓝色双实线外框线、黑色虚线内框线，填充浅绿色。

（2）选取"职称"列（F4：F7）和"人数"列（G4：G7）数据区域的内容建立"三维簇状圆柱图"，图表标题为"职称情况统计图"，清除图例，设置"图表背景墙"为"纹理"中的"水滴"，"图表基底"为"纹理"中的"绿色大理石"，图表区填充为"纹理"中的"鱼类化石"；将图表插入到表的 A15：F30 单元格区域内，将工作表命名为"职称情况统计表"并设置工作表标签颜色为"标准色"中的"紫色"。

图 P4-1-1 "XT4_1.xlsx"的工作表数据图

2．进入"第 4 章 素材库\习题 4"下的"习题 4.2"文件夹，打开工作簿文件"XT4_2.xlsx"，"图书销售情况表"数据如图 P4-2-1 所示。要求对"图书销售情况表"内数据清单的内容建立数据透视表，按行为"经销部门"、列为"图书类别"、数据为"数量（册）"求和，并置于现有工作表的 H2：L7 单元格区域，工作表名不变，最后以"XT4_2 统计.xlsx"为文件名保存到"习题 4.2"文件夹中。

图 P4-2-1 "XT4_2.xlsx"工作表数据图

第4章

Excel 2010 电子表格处理

204

3. 进入"第 4 章 素材库\习题 4"下的"习题 4.3"文件夹,打开"XT4_3.xlsx"文档,按要求进行操作。

问题:小李在东方公司担任行政助理,年底小李统计了公司员工档案信息。请根据东方公司员工档案表("XT4_3.xlsx"文件)按照以下要求完成统计和分析工作,员工档案表原始数据如图 P4-3-1 所示。

(1) 对"员工档案表"工作表进行格式调整,将所有工资列设为保留两位小数的数值,并适当加大行高、列宽。

(2) 根据身份证号在"员工档案表"工作表的"出生日期"列中使用 MID 函数提取员工生日,单元格格式类型为"××××年××月××日"。

(3) 根据入职时间在"员工档案表"工作表的"工龄"列中使用 TODAY 函数和 INT 函数计算员工的工龄,工作满一年才计入工龄。

(4) 引用"工龄工资"工作表中的数据计算"员工档案表"工作表中员工的工龄工资,在"基础工资"列中计算每个人的基础工资(基础工资=基本工资+工龄工资)。

(5) 根据"员工档案表"工作表中的工资数据统计所有人的基础工资总额,并将其值写在"统计报告"工作表的 B2 单元格中。

(6) 根据"员工档案表"工作表中的工资数据统计职务为项目经理的基本工资总额,并将其值写在"统计报告"工作表的 B3 单元格中。

(7) 根据"员工档案表"工作表中的数据统计东方公司本科生的平均基本工资,并将其值写在"统计报告"工作表的 B4 单元格中。

(8) 通过分类汇总功能求出每个职务的平均基本工资。

(9) 创建一个分离型三维饼图,对各类人员的基本工资进行比较,并将该图表放置在"统计报告"工作表中。

(10) 以"XT4_3 统计.xlsx"为文件名保存到"习题 4.3"文件夹下。

图 P4-3-1 员工档案表的原始数据

第5章 PowerPoint 2010 演示文稿

Microsoft Office PowerPoint 2010 是微软公司的 Office 2010 系列软件之一,是一款优秀的演示文稿制作软件。它能将文本与图形、图表、影片、声音、动画等多媒体信息有机结合,将演说者的思想意图生动、明快地展现出来。PowerPoint 2010 不仅功能强大,而且易学易用、兼容性好、应用面广,是多媒体教学、演说答辩、会议报告、广告宣传及商务洽谈最有力的辅助工具。

学习目标:

- 熟悉 PowerPoint 2010 的窗口组成。
- 掌握制作演示文稿的基本流程和创建、编辑、放映演示文稿的方法。
- 掌握设计动画效果、幻灯片切换效果和设置超链接的方法。
- 学会套用设计模板、使用主题和母版。
- 了解打印和打包演示文稿的方法。

5.1 PowerPoint 2010 概述

使用 PowerPoint 2010 制作的文档叫演示文稿,扩展名为.pptx。一个演示文稿由若干张幻灯片组成,因此演示文稿俗称"幻灯片"。在幻灯片里可以插入文字、表格、图形、影片及声音等多媒体信息。演示文稿制成后,幻灯片将按事先安排好的顺序播放,在放映时可以配上旁白、辅以动画效果。

5.1.1 PowerPoint 2010 的基本功能和特点

1. 方便、快捷的文本编辑功能

对于在幻灯片的占位符中输入的文本,PowerPoint 会自动添加各级项目符号,层次关系分明,逻辑性强。

2. 多媒体信息集成

PowerPoint 2010 支持文本、图形、艺术字、表格、影片及声音等多种媒体信息,而且排版灵活。

3. 强大的模板、母版功能

使用模板和母版能快速生成风格统一、独具特色的演示文稿。模板提供了演示文稿的格式、配色方案、母版样式及产生特效的字体样式等,PowerPoint 2010 提供了多种美观大方的模板,也允许用户创建和使用自己的模板。使用母版可以设置演示文稿中各张幻灯片的共有信息,例如日期、文本格式等。

4. 灵活的放映形式

制作演示文稿的目标是展示放映，PowerPoint 提供了多种放映形式，既可以由演说者一边演说一边操控放映，又可以应用于自动服务终端由观众操控放映流程，也可以按事先"排练"的模式在无人看守的展台放映。PowerPoint 2010 还可以录制旁白，在放映幻灯片时播放。

5. 动态演绎信息

动画是 PowerPoint 演示文稿的一大亮点，PowerPoint 2010 可以设置幻灯片的切换动画、幻灯片内各对象的动画，还可以为动画编排顺序设置动画路径等。生动形象的动画可以起到强调、吸引观众注意力的效果。

6. 多种形式的共享方式

PowerPoint 2010 提供了多种演示文稿共享方式，例如"使用电子邮件发送""以 PDF/XPS 形式发送""创建为讲义""广播幻灯片"及"打包到 CD"等。

7. 良好的兼容性

PowerPoint 2010 向下兼容 PowerPoint 97-2003 版本的 PPT、PPS、POT 文件，可以打开多种格式的 Office 文档、网页文件等，保存的格式也更加多样。

5.1.2 PowerPoint 2010 窗口

PowerPoint 2010 的启动与退出和 Word 2010 类似，这里不再赘述。

启动 PowerPoint 2010 程序后即打开 PowerPoint 2010 窗口，如图 5-1 所示。

图 5-1 PowerPoint 2010 窗口

PowerPoint 2010 窗口主要由标题栏、选项卡与功能区、幻灯片编辑区、缩略图窗格、备注窗格和视图切换按钮等部分组成。下面就 PowerPoint 2010 窗口所特有的部分作简要介绍。

1. 选项卡与功能区

PowerPoint 2010 的选项卡包括文件、开始、插入、设计、切换、动画、幻灯片放映、审阅和视图等，单击某选项卡即打开相应的功能区。

(1) 开始："开始"功能区中包括"剪贴板""幻灯片""字体""段落""绘图"和"编辑"组，主要用于插入幻灯片及设计幻灯片的版式等。

(2) 插入："插入"功能区中包括"表格""图像""插图""链接""文本""符号"和"媒体"组，主要用于插入表格、图形、图片、艺术字、音频、视频等多媒体信息以及设置超链接。

(3) 设计："设计"功能区中包括"页面设置""主题"和"背景"组，主要用于选择幻灯片的主题及设计背景。

(4) 切换："切换"功能区中包括"预览""切换到此幻灯片"和"计时"组，主要用于设置幻灯片的切换效果。

(5) 动画："动画"功能区中包括"预览""动画""高级动画"和"计时"组，主要用于幻灯片中被选中对象的动画及动画效果设置。

(6) 幻灯片放映："幻灯片放映"功能区中包括"开始放映幻灯片""设置"和"监视器"组，主要用于放映幻灯片及设置幻灯片放映方式。

(7) 审阅："审阅"功能区中包括"校对""语言""中文简繁转换""批注"和"比较"组，主要实现文稿的校对和插入批注等。

(8) 视图："视图"功能区中包括"演示文稿视图""母版视图""显示""显示比例""颜色/灰度""窗口"和"宏"等几个组，主要实现演示文稿的视图方式选择。

2. 幻灯片编辑区

幻灯片编辑区又称工作区，是 PowerPoint 的主要工作区域，在此区域可以对幻灯片进行各种操作，例如添加文字、图形、影片、声音，创建超链接，设置幻灯片的切换效果和幻灯片中对象的动画效果等。注意，工作区不能同时显示多张幻灯片的内容。

3. 缩略图窗格

缩略图窗格也称大纲窗格，显示了幻灯片的排列结构，每张幻灯片前会显示对应编号，用户可在此区域编排幻灯片顺序。单击此区域中的不同幻灯片，可以实现工作区内幻灯片的切换。

该窗格包含有"大纲"选项卡和"幻灯片"选项卡。"幻灯片"选项卡中的各幻灯片以缩略图的形式呈现，如图 5-2 所示；"大纲"选项卡中仅显示各张幻灯片的文本内容，如图 5-3 所示，在此区域可以对文本进行编辑。

4. 备注窗格

备注窗格也称备注区，可以添加演说者希望与观众共享的信息或者供以后查询的其他信息。若需要向其中加入图形，必须切换到备注页视图模式下操作。

5. 视图切换按钮

通过单击视图切换按钮能方便、快捷地实现不同视图方式的切换，从左至右依次是"普通视图"按钮、"幻灯片浏览视图"按钮、"阅读视图"按钮、"幻灯片放映"按钮，需要特别说明的是，单击"幻灯片放映"按钮只能从当前选中的幻灯片开始放映。

图 5-2　缩略图窗格

图 5-3　大纲窗格

5.1.3　PowerPoint 2010 的视图方式

所谓视图,即幻灯片呈现在用户面前的方式。PowerPoint 2010 提供了 5 种视图方式,其中常用的有"普通视图""幻灯片浏览视图""阅读视图"和"幻灯片放映视图",用户可以通过单击 PowerPoint 窗口右下方的视图切换按钮进行切换;若要切换到备注页视图,需要在"视图"功能区的"演示文稿视图"组中单击"备注页"按钮。

1. 普通视图

普通视图是制作演示文稿的默认视图,也是最常用的视图方式,如图 5-1 所示,几乎所有的编辑操作都可以在普通视图下进行。普通视图包括幻灯片编辑区、大纲窗格和备注窗格,拖动各窗格间的分隔边框可以调节各窗格的大小。

2. 幻灯片浏览视图

幻灯片浏览视图占据了整个 PowerPoint 文档窗口,如图 5-4 所示,演示文稿的所有幻灯片以缩略图方式显示,可以方便地完成以整张幻灯片为单位的操作,例如复制、删除、移动、隐藏幻灯片及设置幻灯片切换效果等。这些操作只需要选中要编辑的幻灯片后右击,在弹出的快捷菜单中选择相应命令即可实现。幻灯片浏览视图不能针对幻灯片内部的具体对象进行操作,例如不能插入或编辑文字、图形,不能自定义动画。

3. 幻灯片放映视图

在幻灯片放映视图模式下,幻灯片布满整个计算机屏幕,幻灯片的内容、动画效果等都体现出来,但是不能修改幻灯片的内容。在放映过程中按 Esc 键可立刻退出幻灯片放映视图。

图 5-4　幻灯片浏览视图

在幻灯片放映视图下右击，在弹出的快捷菜单中选择"指针选项"→"笔"命令，如图 5-5 所示，指针形状发生改变，切换成"绘画笔"形式，这时按住鼠标左键拖动鼠标可以在屏幕上写字、做标记，此项功能对演说者非常有用。通过快捷菜单命令还可以设置墨迹颜色，也可以用"橡皮擦"命令擦除标记。在退出幻灯片放映视图模式时，系统会弹出对话框询问"是否保留墨迹注释"。

4. 备注页视图

备注页视图用于显示和编辑备注页内容，备注页视图如图 5-6 所示，上方显示幻灯片，下方显示该幻灯片的备注信息。

图 5-5　使用绘画笔

图 5-6　备注页视图

209

5.2 PowerPoint 2010 演示文稿的制作

如果要制作一个专业化的演示文稿,首先需要了解制作演示文稿的一般流程,制作演示文稿的一般流程如下。

(1) 创建一个新的演示文稿:毫无疑问,这是制作演示文稿的第一步,用户也可以打开已有的演示文稿,加以修改后另存为一个新的演示文稿。

(2) 添加新幻灯片:一个演示文稿往往由若干张幻灯片组成,在制作过程中添加新幻灯片是经常进行的操作。

(3) 编辑幻灯片内容:在幻灯片上输入必要的文本,插入相关图片、表格等媒体信息。

(4) 美化、设计幻灯片:设置文本格式,调整幻灯片上各对象的位置,设计幻灯片的外观。

(5) 放映演示文稿:设置放映时的动画效果,编排放映幻灯片的顺序,录制旁白,选择合适的放映方式,检验演示文稿的放映效果。如果用户对效果不满意,返回普通视图进行修改。

(6) 保存演示文稿:如果不保存文档将前功尽弃,为防止信息意外丢失,建议在制作的过程中随时保存。

(7) 将演示文稿打包:这一步并非必需,在需要时才操作。

【建议】 在制作演示文稿前应做好准备工作,例如构思文稿的主题、内容、结构、演说流程,收集好音乐、图片等媒体素材。

5.2.1 创建演示文稿

选择程序窗口中的"文件"→"新建"命令,在右侧窗格选项面板中选择新建演示文稿的方式,如图 5-7 所示,创建方式主要有"空白演示文稿""样本模板""主题"和"根据现有内容新建"几种,本书只介绍前两种。

1. 根据模板创建演示文稿

PowerPoint 2010 为用户提供了模板功能,根据已有模板来创建演示文稿能自动、快速地形成每张幻灯片的外观,而且风格统一、色彩搭配合理、美观大方,能大大提高制作效率。

【例 5.1】 根据系统提供的模板创建演示文稿,取名为"都市映像.pptx",保存在"第 5 章 素材库\例题 5"下的"例 5.1"文件夹中。

根据模板创建演示文稿的步骤如下。

(1) 启动 Microsoft PowerPoint 2010,选择"文件"→"新建"命令,在图 5-7 所示的窗口的右侧窗格中单击"样本模板"图标。

(2) 如图 5-8 所示,在弹出的样本模板列表框中双击要应用的模板按钮,例如"都市相册",一个演示文稿就创建好了。PowerPoint 2010 内置的样本模板有"PowerPoint 2010 简介""都市相册""培训""项目状态报告"和"小测试报告"等。

(3) 创建好的演示文稿如图 5-9 所示,可见系统自动生成了若干张幻灯片,单击左侧缩略图窗格中每张幻灯片对应的图标,在右侧编辑区中根据个人需要修改相关内容即可,对幻灯片的编辑将在后面介绍。

图 5-7　新建演示文稿

图 5-8　选择应用的模板

（4）保存演示文稿：选择"文件"→"保存"命令，弹出"另存为"对话框，如图 5-10 所示，选择保存位置为"第 5 章 素材库\例题 5"下的"例 5.1"文件夹，在"文件名"文本框中输入文件名"都市映像"，选择保存类型为"PowerPoint 演示文稿（＊.pptx）"，单击"保存"按钮。

2. 新建空白演示文稿

在启动 PowerPoint 2010 后，系统会自动新建一个名为"演示文稿 1"的空白演示文稿，且默认有一张标题幻灯片。用户也可以用图 5-7 所示的方法来创建空白演示文稿。

图 5-9　通过应用模板创建的演示文稿

图 5-10　保存演示文稿

　　空白演示文稿的幻灯片没有任何背景图片和内容，给予用户最大的自由，用户可以根据个人喜好设计独具特色的幻灯片，可以更加精确地控制幻灯片的样式和内容，因此创建空白演示文稿具有更大的灵活性。

5.2.2 文本的输入与编辑

在新建演示文稿之后就可以在幻灯片中输入文字内容了。幻灯片一般是在配合演讲者演说时播放的,建议文字简明扼要、条理清晰、重点突出。文本的输入与编辑通常都是在普通视图下的幻灯片编辑区中进行的。

1. 输入文本

与 Word 不同的是,PowerPoint 不能在幻灯片中的非文本区输入文字,用户可以将鼠标指针移到幻灯片的不同区域,观察鼠标指针的形状,当指针呈"I"字形时输入文字才有效,可以采取以下几种方法实现文本的输入。

- 单击占位符,直接输入文字。所谓"占位符",即如图 5-11 所示幻灯片中的虚线框,一般里面包含提示语句,例如"单击此处添加副标题"。占位符是幻灯片中信息的主要载体,可以容纳文本、表格、图表、SmartArt 图形、图片、影片及声音等。
- 在幻灯片中插入"文本框",然后在文本框中输入文字。
- 在幻灯片中添加"形状"图形,然后在其中添加文字。

2. 编辑文本

PowerPoint 2010 设置文本格式的方法与 Word 类似,但字形增加了"阴影"效果。

1)改变位置

在 PowerPoint 2010 中,文本的位置可以改变,方法是在文本区域内的任意位置单击,呈现占位符边框,将鼠标指针移到占位符边框上,当指针呈现十字箭头形状时按住鼠标左键拖动占位符到目标位置。在选中占位符时,边框上方会出现绿色圆点,当鼠标指针指向它变成弧形的时候,可以拖动鼠标旋转占位符。

2)设置段落格式

PowerPoint 2010 也可以设置"段落"格式,包括对齐方式、文字方向、项目符号和编号、行距等。切换到"开始"功能区,可以在"段落"组中单击相应的按钮,如图 5-13 所示。

3)删除文本

- 单击选中占位符边框,按 Delete 键,将删除占位符及其中的所有文本。
- 单击选中占位符边框,按 BackSpace 键,将删除占位符及其中的所有文本。
- 与 Word 操作类似,将光标定位于待删文本之后按 BackSpace 键,或将光标定位于待删文本之前按 Delete 键,或者选中所有要删除的文本后按 BackSpace 键或 Delete 键,即可删除文本。

【例 5.2】 以"空白演示文稿"方式新建名为"大学 1.pptx"的演示文稿,输入必要的标题文字后保存,该演示文稿以讲述大学生活为主题。

其操作步骤如下。

(1) 启动 PowerPoint 2010,系统自动创建一个空白演示文稿,如图 5-1 所示。

(2) 输入文本:现在看到的幻灯片是演示文稿的首张幻灯片,称为"标题幻灯片",单击上面的占位符,可以看到光标闪烁,如图 5-11 所示,输入演说的题目,比如"我的大学生活";然后单击下面的占位符,输入副标题文本"——演讲者:张三",效果如图 5-12 所示。

图 5-11　在占位符中输入文字　　　　图 5-12　输入文字后的效果

（3）编辑文本：单击标题占位符的边框或者拖动鼠标选中文本"我的大学生活"，然后设置字体格式，在"开始"功能区的"字体"组中可以选择适当的字体、字号、颜色等，如图 5-13所示；然后单击"字体"组中的"阴影"按钮（S 标志），给文字添加阴影效果，使其更有立体感。

图 5-13　"字体"组和"段落"组

（4）用类似的方法设置副标题的格式，然后以"大学 1. pptx"为文件名保存到"第 5 章素材库\例题 5"下的"例 5.2"文件夹中。

5.2.3　幻灯片的处理

1. 选择幻灯片

选择幻灯片是对幻灯片进行各种编辑操作的第一步。

- 选择一张幻灯片：单击某张幻灯片，该幻灯片就会切换成当前幻灯片。
- 选择连续的多张幻灯片：先选中第 1 张幻灯片，再按住 Shift 键单击最后一张幻灯片。
- 选择不连续的多张幻灯片：按住 Ctrl 键单击各张待选幻灯片。

【注意】　选择操作的单击对象为普通视图下大纲窗格中的幻灯片缩略图，或者幻灯片浏览视图下的幻灯片缩略图。

2. 添加新幻灯片

例 5.2 制作的演示文稿只包含一张幻灯片，只有添加更多的幻灯片才能展现丰富的内容。

【例 5.3】　为例 5.2 制作的演示文稿添加 3 张新幻灯片。

在插入新幻灯片之前应该先确定插入的位置，插入后，新幻灯片会成为当前幻灯片。设置插入位置，既可以选中已有的某张幻灯片使新幻灯片出现在它后面，也可以单击两个幻灯片缩略图之间的灰白区域将新幻灯片放在两者之间。

插入新幻灯片的方法有以下几种。

- 在"开始"功能区的"幻灯片"组中单击"新建幻灯片"按钮，如图 5-14 所示。

【注意】 该按钮分为上、下两部分,单击上部可直接新建一张幻灯片,单击下部文字,则可以选择幻灯片的版式后完成新建。

- 按 Ctrl+M 组合键。
- 右击缩略图窗格,在弹出的快捷菜单中选择"新建幻灯片"命令,如图 5-15 所示。

图 5-14 "幻灯片"组   图 5-15 在缩略图窗格中使用快捷菜单

插入 3 张幻灯片后的效果如图 5-16 所示,插入完毕后以"大学 2. pptx"为文件名保存到"第 5 章 素材库\例题 5"下的"例 5.3"文件夹中。

图 5-16 插入新幻灯片之后的效果图

3. 选择新建幻灯片的版式

版式即排版方式,PowerPoint 提供的版式大方、适用,合理利用可以提高编排效率。

在使用"开始"功能区中的"新建幻灯片"按钮插入新幻灯片时,可以同时选择幻灯片的版式,单击"新建幻灯片"按钮下方的下拉按钮,如图 5-17 所示,在弹出的下拉列表中可以选择需要的版式。

4. 修改已有幻灯片的版式

对于已有的幻灯片,用户可以更改它的版式。

【例 5.4】 打开例 5.3 制作的演示文稿,在第 2 张幻灯片中添加文字内容,将第 3、4 两

图 5-17　选择版式

张幻灯片的版式改为"空白"型。

打开演示文稿后按以下步骤进行操作。

(1) 在左侧的大纲窗格中单击编号为 2 的幻灯片缩略图,使第 2 张幻灯片成为当前幻灯片。

(2) 在幻灯片编辑区中单击占位符,然后输入合适的文字。先在标题占位符处输入标题,然后在下面的占位符处输入正文文本,按 Enter 键可分段,系统会自动给各段落添加项目符号,如图 5-18 所示。

图 5-18　添加文本内容

【提示】　在文本占位符处输入文本时,系统会自动添加项目符号,用户也可以按个人喜好更改、取消项目符号,方法是选中目标文本,然后在"开始"功能区的"段落"组中单击"项目符号"下拉按钮,在弹出的下拉列表中选择合适的符号,如图 5-19 所示。在"段落"组中还有"编号""降低列表级别""增加列表级别"等按钮。

(3) 在大纲窗格中单击选中编号为 3、4 的两张幻灯片。

(4) 切换至"开始"功能区的"幻灯片"组,单击"版式"下拉按钮,在下拉列表中选择"空白"选项,即可将该两张幻灯片设置为空白幻灯片,如图 5-20 所示。

图 5-19　更改项目符号　　　　　　　图 5-20　"版式"下拉列表

（5）以"大学 3.pptx"为文件名保存到"第 5 章 素材库\例题 5"下的"例 5.4"文件夹中。

5. 删除幻灯片

删除幻灯片，首先要在左侧的缩略图窗格中选中待删除幻灯片，然后在选中的对象上右击，在弹出的快捷菜单中选择"删除幻灯片"命令；也可以选中待删除幻灯片后直接按 Delete 键或 BackSpace 键将其删除。

6. 移动/复制幻灯片

移动幻灯片会改变幻灯片的位置，影响放映的先后顺序。移动幻灯片的方法有以下两种。

1）用鼠标单击法

（1）选择要移动的幻灯片，可以是一张，也可以是多张。

【注意】　选中的应该是大纲窗格或者幻灯片浏览视图下的幻灯片缩略图。

（2）在选中的对象上右击，弹出快捷菜单，选择"剪切"命令。

（3）右击目标位置，弹出快捷菜单，选择"粘贴"命令。

2）用直接拖动法

用鼠标直接拖动最快捷，选中幻灯片后，直接按住左键将其拖动到目标位置即可。

复制幻灯片与移动幻灯片类似，只需在快捷菜单中选择"复制"命令，或是使用鼠标拖动时按住 Ctrl 键。

5.2.4　插入多媒体信息

只有文本内容的幻灯片难免枯燥乏味，适当插入多媒体信息可以使幻灯片更加生动形象。

1. 插入艺术字、图片、形状、文本框

插入艺术字、图片、形状、文本框的方法和在 Word 中类似，在"插入"功能区中可以找到相应的按钮。

【例 5.5】　打开例 5.4 制作的"大学 3.pptx"演示文稿，将第 1 张幻灯片的标题样式改为艺术字；给第 2 张幻灯片插入一张适当的剪贴画；给第 3 张幻灯片添加一个文本框，并输入文字内容"请与我联系",再插入艺术字"谢谢大家!"。

其操作步骤如下。

(1) 添加艺术字:选中第 1 张幻灯片中的标题文本"我的大学生活",在"插入"功能区的"文本"组中单击"艺术字"按钮,在弹出的列表中选择一种样式,例如"填充-红色,强调文字颜色 2,暖色粗糙棱台",艺术字即出现在幻灯片上,若之前没有选中文字,则此时需要输入文字内容。添加艺术字后原来的文本标题仍然存在,将其删除,如果不删除也不会影响放映效果,最终效果如图 5-21 所示。

(2) 编辑艺术字:对于艺术字,用户可以像编辑普通文本那样快速设置颜色、字体、大小;也可以对其属性进行更精确、详细的设置。比如要将艺术字定位于"水平:4.9 厘米,度量依据左上角;垂直 5.1 厘米,度量依据左上角"。方法是选中艺术字后右击,在弹出的快捷菜单中选择"设置形状格式"命令,在打开的对话框左侧单击"位置"选项,在右侧填入指定参数,如图 5-22 所示。

图 5-21　艺术字效果

图 5-22　"设置形状格式"对话框

(3) 插入剪贴画:在大纲窗格中单击第 2 张幻灯片的缩略图,使其成为当前幻灯片。在"插入"功能区的"图像"组中单击"剪贴画"按钮,则窗口右侧弹出"剪贴画"任务窗格,如图 5-23 所示,单击"搜索"按钮,系统提供的剪贴画将以缩略图的形式呈现在列表框中,单击合适的缩略图,剪贴画就可以插入到当前幻灯片中,然后适当调整大小和位置,效果如图 5-24 所示。

(4) 在大纲窗格中单击第 3 张幻灯片,使其成为当前幻灯片。在"插入"功能区的"文本"组中单击"文本框"下拉按钮,再选择"横排文本框"选项,当鼠标指针变为细十字形状时在幻灯片空白处单击或者拖动画出一个横向文本框,如图 5-25 所示,可以看到有光标在文本框内闪烁,直接输入文字"请与我联系"。如果没有出现闪烁的光标,可右击文本框,在弹出的快捷菜单中选择"编辑文字"命令。添加文字后在"开始"功能区的"段落"组中单击"居中"按钮使文字居中对齐,然后调整文字格式与文本框的填充色,使之更具立体效果,如图 5-26 所示。

图 5-23　"剪贴画"任务窗格

图 5-24　插入剪贴画的效果

图 5-25　插入文本框

图 5-26　文本框及艺术字效果

（5）参照本例第（1）步的操作插入艺术字"谢谢大家"，效果如图 5-26 所示。

（6）以"大学 4.pptx"为文件名保存到"第 5 章 素材库\例题 5"下的"例 5.5"文件夹中。

2. 插入表格

在"插入"功能区的"表格"组中单击"表格"按钮，在弹出的下拉列表中选择不同的方式插入表格，方法和在 Word 中一样。

3. 插入 SmartArt 图形

SmartArt 图形是信息和观点的视觉表示形式，它能将信息以"专业设计师"水准的插图形式展示出来，能更加快速、轻松、有效地传达信息。

插入 SmartArt 图形的步骤如下。

（1）在"插入"功能区的"插图"组中单击 SmartArt 按钮，弹出"选择 SmartArt 图形"对话框，如图 5-27 所示。

（2）根据要表达的信息内容选择合适的布局，例如要表达一个循环的食物链，选择"循环"选项界面中的"文本循环"样式，再单击"确定"按钮，效果如图 5-28 所示。

（3）单击文本占位符，然后输入文字，最终效果如图 5-29 所示。

219

图 5-27 "选择 SmartArt 图形"对话框

图 5-28 插入的 SmartArt 图形

图 5-29 SmartArt 图形的效果

(4) 当 SmartArt 图形处于编辑状态时,功能区上方会弹出"SmartArt 工具-设计/格式"选项卡,在其"设计"或"格式"选项卡下可以进一步编辑、美化图形。

4. 插入声音和影片文件

PowerPoint 2010 支持插入 MP3、WMA、MIDI、WAV 等多种格式的声音文件,这里以插入文件中的声音为例,操作步骤如下。

(1) 在"插入"功能区的"媒体"组中单击"音频"下拉按钮,在下拉列表中选择音频的来源,例如"文件中的音频"。

(2) 在打开的对话框中找到存放声音文件的位置,选中要插入的声音文件后单击"确定"按钮。

(3) 幻灯片上出现"小喇叭"图标,如图 5-30 所示,单击小喇叭会出现插入控制条,可以单击"播放"按钮试听插入的音乐。

(4) 设置播放方式:小喇叭处于选中状态时,功能区上方会弹出一个"音频工具-格式/播放"选项卡,如图 5-31 所示,在"格式"选项卡下可以设置小喇叭的样子,在"播放"选项卡下可以设置音乐的播放方式。

插入影片的方法与插入声音的方法类似,这里不再赘述。

图 5-30　"小喇叭"图标

图 5-31　"音频工具-格式/播放"选项卡

5.2.5　设置幻灯片的背景

在以"空白演示文稿"方式新建的演示文稿中，所有幻灯片均无背景，用户可以根据需要自行添加或更改背景，既可以设置同一演示文稿的所有幻灯片具有统一的背景，也可以让不同幻灯片拥有不同背景。下面通过实例介绍为幻灯片添加背景的方法。

【例 5.6】　为例 5.5 制作的演示文稿的各张幻灯片分别添加不同的背景。

如果要为幻灯片添加背景，首先要将待添加背景的幻灯片切换为当前幻灯片，然后在"设计"功能区的"背景"组中单击"设置背景格式"按钮，在打开的对话框中进行一系列设置，如图 5-32 所示。

其操作步骤如下。

(1) 以文件图片作为第 1 张幻灯片的背景：在"设置背景格式"对话框的左侧窗格中选择"填充"选项，在右侧窗格中选中"图片或纹理填充"单选按钮，再单击"文件"按钮，弹出"插入图片"对话框，找到并选中文件图片(建议用户事先准备好图片)，单击"插入"按钮返回到"设置背景格式"对话框，然后单击"关闭"按钮，效果如图 5-33 所示。若单击"全部应用"按钮，则演示文稿中的所有幻灯片都会以此图片为背景。

图 5-32　设置背景格式

图 5-33　图片背景效果

（2）用"渐变色"作为第 2 张幻灯片的背景（渐变色也叫渐近色）：在"设置背景格式"对话框的右侧窗格中选中"渐变填充"单选按钮，然后单击"预设颜色"下拉按钮，在下拉列表中选择一种颜色类型，例如"麦浪滚滚"。用户还可以在该对话框中进一步设置颜色、亮度、透明度等。

（3）用"纹理"作为第 3 张幻灯片的背景：在"设置背景格式"对话框的右侧窗格中选中"图片或纹理填充"单选按钮，然后单击"纹理"下拉按钮，在下拉列表中选择合适的纹理样式，例如"花束"，最后单击"关闭"按钮。

（4）用"纯色"作为第 4 张幻灯片的背景：在"设置背景格式"对话框的右侧窗格中选中"纯色填充"单选按钮，然后单击"颜色"下拉按钮，在下拉列表中选择合适的颜色，例如标准色中的"浅绿"，最后单击"关闭"按钮。

（5）以"大学 5.pptx"为文件名保存到"第 5 章 素材库\例题 5"下的"例 5.6"文件夹中。

5.3 放映幻灯片

放映幻灯片是制作幻灯片的最终目标，在幻灯片放映视图下才可以放映幻灯片。

5.3.1 幻灯片的放映操作

1. 启动放映与结束放映

放映幻灯片的方法有以下几种。

（1）在"幻灯片放映"功能区的"开始放映幻灯片"组中单击"从头开始"按钮，即可从第 1 张幻灯片开始放映；单击"从当前幻灯片开始"按钮，即可从当前选中的幻灯片开始放映。

（2）单击窗口右下方的"幻灯片放映"按钮，即从当前幻灯片开始放映。

（3）按 F5 键，从第 1 张幻灯片开始放映。

（4）按 Shift＋F5 组合键，从当前幻灯片开始放映。

在放映幻灯片时，幻灯片会占满整个计算机屏幕，在屏幕上右击，在弹出的快捷菜单中有一系列命令可以实现幻灯片翻页、定位、结束放映等功能，单击屏幕左下方的 4 个透明按钮也能实现相应功能。为了不影响放映效果，建议演说者使用以下常用功能快捷键。

- 切换到下一张（触发下一对象）：单击鼠标，或者按键盘 ↓ 键、→ 键、PageDown 键、Enter 键、Space 键之一，或者用鼠标滚轮向后拨。
- 切换到上一张（回到上一步）：按键盘 ↑ 键、← 键、PageUp 键或 BackSpace 键均可，或者用鼠标滚轮向前拨。
- 鼠标功能转换：按 Ctrl＋P 组合键转换成"绘画笔"，此时可按住鼠标左键在屏幕上勾画做标记；按 Ctrl＋A 组合键可还原成普通指针状态。
- 结束放映：按 Esc 键。

在默认状态下放映演示文稿时，幻灯片将按序号顺序播放，直到最后一张，然后计算机黑屏，退出放映状态。

2. 设置放映方式

用户可以根据不同需要设置演示文稿的放映方式。在"幻灯片放映"功能区的"设置"组中单击"设置幻灯片放映"按钮，打开"设置放映方式"对话框，如图 5-34 所示，可以设置放映类型、需要放映的幻灯片的范围等。其中，"放映选项"组中的"循环放映，按 Esc 键终止"适合于无人控制的展台、广告等幻灯片放映，能实现演示文稿反复循环播放，直到按 Esc 键终止。

图 5-34 "设置放映方式"对话框

PowerPoint 2010 有以下 3 种放映类型可以选择。

1）演讲者放映

演讲者放映是默认的放映类型，是一种灵活的放映方式，以全屏幕的形式显示幻灯片。演说者可以控制整个放映过程，也可以用"绘画笔"勾画，适用于演说者一边讲解一边放映的场合，例如会议、课堂等。

2）观众自行浏览

该方式以窗口的形式显示幻灯片，观众可以利用菜单自行浏览、打印，适用于终端服务设备且同时被少数人使用的场合。

3）在展台浏览

该方式以全屏幕的形式显示幻灯片。在放映时，键盘和鼠标的功能失效，只保留鼠标指针最基本的指示功能，因而不能现场控制放映过程，需要预先将换片方式设为自动方式或者通过"幻灯片放映"功能区中的"排练计时"来设置时间和次序。该方式适用于无人看守的展台。

3. 隐藏幻灯片

如果希望某些幻灯片在放映时不显示，却又不想删除它，可以将它们"隐藏"起来。

隐藏幻灯片的方法是选中需要隐藏的幻灯片缩略图，单击"幻灯片放映"功能区中的"隐藏幻灯片"按钮；或者右击鼠标，在快捷菜单中选择"隐藏幻灯片"命令。

若要取消幻灯片的隐藏属性，按照上述步骤再做一次即可。

5.3.2 设置幻灯片的切换效果

幻灯片的切换效果是指放映演示文稿时从上一张幻灯片切换到下一张幻灯片的过渡效果，为幻灯片间的切换加上动画效果会使放映更加生动、自然。

下面通过实例说明设置幻灯片切换效果的步骤。

【例 5.7】 打开例 5.6 制作的演示文稿,为各幻灯片添加"覆盖"类型的切换效果,既可单击鼠标时切换,也可自动切换。若自动切换,切换时间为 5 秒。然后将文件更名为"大学 6.pptx",并保存到"第 5 章 素材库\例题 5"下的"例 5.7"文件夹中。

在添加幻灯片切换效果之前,建议先将演示文稿以默认的演讲者放映方式放映一次,以便体验添加切换效果前后的不同之处。

其操作步骤如下。

(1) 选中需要设置切换效果的幻灯片。

(2) 在"切换"功能区的"切换到此幻灯片"组中列出了设置幻灯片切换效果的类型列表,如图 5-35 所示,选择一种类型,这里选择"覆盖"。

图 5-35 设置幻灯片切换效果的类型列表

注意,用户可在"切换到此幻灯片"组中单击"其他"按钮展开更多的效果选项,这里设置的切换效果只针对当前幻灯片。

(3) 在"计时"组中设置切换的"持续时间""声音"等效果。持续时间会影响动画的播放速度,在"声音"下拉列表中可以选择幻灯片切换时出现的声音。

(4) 在"计时"组中设置"换片方式",默认为"单击鼠标时",即单击鼠标时会切换到下一张幻灯片,这里按题目要求应同时勾选"设置自动换片时间"复选框和"单击鼠标时"复选框,然后单击数字框的向上按钮,调整时间为 5 秒。

(5) 选择应用范围:按本例要求应单击"全部应用"按钮,使"自动换片方式"和"单击鼠标时"应用于演示文稿中的所有幻灯片;若不单击该按钮,则仅应用于当前幻灯片。

(6) 设置完毕后建议读者将演示文稿再放映一次,以便体验幻灯片的切换效果。

(7) 以"大学 6.pptx"为文件名保存到"第 5 章 素材库\例题 5"下的"例 5.7"文件夹中。

【提示】 若要取消幻灯片的切换效果,选中该幻灯片,在"切换"功能区的"切换到此幻灯片"组中选择"无"选项即可。

5.3.3 设置幻灯片中各对象的动画效果

在一张幻灯片中可以包含文本、图片等多个对象,可以为它们添加动画效果,包括进入动画、退出动画、强调动画;还可以设置动画的动作路径,编排各对象动画的顺序。

设置动画效果一般在普通视图模式下进行,动画效果只有在幻灯片放映视图和阅读视图模式下有效。

1. 添加动画效果

如果要为对象设置动画效果,应先选择对象,然后在"动画"功能区中进行各种设置。可以设置的动画效果有以下几类。

• "进入"效果:设置对象以怎样的动画效果出现在屏幕上。

• "强调"效果:对象将在屏幕上展示一次设置的动画效果。

- "退出"效果：对象将以设置的动画效果退出屏幕。
- "动作路径"：在放映时对象将按设置好的路径运动，路径可以使用系统提供的，也可以自己绘制。

【例 5.8】 打开例 5.6 制作的"大学 5.pptx"演示文稿，将第 3、4 两张幻灯片交换位置，然后在第 3 张幻灯片的上方插入艺术字"给我一个机会，还您一份惊喜！"，在其下方插入一个"笑脸"形状（设置填充色为渐变效果）。接着为各张幻灯片中的对象添加动画效果，设置第 1 张和第 3 张幻灯片的动画为单击鼠标时开始播放；第 2 张幻灯片的动画为延迟 1 秒自动播放；第 3 张幻灯片的动画效果是第 1 次单击鼠标时艺术字从左侧飞入，第 2 次单击鼠标时"笑脸"以"展开"方式进入，再次单击鼠标时"笑脸"以"收缩并旋转"方式退出。最后将文件更名为"大学 7.pptx"，并保存到"第 5 章 素材库\例题 5"下的"例 5.8"文件夹中。

其操作步骤如下。

(1) 为第 1 张幻灯片中的两个对象设置动画效果：单击选中艺术字对象"我的大学生活"，在"动画"功能区的"动画"组中单击"浮入"按钮，如图 5-36 所示，然后单击右侧的"效果选项"按钮，选择动画的方向为"下浮"。

图 5-36　"动画"组中的动画列表框

(2) 选中副标题，为它设置"强调"动画。单击"动画"组中的"其他"按钮可以展开更多的动画效果选项，如图 5-37 所示，单击"强调"栏中的"跷跷板"按钮。

图 5-37　动画效果列表框

（3）切换至第 2 张幻灯片，将其作为当前幻灯片，为各对象设置"进入"动画。先选中标题，单击"动画"组中的"擦除"按钮；再设置动画进入方式为延迟 1 秒自动播放，即在"计时"组的"开始"下拉列表中选择"上一动画之后"选项（如果不选择则默认为"单击时"），然后在"延迟"微调框中设置时间为 1 秒，如图 5-38 所示。

图 5-38　"计时"组

（4）选择幻灯片中的剪贴画，在"动画"组中单击"其他"按钮，在下拉列表中选择"更多进入效果"选项，在弹出的对话框中会有更多的效果选项，这里选择"华丽型"→"玩具风车"，然后仿照步骤（3）的操作将该剪贴画进入的动画也设置为延迟 1 秒自动播放。

（5）设置第 2 张幻灯片中正文文本的动画效果为"浮入"，延迟 1 秒自动播放，方法与前面的步骤类似，唯一不同的是，对于这种有多段文字的对象，可以单击"效果选项"按钮，在下拉列表中选择"整批发送"还是"按段落"为单位来演绎动画，在此选择"整批发送"选项，如图 5-39 所示。

（6）切换至第 3 张幻灯片，将其作为当前幻灯片。选中艺术字，在"动画"功能区的"动画"组中单击"飞入"按钮，在"效果选项"下拉列表中选择"自左侧"选项。然后选中"笑脸"形状，在"动画"功能区的"动画"组中单击"其他"按钮，在下拉列表中选择"更多进入效果"命令，在打开的"更多进入效果"对话框中选择"展开"选项，再单击"确定"按钮；确认"笑脸"仍被选中，转至"高级动画"组，在"添加动画"下拉列表中选择"更多退出效果"命令打开"添加退出效果"对话框，选择"收缩并旋转"选项，再单击"确定"按钮。至此，在同一个对象上设置了两个动画过程——进入和退出，如图 5-40 所示。

图 5-39　效果选项

图 5-40　在同一对象上叠加两个动画

（7）本例动画设置完毕后按 F5 键放映演示文稿，体验动画效果，第 4 张幻灯片没有设置对象的动画效果，请注意感受它与前 3 张幻灯片放映时的区别，然后选择"文件"→"另存为"命令将文件按要求保存。

2. 编辑动画效果

如果用户对动画效果不满意，还可以重新编辑。

1）调整动画的播放顺序

设有动画效果的对象前面具有动画顺序标志，例如 0、1、2、3 这样的数字，表示该动画出现的顺序，选中某动画对象，单击"计时"组中的"向前移动"或"向后移动"按钮，就可以改变动画的播放顺序。

另一种方法是在"高级动画"组中单击"动画窗格"按钮打开动画窗格，在其中进行相应设置，还可以单击"播放"按钮展示动画效果。

2）更改动画效果

选中动画对象，在"动画"组的列表框中另选一种动画效果即可。

3）删除动画效果

选中对象的动画顺序标志，按 Delete 键，或者在动画列表中选择"无"选项。

5.3.4 超链接的设置

应用超链接可以为两个位置不相邻的对象建立连接关系。超链接必须选定某一对象作为链接点，当该对象满足指定条件时触发超链接，从而引出作为链接目标的另一对象。触发条件一般为鼠标单击或鼠标移过链接点。

适当采用超链接，会使演示文稿的控制流程更具逻辑性，使其功能更加丰富。PowerPoint 可以选定幻灯片上的任意对象做链接点，链接目标可以是本文档中的某张幻灯片，也可以是其他文件，还可以是电子邮箱或者某个网页。

设置了超链接的文本会出现下画线标志，并且变成系统指定的颜色，当然也可以通过一系列设置改变其颜色而不影响超链接效果。

在 PowerPoint 2010 中可以使用"插入"功能区的"链接"组中的"超链接"和"动作"按钮设置超链接。

1. 使用"超链接"按钮

【例 5.9】 打开例 5.8 制作的演示文稿"大学 7.pptx"，在第 4 张幻灯片上插入超链接，使得单击"请与我联系"文本时可以发送邮件至演讲者张三的邮箱（zhangsan@163.com），最后将文件以"大学 8.pptx"为文件名保存到"第 5 章 素材库\例题 5"下的"例 5.9"文件夹中。

其操作步骤如下。

（1）选中链接点：本例是将文字"请与我联系"作为链接点，选中文字后在"插入"功能区的"链接"组中单击"超链接"按钮，如图 5-41 所示。

（2）在弹出的"插入超链接"对话框中设置链接目标，如图 5-42 所示。如果要链接到某个文件或网页，则选择"现有文件或网页"选项，然后导航至所需要的文件或者在"地址"文本框中直接输入 URL 地址；如果要链接到本文档中的某张幻灯片，则选择"本文档中的位置"选项，然

图 5-41 "链接"组

后在列表框中选择希望链接到的幻灯片；如果要链接到某个新文件，则选择"新建文档"选项；本例要求链接到邮箱，则应单击左下角的"电子邮件地址"选项。

（3）设置链接的细节：如图 5-43 所示，输入电子邮件地址 zhangsan@163.com（系统将自动在前面加上"mailto:"，请勿删除）；输入邮件的主题，例如"交个朋友吧！"。单击"屏幕提示"按钮，可以在弹出的对话框中输入提示文本，放映时，当鼠标指针移动到链接点上时将出现这些提示文本。

图 5-42　选择链接目标

图 5-43　链接到邮箱

(4) 设置完成后单击"确定"按钮关闭对话框,可以看到文本"请与我联系"下方出现了下画线,而且文本的颜色也发生了改变。

(5) 选择"文件"→"另存为"命令,然后按要求进行保存。

超链接只有在演示文稿放映时才会生效。按 Shift＋F5 组合键放映当前幻灯片,可以看到将鼠标指针移至链接点文本"请与我联系"上时指针变为"手"状,这是超链接的标志,单击即可触发链接目标,系统会自动启动收发邮件的软件 Microsoft Outlook 2010。

2. 使用"动作"按钮

【例 5.10】　在例 5.9 的基础上为第 4 张幻灯片上的艺术字"谢谢大家"添加一个动作,使得鼠标指针移过它时发出掌声,然后以"大学 9.pptx"为文件名保存到"第 5 章 素材库\例题 5"下的"例 5.10"文件夹中。

其操作步骤如下。

(1) 选中艺术字"谢谢大家",切换至"插入"功能区的"链接"组中单击"动作"按钮。

(2) 打开"动作设置"对话框,如图 5-44 所示,切换至"鼠标移过"选项卡,勾选"播放声音"复选框,在下拉列表中选择"鼓掌"选项,单击"确定"按钮。此时可以发现,"谢谢大家"文字改变了颜色且出现了下画线,这是超链接的标志。

(3) 放映幻灯片体验效果,然后按要求保存演示文稿。

图 5-44 "动作设置"对话框

5.4 设计演示文稿的整体风格

使用 PowerPoint 2010 的主题、母版和模板功能可以使演示文稿内的各幻灯片格调一致,独具特色。

5.4.1 使用主题修饰演示文稿

通过设置幻灯片的主题可以快速更改整个演示文稿的外观,而不会影响内容,就像 QQ 空间的"换肤"功能一样。

打开演示文稿,在"设计"选项卡的"主题"组中选择需要的样式,如图 5-45 所示,还可以在列表框右侧另选"颜色""字体""效果"。

图 5-45 为幻灯片选择"相邻"主题

【例5.11】 在例5.10的基础上使用演示文稿设计中的"相邻"主题来修饰全文,然后以"大学10.pptx"为文件名保存到"第5章 素材库\例题5"下的"例5.11"文件夹中。

其操作步骤如下。

(1) 进入"例5.10"文件夹打开"大学9.pptx"文档。

(2) 在"设计"功能区的"主题"组中单击"其他"按钮,在弹出的下拉列表中选择"相邻"选项,然后按要求保存。

在幻灯片中设置了超链接的文本的下方会出现下画线,并且颜色会变成指定颜色。如果想更改超链接的颜色怎么办呢? 这就需要重新编辑幻灯片的配色方案,更改主题颜色,方法如下。

(1) 在"设计"功能区的"主题"组中单击"颜色"按钮,弹出下拉列表,如图5-46所示,在列表中选择一种喜欢的配色方案。

(2) 如果用户对系统提供的方案不满意,还可以自己配置,单击"新建主题颜色"选项,弹出"新建主题颜色"对话框,如图5-47所示。

(3) 单击"超链接"项右边的三角按钮,在弹出的颜色列表中选择需要的颜色。

图 5-46 选择主题颜色

图 5-47 配置主题颜色

5.4.2 设计、使用幻灯片母版

母版用于设置演示文稿中幻灯片的默认格式,包括每张幻灯片的标题、正文的字体格式和位置、项目符号的样式、背景设计等。母版有"幻灯片母版""讲义母版""备注母版"几种,本书只介绍常用的"幻灯片母版"。在"视图"功能区的"母版版式"组中单击"幻灯片母版"按钮,即可进入幻灯片母版编辑环境,如图5-48所示。注意,母版视图不会显示幻灯片的具体内容,只显示版式及占位符。

幻灯片母版的常用功能如下。

- 预设各级项目符号和字体：按照母版上的提示文本单击标题或正文各级项目所在的位置，可以配置字体格式和项目符号，设置的格式将成为本演示文稿每张幻灯片上文本的默认格式。

【注意】 占位符标题和文本只用于设置样式，内容则需要在普通视图下另行输入。

- 调整或插入占位符：单击占位符边框，将鼠标指针移到边框线上，当其变成十字形状时按住左键拖动可以改变占位符的位置；在"视图"功能区的"母版版式"组中单击"插入占位符"按钮，如图 5-49 所示，在下拉列表中选择需要的占位符样式（此时鼠标指针变成细十字形），然后拖动鼠标在母版幻灯片上绘制占位符。

图 5-48　幻灯片母版

图 5-49　插入占位符

- 插入标志性图案或文字（例如插入某公司的 Logo）：在母版上插入的对象（例如图片、文本框）将会在每张幻灯片上的相同位置显示出来。在普通视图下，这些插入的对象不能删除、移动、修改。
- 设置背景：设置的母版背景会在每张幻灯片上生效。其设置方法和在普通视图下设置幻灯片背景的方法相同。
- 设置页脚、日期、幻灯片编号：幻灯片母版下面有 3 个区域，分别是日期区、页脚区、数字区，单击它们可以设置对应项的格式，也可以拖动它们改变位置。

如果要退出母版编辑状态，可以单击"视图"功能区中的"关闭母版视图"按钮。

5.4.3　创建自己的模板

除了可以应用系统提供的模板以外，用户还可以自己创建模板文件。

创建模板最快捷的方法是将已有模板按实际需要改动，然后选择"文件"→"另存为"命令，将文件以"PowerPoint 模板"类型保存。PowerPoint 模板文件的扩展名是".potx"，模板的默认保存位置是工作文件夹下的 Templates 文件夹。

当需要使用自己的模板时，选择"文件"→"新建"命令，在打开的面板中选择"我的模板"选项，在弹出的对话框中选择需要的模板文件即可。

目前，网络上有很多免费提供的精美的 PowerPoint 模板资源，用户可以下载后存放于计算机上，方便以后创建演示文稿时使用。

5.5 PowerPoint 的其他操作

5.5.1 录制幻灯片演示

录制幻灯片演示是 PowerPoint 2010 的一项新功能,它可以记录幻灯片的放映效果,包括用户使用鼠标、绘画笔、麦克风的痕迹,录好的幻灯片完全可以脱离演讲者来放映。录制方法如下。

(1)在"幻灯片放映"功能区的"设置"组中勾选"播放旁白""使用计时""显示媒体控件"复选框,然后单击"录制幻灯片演示",在下拉列表中选择"从头开始录制"或者"从当前幻灯片开始录制"选项,如图 5-50 所示。

(2)在弹出的"录制幻灯片演示"对话框中单击"开始录制"按钮。

(3)幻灯片进入放映状态,开始录制。注意,如果要录制旁白,需要提前准备好麦克风。

(4)如果用户对录制效果不满意,可以单击"录制幻灯片演示"按钮,选择"清除"计时或旁白重新录制。

(5)保存为视频文件:选择"文件"→"保存并发送"→"创建视频"命令,在右侧面板中设置视频参数(视频的分辨率、是否使用录制时的旁白),单击"创建视频"按钮,如图 5-51 所示。最后在弹出的"保存"对话框中选择视频的存放路径。

图 5-50 "录制幻灯片演示"下拉列表

图 5-51 录制幻灯片时的视频参数设置

5.5.2 将演示文稿创建为讲义

演示文稿可以被创建为讲义,保存为 Word 文档格式,创建方法如下。

(1)选择"文件"→"保存并发送"命令,在"文件类型"栏中选择"创建讲义"选项,再单击右侧的"创建讲义"按钮,如图 5-52 所示。

(2)弹出如图 5-53 所示的对话框,选择创建讲义的版式,单击"确定"按钮。

(3)系统自动打开 Word 程序,并将演示文稿内容转换为 Word 文档格式,用户可以直接保存该 Word 文档,或者做适当编辑。

从图 5-52 所示的选项面板中可以看出,PowerPoint 2010 还提供了多种共享演示文稿的方式,例如"广播幻灯片""创建 PDF/XPS 文档"等。

图 5-52 选择"创建讲义"选项　　　　　　　　　图 5-53 选择讲义的版式

5.5.3 打印演示文稿

　　将演示文稿打印出来不仅方便演讲者,也可以发给听众以供交流。

　　选择"文件"→"打印"命令,如图 5-54 所示,在右侧面板中设置好打印信息,例如打印份数、打印机、要打印的幻灯片范围以及每页纸打印的幻灯片张数等。

图 5-54 打印演示文稿

5.5.4 将演示文稿打包

如果要在其他计算机上放映制作完成的演示文稿,可以用下面 3 种途径。

1. PPTX 形式

通常,演示文稿是以.pptx 类型保存的,将它复制到其他计算机上,双击打开后即可人工控制进入放映视图,使用这种方式的好处是可以随时修改演示文稿。

2. PPSX 形式

将演示文稿另存为 PowerPoint 放映类型(扩展名为.ppsx),再将该 PPSX 文件复制到其他计算机上,双击该文件可立即放映演示文稿。

3. 打包成 CD 或文件夹

PPTX 形式和 PPSX 形式要求放映演示文稿的计算机安装 Microsoft Office PowerPoint 软件,如果演示文稿中包含指向其他文件(例如声音、影片、图片)的链接,还应该将这些资源文件同时复制到计算机的相应目录下,操作起来比较麻烦。在这种情况下建议将演示文稿打包成 CD。

打包成 CD 能更有效地发布演示文稿,可以直接将放映演示文稿所需要的全部资源打包,刻录成 CD 或者打包到文件夹。

【例 5.12】 将例 5.11 制作完成的名为"大学 10.pptx"的演示文稿打包到文件夹。

其操作步骤如下。

(1) 打开"大学 10.pptx"演示文稿,选择"文件"→"保存并发送"命令。

(2) 在右侧窗格中选择"将演示文稿打包成 CD"选项,再单击右侧的"打包成 CD"按钮。

(3) 弹出如图 5-55 所示的对话框,可以更改 CD 的名字,如果还要将其他演示文稿包含进来,可单击"添加"按钮,本例不用这一步。

(4) 单击"复制到文件夹"按钮,弹出如图 5-56 所示的对话框。如果需要将演示文稿打包到 CD,则单击"复制到 CD"按钮。

图 5-55 "打包成 CD"对话框   图 5-56 "复制到文件夹"对话框

(5) 单击"浏览"按钮,选择文件夹的保存位置,在此保存到"第 5 章 素材库\例题 5"下的"例 5.12"文件夹中。

(6) 单击"确定"按钮关闭对话框完成操作。

在打包的文件夹中包含放映演示文稿的所有资源,包括演示文稿、链接文件和 PowerPoint

播放器等,在保存位置找到它,将该文件夹复制到其他计算机上,即使其他计算机没有安装PowerPoint 软件也仍然可以正常放映。

习 题 5

1. 按下列要求创建演示文稿,并以"CRH.pptx"为文件名保存到"习题 5.1"文件夹中,所需文字和图片素材文件均保存在"第 5 章 素材库\习题 5"下的"习题 5.1"文件夹中。

(1) 创建含有 4 张幻灯片的演示文稿,版式和内容如下。

第 1 张幻灯片:版式为"标题幻灯片";主标题为"国产动车";副标题为"——科普宣传",如图 P5-1-1 所示。

第 2 张幻灯片:版式为"标题和内容";标题和正文内容参考图 P5-1-2。

第 3 张幻灯片:版式为"内容与标题";标题和正文内容参考图 P5-1-3,在右侧插入一幅来自文件的图片。

第 4 张幻灯片:版式为"标题和内容";标题和正文内容参考图 P5-1-4,在右下方插入一幅剪贴画。

国产动车

——科普宣传

图 P5-1-1　第 1 张幻灯片

概述

- 在中国,时速高达250km或以上的列车称为"动车"。
- 机动灵活,性能优越,载客量小,但车次可增加,因而许多国家重视并逐步发展为普遍使用的运输工具。

图 P5-1-2　第 2 张幻灯片

和谐号动车组

时速300公里"和谐号"动车组,是在引进消化吸收国外时速200公里动车组技术平台的基础上,由中国自主研发制造,是目前世界上运营速度最高的动车组列车之一,其国产化率超过70%。

图 P5-1-3　第 3 张幻灯片

中国的动车型号

- CRH1、CRH2、CRH3、CRH5
- CRH380A、CRH380B、CEH380C、CRH380D
- CRH6

图 P5-1-4　第 4 张幻灯片

(2) 使用"视点"主题修饰演示文稿,所有幻灯片采用"推进"切换效果,效果选项为"自右侧"。

(3) 字体、段落格式的设置,具体如下。

第 1 张幻灯片:主标题文字为加粗加阴影的 72 磅幼圆深红色字体,副标题文字为加粗黑色 32 磅仿宋体。

第 2 张幻灯片:所有文字内容加粗,正文各段的段前间距为 18 磅,1.5 倍行距。

第 3 张幻灯片:标题文字 36 磅,红色(用自定义选项卡的红色 255、绿色 45、蓝色 45),正文文字为楷体 26 磅,并加"点虚线"下画线。

第 4 张幻灯片:所有文字内容加粗,正文各段的段前间距为 20 磅。

(4) 背景设置:将第 3 张幻灯片的背景设置为"蓝色面巾纸"纹理,并隐藏主题的背景图形。

(5) 版式:更改第 2 张幻灯片的版式为"垂直排列标题与文本"。

(6) 动画设置,具体如下。

第 1 张幻灯片:主标题动画为"飞入""自左侧",持续时间为 1.5 秒;副标题动画为"形状"、效果选项为"加号""放大",自上一动画后延迟 0.5 秒自动播放;动画顺序是先主标题后副标题。

第 2 张幻灯片:正文动画为"百叶窗"、效果为"垂直""按段落"。

(7) 超链接:为第 4 张幻灯片上的文字"CRH2"设置超链接,使得单击它可以链接到第 3 张幻灯片。

(8) 为第 4 张幻灯片上的剪贴画指定位置:水平 15.1 厘米,度量依据为左上角;垂直 10.2 厘米,度量依据为左上角。

(9) 设置幻灯片的放映类型为"观众自行浏览"。

2. 进入"第 5 章 素材库\习题 5"下的"习题 5.2"文件夹,按照题目要求完成下面的操作。

为进一步提升北京旅游行业整体队伍素质,打造高水平、懂业务的旅游景区建设与管理队伍,北京旅游局将为工作人员进行一次业务培训,主要围绕"北京主要景点"进行介绍,包括文字、图片、音频等内容。请根据"习题 5.2"文件夹下的素材文档"北京主要景点介绍—文字.docx",帮助主管人员完成制作任务,具体要求如下。

(1) 新建一份演示文稿,并以"北京主要旅游景点介绍.pptx"为文件名保存到"习题 5.2"文件夹下。

(2) 第 1 张标题幻灯片中的标题设置为"北京主要旅游景点介绍",副标题为"历史与现代的完美结合"。

(3) 在第 1 张幻灯片中插入歌曲"北京欢迎你.mp3",设置为自动播放,并设置声音图标在放映时隐藏。歌曲素材已存放到"习题 5.2"文件夹下。

(4) 第 2 张幻灯片的版式为"标题和内容",标题为"北京主要景点",在文本区域中以项目符号列表方式依次添加天安门、故宫博物院、八达岭长城、颐和园、鸟巢。

(5) 自第 3 张幻灯片开始按照天安门、故宫博物院、八达岭长城、颐和园、鸟巢的顺序依次介绍北京的各主要景点,相应的文字素材"北京主要景点介绍—文字.docx"以及图片文件均存放在"习题 5.2"文件夹下,要求每个景点介绍占用一张幻灯片。

(6) 最后一张幻灯片的版式设置为"空白",并插入艺术字"谢谢"。

(7) 将第 2 张幻灯片列表中的内容分别超链接到后面对应的幻灯片,并添加返回到第 2

张幻灯片的动作按钮。

（8）为演示文稿选择一种设计主题，要求字体和整体布局合理、色调统一，为每张幻灯片设置不同的幻灯片切换效果以及文字和图片的动画效果。

（9）除标题幻灯片以外，其他幻灯片的页脚均包含幻灯片编号、日期和时间。

（10）设置演示文稿的放映方式为"循环放映，按 Esc 键终止"、换片方式为"手动"。

第6章　数据库技术基础

数据库技术是数据管理的最新技术，是计算机科学的重要分支。目前，计算机应用系统和信息系统绝大多数都以数据库为基础和核心。

Access 2010 是微软公司的 Microsoft Office 2010 办公软件中的重要组成部分，是一个中小型的数据库管理系统，具有系统小、功能强和使用方便等优点。使用它可以方便地实现信息数据的保存、维护、查询、统计、打印、交流和发布，而且它可以十分方便地与 Office 2010 中的其他组件"交流"数据。现在它已经成为世界上最流行的桌面数据库管理系统。

学习目标：
- 理解数据库的基础知识。
- 掌握在 Access 2010 中创建数据库的方法。
- 掌握在 Access 2010 中创建表的方法。
- 学会在 Access 2010 中创建查询的方法。

6.1　数据库概述

6.1.1　数据库的基本概念

1. 数据库

数据库(DataBase,DB)是长期存储在计算机内、有结构的、可共享的大量数据的集合。数据库存放数据是按预先设计的数据模型存放的，它能够构造复杂的数据结构，从而建立数据间内在的联系。例如图 6-1 所示的学生-课程数据库，它包含了 3 张基本表，即"学生"表、"课程"表和"选课"表，它以表的形式来存储数据。

学生

学号	姓名	性别	系别	出生日期
20131000001	李力	男	信息	1995/5/6
20132000001	王林	男	计算机	1995/10/24
20132000002	陈静	女	计算机	1996/1/1
20132000003	罗军	男	计算机	1995/6/28

课程

课程号	课程名	学分	开课学期
001	计算机基础	3	1
002	大学英语	4	1
003	C语言	3	2
004	数据库	3	4

选课

学号	课程号	成绩
20131000001	001	80
20131000001	002	90
20132000001	001	86
20132000002	003	75

图 6-1　学生-课程数据库

2. 数据库管理系统

若要科学地组织和存储数据,高效地获取和维护数据,就需要一个软件系统——数据库管理系统对数据实行专门的管理。

数据库管理系统(DataBase Management System,DBMS)是对数据库进行管理的软件,是数据库系统的核心组成部分。数据库的一切操作都是通过 DBMS 实现的,例如查询、更新、插入、删除以及各种控制。

DBMS 是位于用户与操作系统之间的一种系统软件,如图 6-2 所示。

目前,常用的 DBMS 有 Access、Visual FoxPro、Oracle、SQL Server、DB2 及 Sybase 等。

3. 数据库系统的相关人员

数据库系统的相关人员是数据库系统的重要组成部分,包括数据库管理员、应用程序开发人员和最终用户 3 类人员。

- 数据库管理员(DataBase Administrator,DBA):负责数据库的建立、使用和维护的专门人员。
- 应用程序开发人员:开发数据库应用程序的人员。
- 最终用户:通过应用程序使用数据库的人员,最终用户无须自己编写应用程序。

4. 应用程序

应用程序是指利用各种开发工具开发的、满足特定应用环境的程序。开发应用程序的工具有很多,例如 C、C++、Java、.NET 及 ASP 等。

5. 数据库系统

数据库系统(DataBase System,DBS)是实现有组织地、动态地存储大量关联数据,提供数据处理和信息资源共享的系统。它是采用数据库技术的计算机系统。

数据库系统由硬件系统、数据库、数据库管理系统、应用程序和数据库系统的相关人员 5 部分组成。数据库系统的核心是 DBMS,如图 6-3 所示。

图 6-2　DBMS 的位置　　　　　　　　图 6-3　DBS

6. 数据库应用系统

数据库应用系统是指系统开发人员使用数据库系统资源开发出来的面向某一类实际应

用的应用软件系统。例如,以数据库为基础的学生选课系统、图书管理系统、飞机订票系统、人事管理系统等。从实现技术角度而言,这些都是以数据库为基础和核心的计算机应用系统。

6.1.2 数据管理技术的发展

计算机对数据的管理是指对数据的组织、分类、编码、存储、检索和维护。

计算机在数据管理方面经历了由低级到高级的发展过程。它随着计算机硬件、软件技术的发展而不断发展。数据管理经历了人工管理、文件系统、数据库系统3个发展阶段。

1. 人工管理阶段

人工管理约从20世纪40年代到50年代,硬件方面只有卡片、纸带、磁带等,软件方面没有操作系统,没有进行数据管理的软件,计算机主要用于数值计算。在这个阶段程序员将程序和数据编写在一起,每个程序都有属于自己的一组数据,程序之间不能共享,即便是几个程序处理同一批数据,在运行时也必须重复输入,数据冗余很大,如图6-4所示。

2. 文件系统阶段

文件系统阶段约从20世纪50年代到60年代,有了磁盘等大容量存储设备,有了操作系统。数据以文件形式存储在外存储器上,由文件系统统一管理。用户只需按名存取文件,不必知道数据存放在什么地方以及如何存储。在这一阶段有了文件系统对数据进行管理,使得程序和数据分离,程序和数据之间有了一定的独立性。用户的应用程序和数据可分别存放在外存储器上,不同应用程序可以共享一组数据,实现了数据以文件为单位的共享,如图6-5所示。

图6-4 人工管理阶段应用程序与数据的关系

图6-5 文件系统阶段应用程序与数据的关系

3. 数据库系统阶段

数据库系统阶段约从20世纪60年代至现在,出现了大容量且价格低廉的磁盘,操作系统已日渐成熟,为数据库技术的发展提供了良好的基础。为了解决数据的独立性问题,实现数据的统一管理,达到数据共享的目的,数据库技术应运而生。数据库系统阶段应用程序与数据的关系如图6-6所示。

图6-6 数据库系统阶段应用程序与数据的关系

数据库系统的特点如下。

- 采用一定的数据模型：在数据库中数据按一定的方式存储，即按一定的数据模型组织数据。
- 最低的冗余度：数据冗余是指在数据库中数据的重复存放。数据冗余不仅浪费了大量的存储空间，而且会影响数据的正确性。数据冗余是不可避免的，但是数据库可以最大限度地减少数据的冗余，确保最低的冗余度。
- 较高的数据独立性：在处理数据时，用户所面对的是简单的逻辑结构，而不涉及具体的物理存储结构，数据的存储和使用数据的程序彼此独立，数据存储结构的变化尽量不影响用户程序的使用，用户程序的修改也不要求数据结构做较大改动。
- 安全性：保护数据库，防止不合法使用所造成的数据泄漏、更改和破坏。
- 完整性：系统采用一些完整性规则，以确保数据库中数据的正确性。

6.1.3 数据模型

数据模型是数据库中数据的存储方式。在几十年的数据库发展过程中出现了 3 种重要的数据模型，即层次模型、网状模型和关系模型。

1. 层次模型

层次模型用树形结构来表示实体及实体间的联系，例如 1968 年 IBM 公司推出的 IMS (Information Management System)。在层次模型中，各数据对象之间是一对一或一对多的联系。这种模型层次清楚，可沿层次路径存取和访问各个数据，层次结构犹如一棵倒立的树，因而称为树形结构。

2. 网状模型

网状模型用网状结构来表示实体及实体间的联系。网状模型犹如一个网络，此种结构可用来表示数据间复杂的逻辑关系。在网状模型中，各数据实体之间建立的通常是一种层次不清的一对一、一对多或多对多的联系。

3. 关系模型

关系模型用一组二维表表示实体及实体间的联系，即关系模型用若干行与若干列数据构成的二维表格来描述数据集合以及它们之间的联系，每个这样的表格都被称为关系。关系模型是一种易于理解，并具有较强数据描述能力的数据模型。

在这 3 种数据模型中，层次模型和网状模型现在已经很少见到了，目前应用最广泛的是关系模型。自 20 世纪 80 年代以来，软件开发商提供的数据库管理系统几乎都支持关系模型。

每一种数据库管理系统都是基于某种数据模型的，例如 Access、SQL Server 和 Oracle 都是基于关系模型的数据库管理系统。在建立数据库之前必须先确定选用何种类型的数据库，即确定采用什么类型的数据库管理系统。

6.1.4 关系模型的相关术语

关系模型将数据组织成二维表的形式，这种二维表在数学上称为关系。图 6-1 中的学生-课程数据库采用的就是关系模型，该数据库由 3 个关系组成，分别为学生关系、课程关系、选课关系。

下面介绍关系模型的相关术语。

- 关系：一个关系对应一个二维表。
- 关系模式：对关系的描述，一般形式如下。

关系名(属性1,属性2,…,属性n)

例如，在学生-课程数据库中，学生关系、课程关系和选课关系的关系模式如下。

学生(学号,姓名,性别,系别,年龄)
课程(课程号,课程名,学分,开课学期)
选课(学号,课程号,成绩)

- 记录：表中的一行称为一条记录，记录也被称为元组。
- 属性：表中的一列称为一个属性，属性也被称为字段。每个属性都有一个名称，称为属性名或字段名。
- 关键字：表中的某个属性或属性集，它的取值可以唯一地标识一个元组。例如，在学生表中学号可以唯一地标识一个元组，所以学号是关键字。
- 主关键字：在一个表中可能有多个关键字，但在实际应用中只能选择一个，被选中的关键字称为主关键字，简称主键。
- 值域：属性的取值范围。例如性别的值域是{男,女}，成绩的值域是0到100。

6.2　Access 2010 数据库

Access 属于关系数据库管理系统，在创建数据库之前用户应该先对 Access 数据库的相关知识有所了解。

6.2.1　Access 2010 的窗口

Access 2010 的启动和退出与 Word 2010 类似，这里不再赘述。

启动 Access 2010 程序后，即打开 Access 2010 窗口，如图 6-7 所示。

图 6-7　Access 2010 窗口

Access 2010 窗口由标题栏、选项卡、功能区、状态栏、导航栏、数据库对象窗口以及"帮助"按钮等组成，下面对选项卡和数据库对象窗口做简要介绍。

1. 选项卡

Access 2010 窗口中的选项卡包括"文件""开始""创建""外部数据"和"数据库工具"等，单击某选项卡便可打开其下拉列表或功能区。

1) 文件

单击"文件"选项卡会立刻弹出其下拉列表，主要实现对数据库的操作，例如新建数据库、关闭数据库、保存并发布数据库等。

2) 开始

"开始"选项卡中包括"视图""剪贴板""排序和筛选""记录""查找"和"文本格式"等几个组，主要用于表中数据的排序和筛选，数据的查找，数据记录的新建、保存和删除，以及数据表中文本的格式设置等。

3) 创建

"创建"选项卡中包括"模板""表格""查询""窗体""报表"和"宏与代码"等几个组，主要用于创建表、查询、窗体和报表等。

4) 外部数据

"外部数据"选项卡中包括"导入并链接""导出"和"收集数据"3 个组，主要实现数据的收集、导入、导出，以及与外部数据源的链接等。

5) 数据库工具

"数据库工具"选项卡中包括"工具""宏""关系""分析""移动数据"等几个组，主要提供压缩和修复数据库的工具，并实现数据的移动和分析等操作。

2. 数据库对象窗口

数据库对象窗口主要用于显示在当前数据库中建立的所有 Access 对象名列表，包括表、查询、窗体和报表等。单击选中某个对象名，该对象即可显示在右边的窗格（即工作区）中。例如在"学生-课程"数据库中创建了"学生"表和"课程查询"，则在窗口的标题栏中显示"学生-课程：数据库（Access 2010）"，在数据库对象窗口的"表"栏中显示"学生"，在"查询"栏中显示"课程查询"。

6.2.2 Access 2010 数据库的组成

Access 数据库是多个对象的集合，包括表、查询、窗体、报表、宏和模块。每一个对象都是数据库的一个组成部分，其中表是数据库的基础，它记录着数据库中的全部数据内容；而其他对象只是 Access 提供的工具，用于对数据库进行维护和管理，例如查找、计算统计、打印、编辑和修改等。这里简单介绍其中常用的几个对象。

1. 表

表是数据库中基本的对象，用来存放数据信息。每个表由若干个记录组成，每个记录对应一个实体，同一表中的每条记录具有相同的字段定义，每个字段存储着对应于实体的不同属性的数据信息。每个表都有关键字，使表中的记录唯一化。

图 6-8 所示为一张二维表，其中每一行称为一个记录，对应着一个实体；每一列称为一个字段，对应着实体的一个属性。

2. 查询

查询就是从一个或多个表（或查询）中查找某些特定的数据，并将查询结果以集合的形

学生				
学号 ▾	姓名 ▾	性别 ▾	系别 ▾	出生日期 ▾
20131000001	李力	男	信息	1995/5/6
20132000001	王林	男	计算机	1995/10/24
20132000002	陈静	女	计算机	1996/1/1
20132000003	罗军	男	计算机	1995/6/28

图 6-8　"学生"表

式供用户查看。用户可在 Access 中使用多种查询方式查找、插入和删除数据,例如简单查询、参数查询、交叉表查询等。查询得到的数据记录集合称为查询的结果集,结果集以二维表的形式显示。查询作为数据库的一个对象保存后就可以作为窗体、报表,甚至可以作为另一个查询的数据源。

3. 窗体

窗体是 Access 提供的可以交互输入数据的对话框,通过创建窗体可以很方便地在多个表中查看、输入和编辑信息,从而对其中的数据进行各种操作。窗体的数据源可以是表,也可以是查询。

4. 报表

Access 中的报表与现实生活中的报表是一样的,是一种按指定的样式格式化的数据,可以浏览和打印。和窗体一样,报表的数据源可以是表,也可以是查询。

6.3　Access 2010 数据库的操作

6.3.1　创建数据库

在 Access 2010 中,数据库是一个扩展名为.accdb 的文件,其中可以包含若干个表、查询、窗体和报表等。这里的一个表即为一个关系。如果要使用 Access 数据库,一般要先建立库,然后在库中建表,再在表中输入数据,最后对表中数据进行各种操作。

数据库的创建方法有两种,如果没有满足需要的模板,或在另一个程序中有要导入 Access 的数据,那么最好的方法是创建空数据库;同时,为了方便用户创建数据库,Access 2010 提供了各式各样的数据库模板,例如教职员、任务、学生等,用户可以从中选择一种模板来创建数据库。

空数据库是没有对象和数据的数据库。用户在创建空数据库后可以根据实际需要添加表、窗体、查询、报表、宏和模板等对象。这种方法最灵活,可以创建出所需要的各种数据库。下面以实例的形式介绍如何创建一个空数据库。

【例 6.1】　在"第 6 章 素材库\例题 6"下的"例 6.1"文件夹中创建名为"学生-课程.accdb"的空数据库。

其操作步骤如下。

(1)启动 Access 2010,选择"文件"→"新建"命令,出现"可用模板"窗格,单击"空数据库"图标,在"可用模板"窗格右侧的"文件名"文本框中输入数据库名(默认名为 database1.accdb),在这里输入"学生-课程",如图 6-9 所示。

(2)单击"文件名"文本框后面的"打开文件夹"按钮 📂,在弹出的"文件新建数据库"对

图 6-9 "可用模板"窗格

话框中对保存位置进行设置,这里选择"第 6 章 素材库\例题 6"下的"例 6.1"文件夹,然后单击"确定"按钮关闭对话框,如图 6-10 所示。

图 6-10 "文件新建数据库"对话框

(3) 在右侧窗格下面单击"创建"按钮,即可新建一个名为"学生-课程.accdb"的空数据库,如图 6-11 所示。

图 6-11　创建成功后的"学生-课程.accdb"空数据库

　　按照用户事先对数据库的要求,现在就可以开始对数据表进行设计了,具体设计方法将在下一小节介绍。

6.3.2　了解表结构和创建表

　　表是 Access 数据库中最基本的对象,所有数据都存放在表中。数据库中的其他所有对象都是基于表建立的,对任何数据的操作也是针对表进行的。如果要创建基本表,首先必须确定表的结构,即确定表中各字段的字段名、字段类型及字段属性。

　　本小节先介绍构成表的字段的数据类型和字段属性,然后介绍创建表的操作方法。

1. 表结构

表是由若干行和若干列组成的。

- 字段:表中的列称为字段,它用于描述某种特征。例如学生表中的学号、姓名、性别等分别描述了学生的不同特征。
- 分量:行和列相交处存储的数据称为分量。
- 主键:用于唯一标识每行的一列或一组列,又称为主关键字。每行在主键上的取值不能重复。例如,学生表的主键是学号,不能采用姓名作为主键,因为姓名可能重复。在某些情况下可能需要使用两个或多个字段一起作为表的主键。
- 外键:引用其他表中的主键字段。外键配合主键用于表明表之间的关系。Access使用主键字段和外键字段将多个表中的数据关联起来,从而将多个表联系在一起。

1) 字段的数据类型

在 Access 中数据类型共有 10 种,常用的是表 6-1 中列出的 8 种。

表 6-1　数据类型

数 据 类 型	字 段 长 度	说　　明
文本型(Text)	最多存储 255 个字符	存储文本
备注型(Memo)	不定长,最多可存储 6.4 万个字符	存储较长的文本
数字型(Number)	整型:2 个字节 单精度:4 个字节 双精度:8 个字节	存储数值

数 据 类 型	字 段 长 度	说　明
日期/时间(Date/Time)	8 个字节(系统固定的)	存储日期和时间
货币型(Currency)	8 个字节(系统固定的)	存储货币值
自动编号型(AutoNumber)	4 个字节(系统固定的)	自动编号
是/否型(Yes/No)	1 位(bit)(系统固定的)	存储逻辑型数据
OLE 对象(OLE Object)	不定长,最多可存储 1GB	存储图像、声音等

在实际应用中,不需要计算的数值数据都应设置为文本型,例如学生学号、身份证号、电话号码等。另外,在 Access 中文本型数据的单位是字符,不是字节。一个英文字母算一个字符,一个汉字算一个字符,一个标点符号也算一个字符。例如,字符串"大一共有 4800 个学生。"的长度为 12 个字符。

2)字段属性

在确定了字段的数据类型之后还应设定字段属性,这样才能更准确地描述储存的数据。不同的字段类型有着不同的属性,常见的字段属性共有以下 8 种。

- 字段大小:指定文本型和数字型字段的长度。文本型字段的长度为 1~255 个字符,数字型字段的长度由数据类型决定。
- 格式:指定字段的数据显示格式。
- 小数位数:指定小数的位数(只用于数字型和货币型数据)。
- 标题:用于在窗体和报表中取代字段的名称。
- 默认值:添加新记录时自动加入到字段中的值。
- 有效性规则:用于检查字段中的输入值是否符合要求。
- 有效性文本:当输入数据不符合有效性规则时显示的信息文本。
- 索引:可以用来确定某字段是否作为索引,利用索引可以加快对索引字段的查询、排序和分组等操作。

例如,图 6-12 所示为"性别"字段的属性。

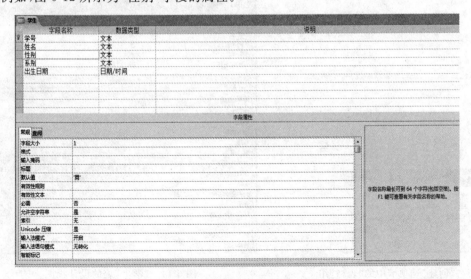

图 6-12　"性别"字段的属性

2. 创建表

在了解表的基本结构以后,接下来的工作就是创建表。创建表包括构造表中的字段、定义字段的数据类型和设置字段的属性等,然后就是向表中添加数据记录。

使用 Access 创建表分为创建新的数据库和在现有的数据库中创建表两种情况。在创建新数据库时系统会自动创建一个新表,在现有的数据库中可以通过以下 3 种方式创建表。

- 使用数据表视图创建表;
- 使用设计视图创建表;
- 从其他数据源(例如 Excel 工作簿、Word 文档等)导入或链接到表。

【例 6.2】 在"学生-课程.accdb"数据库中创建"学生"表、"选课"表和"课程"表。

由于篇幅受限,本例仅介绍使用设计视图创建"学生"表的方法和过程,其操作步骤如下。

(1)确定表结构,如表 6-2 所示。

表 6-2 "学生"表的表结构

字 段 名 称	数 据 类 型	字 段 大 小
学号	Text	11 个字符
姓名	Text	4 个字符
性别	Text	1 个字符
系别	Text	20 个字符
出生日期	Date/Time	8 个字节

(2)将"例 6.1"文件夹中的"学生-课程.accdb"文件复制到"例 6.2"文件夹中,并将其打开。

(3)在"创建"选项卡的"表格"组中单击"表设计"按钮,如图 6-13 所示,这时将创建名为"表 1"的新表,并在设计视图模式下打开。

(4)在表的设计视图模式下,按照表 6-2 所示的内容在"字段名称"列表中输入字段名称,在"数据类型"列表中选择相应的数据类型,在"常规"属性选项卡中设置字段大小,如图 6-14 所示。

图 6-13 "创建"选项卡中的"表格"组　　　　图 6-14 "学生"表的设计视图

（5）选中"学号"字段，在"表格工具-设计"选项卡的"工具"组中单击"主键"按钮，如图 6-15 所示，"学号"字段前便出现了"钥匙"图标，如图 6-16 所示，说明"学号"字段被定义为主键。

图 6-15　"工具"组

图 6-16　"学号"字段被设置为主键

（6）在快速访问工具栏中单击"保存"按钮，在打开的"另存为"对话框中输入表的名称"学生"，然后单击"确定"按钮关闭对话框完成保存，如图 6-17 所示。

（7）打开"学生"表，在表中输入如图 6-18 所示的记录完成"学生"表的创建。

图 6-17　"另存为"对话框

图 6-18　"学生"表的记录

在"学生-课程.accdb"数据库中任选一种创建表的方法分别创建"选课"表和"课程"表并录入数据，如图 6-19 和图 6-20 所示。

图 6-19　"选课"表

图 6-20　"课程"表

数据库技术基础

6.3.3　创建查询

查询就是从一个或多个表中搜索用户需要的数据的一种工具。用户可以将通过查询得到的数据组成一个集合,这一集合称为查询。一旦在 Access 2010 中生成了查询,用户就可以用它来生成窗体、报表或者其他查询。

Access 提供了多种不同类型的查询,用于满足用户的不同需求。根据对数据源操作方式和操作结果的不同,查询可以分为 5 种,分别是选择查询、参数查询、交叉表查询、操作查询和 SQL 查询。在这里只介绍选择查询。

选择查询是最常用的也是最基本的查询类型,它是根据指定的查询条件从一个或多个表中获取数据并显示结果。使用选择查询还可以对记录进行分组,并对记录做计数、求平均值以及其他类型的计算。

Access 提供了两种方法创建选择查询,分别为使用查询向导和在设计视图中创建查询。本节将以举例的形式来介绍这两种创建方法。

1. 用查询向导创建查询

使用查询向导创建查询是一种最简单的方法,它采用直观的图形方式操作,帮助用户逐步完成查询的创建,但该方法不灵活。

【例 6.3】　在"学生-课程. accdb"数据库中查询各门课程的课程号、课程名和学分。

其操作步骤如下。

(1) 将例"6.2"文件夹中的"学生-课程. accdb"文件复制到例"6.3"文件夹中并将其打开,在"创建"选项卡的"查询"组中单击"查询向导"按钮,如图 6-21 所示。

图 6-21　"创建"选项卡中的"查询"组

(2) 在打开的"新建查询"对话框的右侧窗格中选中"简单查询向导"选项,然后单击"确定"按钮,如图 6-22 所示。

图 6-22　"新建查询"对话框

（3）在打开的"简单查询向导"对话框的"请确定查询中使用哪些字段"界面下,在"表/查询"下拉列表框中选中要使用的"表:课程",在"可用字段"列表框中选择查询所需的字段,然后单击"添加"按钮 `>` ,将其添加到"选定字段"列表框中(这里添加了课程号、课程名和学分),单击"下一步"按钮,如图 6-23 所示。

图 6-23 "简单查询向导"对话框 1

（4）在打开的"简单查询向导"对话框的"请确定采用明细查询还是汇总查询"界面中对查询方式进行选择(这里采用默认的"明细"查询),单击"下一步"按钮,如图 6-24 所示。

图 6-24 "简单查询向导"对话框 2

（5）在打开的"简单查询向导"对话框的"请为查询指定标题"界面中输入"课程查询",另外还可以设置是"打开查询查看信息"还是"修改查询设计"(这里采用默认选择,即"打开查询查看信息"),如图 6-25 所示。

（6）单击"完成"按钮完成查询的创建,查询结果如图 6-26 所示。

2. 在设计视图中创建查询

查询设计视图是创建、编辑和修改查询的基本工具。使用在设计视图中创建查询这种方法可以灵活地选择数据库中的数据表,灵活地设置查询所需的字段项、条件等。下面举例说明。

图 6-25 "简单查询向导"对话框 3

图 6-26 查询结果

1) 查询设计视图的基本结构

查询设计视图主要由两部分构成,上半部为对象窗格,下半部为查询设计网格,如图 6-27 所示。

图 6-27 查询设计视图

在对象窗格中放置了查询所需要的数据源表和查询。查询设计网格由若干行组成,其中有"字段""表""排序""显示""条件""或"以及若干空行。

- 字段:放置查询需要的字段和用户自定义的计算字段。
- 表:放置字段行的字段来源的表或查询。
- 排序:对查询进行排序,有"降序""升序"和"不排序"3种选择。在记录很多的情况下,对某一列数据进行排序可方便进行数据的查询。如果不选择排序,则在查询运行时按照表中记录的顺序显示。
- 显示:决定字段是否在查询结果中显示。各个列中有已经勾选的复选框,在默认情况下所有字段都将显示出来。如果不想显示某个字段,则可取消勾选复选框。
- 条件:放置所指定的查询条件。
- 或:放置逻辑上存在或关系的查询条件。
- 空行:放置更多的查询条件。

【注意】 对于不同类型的查询,查询设计网格所包含的项目会有所不同。

2) 使用设计视图创建查询

下面举例介绍如何使用设计视图创建指定条件的查询。

【例6.4】 在"学生-课程.accdb"数据库中查询计算机系的学生,结果要求显示学号、姓名和性别。

其操作步骤如下。

(1) 将"例6.3"文件夹中的"学生-课程.accdb"文件复制到"例6.4"文件夹中并将其打开。

(2) 在"创建"选项卡的"查询"组中单击"查询设计"按钮,如图6-28所示,打开"显示表"对话框,如图6-29所示。

图6-28 "创建"选项卡中的"查询"组　　　　　　图6-29 "显示表"对话框

(3) 在"表"选项卡中选中"学生"表,然后单击"添加"按钮,再单击"关闭"按钮关闭"显示表"对话框,打开查询设计视图窗口,如图6-30所示。

(4) 由于该查询需要用到前面4个字段,所以依次将"学生"表中的"学号""姓名""性别"和"系别"字段选中并拖到设计网格中,或者在"学生"表中分别双击这4个字段,这些字

图 6-30　查询设计视图窗口

段将自动添加到设计网格的"字段"行中。

（5）由于该查询只需要显示"学号""姓名""性别"3 个字段，所以在"显示"行中取消对"系别""出生日期"字段的勾选。

（6）由于该题查询的是"计算机"系的情况，所以在"系别"字段的"条件"行中输入"计算机"，如图 6-31 所示。

图 6-31　设置显示字段和条件后的查询设计视图

(7) 在"查询工具-设计"选项卡的"结果"组中单击"运行"按钮,如图 6-32 所示,即可查看查询结果,如图 6-33 所示。

图 6-32　"查询工具-设计"选项卡中的"结果"组

(8) 单击快速访问工具栏上的"保存"按钮打开"另存为"对话框,输入查询名称(默认名称为"查询 1",在这里取名为"计算机系学生"),然后单击"确定"按钮对创建的查询进行保存,如图 6-34 所示。

图 6-33　"查询 1"的运行结果

图 6-34　"另存为"对话框

【例 6.5】　在例 6.4 的基础上将查询结果按学号降序排序。

其操作步骤如下。

(1) 将"例 6.4"文件夹中的"学生-课程.accdb"文件复制到"例 6.5"文件夹中,并将其打开。

(2) 在打开的数据库窗口中的"所有 Access 对象"栏的"查询"类别中右击"计算机系学生"图标,在弹出的快捷菜单中选择"设计视图"命令,如图 6-35 所示,打开该查询的设计视图。

图 6-35　"计算机系学生"的快捷菜单

(3) 在查询设计视图中的"学号"字段的"排序"行中选择"降序"选项,如图 6-36 所示。

数据库技术基础

图 6-36　在"排序"行中选择"降序"选项

（4）在"查询工具-设计"选项卡的"结果"组中单击"运行"按钮，即可查看查询结果，如图 6-37 所示。

（5）选择"文件"→"对象另存为"命令，打开"另存为"对话框，输入查询名称，这里取名为"按学号排序计算机系学生"，类型为"查询"，然后单击"确定"按钮对修改的查询进行保存，如图 6-38 所示。

图 6-37　查询结果

图 6-38　"另存为"对话框

习　题　6

1. 单项选择题。

（1）Access 是一个（　　）。

    A. 数据库　　　　　　　　　　　　B. 数据库管理系统

    C. 数据库系统　　　　　　　　　　D. 硬件

（2）数据库管理系统是一种（　　）。

    A. 采用数据库技术的计算机系统

    B. 包括数据库管理员、计算机软/硬件以及数据库系统

    C. 位于用户和操作系统之间的一种数据管理软件

    D. 包括操作系统在内的数据管理软件系统

（3）在关系型数据库管理系统中，所谓关系是指（　　）。

    A. 二维表格

    B. 各条数据记录之间存在的关系

C. 一个数据库与另一个数据库之间存在的关系

D. 上述说法都正确

(4) 数据库系统的核心是（　　　）。

    A. 数据库   B. 数据库管理系统

    C. 数据模型   D. 数据库管理员

(5) Access 2010 数据库文件的扩展名是（　　　）。

    A. .doc   B. .xlsx   C. .accdb   D. .mdb

(6) Access 2010 数据库属于（　　　）数据库系统。

    A. 树状   B. 逻辑型   C. 层次型   D. 关系型

(7) 一间宿舍可住多个学生，则实体宿舍和学生之间的联系是（　　　）。

    A. 一对一   B. 一对多   C. 多对一   D. 多对多

(8) Access 2010 中表和数据库的关系是（　　　）。

    A. 一个数据库可以包含多个表   B. 一个表只能包含两个数据库

    C. 一个表可以包含多个数据库   D. 一个数据库只能包含一个表

(9) 图 P6-1-1 显示的是查询设计视图的"设计网格"部分，从所显示的内容中可以判断出该查询要查找的是（　　　）。

    A. 性别为"女"并且 1980 以前参加工作的记录

    B. 性别为"女"并且 1980 以后参加工作的记录

    C. 性别为"女"或者 1980 以前参加工作的记录

    D. 性别为"女"或者 1980 以后参加工作的记录

图 P6-1-1 "设计网格"部分

(10) 一个关系数据库的表中有多条记录，记录之间的相互关系是（　　　）。

    A. 前后顺序不能任意颠倒，一定要按照输入的顺序排列

    B. 前后顺序可以任意颠倒，不影响库中的数据关系

    C. 前后顺序可以任意颠倒，但排列顺序不同，统计处理结果可能不同

    D. 前后顺序不能任意颠倒，一定要按照关键字段值的顺序排列

2. 操作题。

进入"第 6 章 素材库\习题 6"下的"习题 6.2"文件夹，打开"学生-课程.accdb"数据库，按下列要求进行操作。

(1) 在"学生"表中修改记录和插入记录。

① 将王林改为王小宁。

② 表中增加记录"20132000004 李艳女计算机 1996-10-10"。

(2) 新建查询，显示"选课"表中所有成绩大于或等于 80 且小于等于 90 的记录，查询结果按成绩降序排序并保存为 QUERY。

第 7 章　计算机网络基础与应用

21 世纪是一个以网络为核心的信息时代,人们日常生活中的工作、学习、娱乐、购物、社交等都离不开网络。计算机网络的迅速发展给人们的生活带来空前的变化,拉近了人与人的距离,实现了计算机之间的连通和网络资源共享。

学习目标:

- 理解计算机网络的基本概念和组成。
- 了解 OSI 参考模型和 TCP/IP 体系结构。
- 了解局域网的组成。
- 掌握 IP 地址与域名的使用方法。
- 掌握浏览器和电子邮件的使用方法。

7.1　计算机网络概述

计算机网络是计算机技术和通信技术结合的产物,是一种通信基础设施,用来实现分散的计算机之间的通信和资源共享。计算机网络现在已成为信息社会发展的重要基础,对经济发展和社会进步产生了非常大的影响。

7.1.1　计算机网络的发展

计算机网络从产生到发展至今已有 50 多年的历史,总体来说经历了 4 个发展阶段。

(1) 第 1 阶段:计算机网络发展的萌芽阶段,通常由若干台远程终端计算机经通信线路互连组成网络。其主要特征是把小型计算机连成实验性的网络,实现了地理位置分散的终端与主机之间的连接,增加了系统的计算能力,实现资源共享。

(2) 第 2 阶段:分组交换网的产生。美国国防部高级研究计划署(Advanced Research Projects Agency,ARPA)于 1968 年建成 ARPANET,将多台主机互连起来,通过分组交换技术实现主机之间的彼此通信,这是 Internet 的最早发源地。

(3) 第 3 阶段:体系结构标准化的计算机网络。随着 ARPANET 的成功,各大公司纷纷推出自己的网络体系结构,不同的网络体系结构使同一个公司的设备容易互连而不同公司的设备却很难相互连通,这对于网络技术的进一步发展极为不利,为此国际标准化组织 ISO 于 1977 年成立机构研究标准体系结构,于 1983 年提出著名的开放系统互连参考模型 OSI/RM(Open Systems Interconnection Reference Model),用于实现各种计算机设备的互连,OSI/RM 成为法律上的国际标准。但由于基于 TCP/IP 的互联网已在此标准制定出来之前成功地在全球运行了,所以目前得到最广泛应用的仍是 TCP/IP 体系结构。

(4) 第 4 阶段:网络互连为核心的计算机网络。随着通信技术的发展和人们需求的增加,网络之间通过路由器连接起来,构成一个覆盖范围更大的计算机网络,这样的"网络的网络"称为互连网。目前,Internet 是全球最大的、开放的、由众多网络相互连接而成的特定的互连网,它采用 TCP/IP 协议作为通信的规则。

计算机网络在我国的发展比较晚。铁道部在 1980 年开始进行计算机联网实验,1989年 11 月,我国第一个公用分组交换网 CNPAC 建成运行。1994 年 4 月 20 日,我国正式连入互联网,5 月,中国科学院高能物理研究所设立了我国第一个万维网服务器。1994 年,中国 Internet 只有一个国际出口和三百多个入网用户,到 2015 年年底,我国的 Internet 用户已达 6.88 亿,互联网普及率达 50.3%。我国建立了多个基于互联网技术的全国公用计算机网络,规模最大的有 5 个,它们是 CHINANET(中国电信互联网)、UNINET(中国联通互联网)、CMNET(中国移动互联网)、CSTNET(中国科技网)和 CERNET(中国教育和科研网)。随着社会需求的不断提升和人工智能技术的发展,未来计算机网络将无处不在,计算机网络的发展会进入一个全新时代。

7.1.2 计算机网络的定义和分类

1. 计算机网络的定义

计算机网络是指将地理位置不同的具有独立功能的多台计算机及其外部设备通过通信线路连接起来,在网络操作系统、网络管理软件及网络通信协议的管理和协调下实现资源共享和信息传递的系统。随着计算机网络的高速发展,当今计算机网络所连接的硬件设备并不只限于一般的计算机,包括其他可编程的智能设备,例如智能手机和 Pad 等移动设备。图 7-1 给出了一个典型的计算机网络示意图。

图 7-1　计算机网络示意图

2. 计算机网络的分类

计算机网络可以按照不同的分类标准进行分类,例如作用范围、拓扑结构、网络功能和使用者等。下面简单介绍根据网络的作用范围对计算机网络的分类。

1）广域网

广域网（Wide Area Network，WAN）又称远程网，是一个在相对广阔的地理区域内进行数据传输的通信网络，由相距较远的局域网或城域网互联而成，可以覆盖若干个城市、整个国家，甚至全球。广域网具有覆盖的地理区域大的优点，连接广域网各节点交换机的链路一般是高速链路，具有较大的通信容量。

2）城域网

城域网（Metropolitan Area Network，MAN）又称城市地区网络，覆盖范围为几十千米，可以被一个单位拥有，也可以是将多个局域网进行连接的公用网络，目前很多城域网采用以太网技术。

3）局域网

局域网（Local Area Network，LAN）是一种只在局部地区范围内将计算机、外设和通信设备互联在一起的网络，其地理范围比较小，一个学校或一个企业都可以拥有一个局域网，这是最常见、应用最广的一种网络。局域网具有较高的网络传输速率（10Mb/s～10Gb/s）、误码率较低、成本低、组网容易、维护方便和易于扩展等特点。

4）个人区域网

个人区域网（Personal Area Network，PAN）是在个人工作或家庭环境内把个人的电子设备（例如手机、计算机等）用无线技术连接起来的网络，其作用范围小，大约在 10m 左右。

7.1.3　计算机网络的组成

与计算机系统类似，计算机网络由网络硬件系统和网络软件系统两部分组成。

1. 网络硬件系统

计算机网络的硬件设备主要有计算机、网络适配器、调制解调器、集线器、交换机、路由器等，以及用于设备之间连接的传输媒体，包括导引型传输媒体和非导引型传输媒体。

（1）网络适配器：又称网络接口卡（Network Interface Card）或简称网卡，用于计算机和传输介质之间的物理连接，通过数据缓存和串/并行的转换实现计算机和局域网之间的通信。网卡分为有线网卡和无线网卡。计算机的硬件地址就在适配器的 ROM 中，所以只要适配器不更换，硬件地址就不会变。

（2）调制解调器：又称 Modem，它的功能是实现数字信号和模拟信号的转换，把计算机的数字信号翻译成可沿普通电话线传送的模拟信号，当传输到接收端再将其翻译转换成数字信号，用以完成计算机之间的信号转换。

（3）集线器：又称 Hub，如图 7-2 所示。它是连接计算机的最简单的网络设备。集线器的主要功能是对接收到的信号进行再生整形放大，以扩大网络的传输距离，同时把所有节点集中在以它为中心的节点上。在 Hub 上常

图 7-2　集线器

有多个端口，有 10Mb/s、100Mb/s 和 10/100Mb/s 自适应 3 种规格，外形如图 7-2 所示。

（4）交换机：又称交换式 Hub（Switch Hub），如图 7-3 所示。交换机的每个端口都可以获得同样的带宽，例如 100Mb/s 交换机，每个端口都有 100Mb/s 的带宽，而 100Mb/s 的 Hub 则是多个端口共享 100Mb/s 的带宽。利用以太网交换机还可以很方便地实现虚拟局域网。

（5）路由器：一种连接多个网络或网段的网络设备，外形如图 7-4 所示。它能完成不同网络或网段之间的数据信息转发，从而使不同网络的主机之间相互访问，是常用来连接局域网或广域网的硬件设备。

图 7-3　交换机　　　　　　　　　　　　　　图 7-4　路由器

（6）传输媒体：传输媒体分为导引型和非导引型两种。
- 导引型传输媒体有双绞线、同轴电缆和光纤，如图 7-5 所示。

(a) 双绞线　　　　　　　(b) 同轴电缆　　　　　　(c) 光纤

图 7-5　导引型传输媒体

双绞线是局域网中常用的传输媒体，分为屏蔽双绞线 STP(Shielded Twisted Pair)和无屏蔽双绞线 UTP(Unshielded Twisted Pair)，可传输模拟信号和数字信号，通信距离一般为几十千米。同轴电缆在局域网发展初期使用，目前主要用于有线电视网络。光纤是新型传输媒体，传输损耗小，中继距离长，抗电磁干扰好，保密性好，体积小，重量轻，可以提供很高的带宽，现在已广泛地应用在计算机网络的主干线路中。
- 非导引型指无线传输，无须布线，不受固定位置的限制，可实现三维立体通信和移动通信，例如短波通信、微波接力通信、卫星通信、红外线传输等。

2. 网络软件系统

网络软件系统主要包括网络通信协议、网络操作系统以及网络应用软件等，下面主要介绍网络通信协议。

1）网络协议概述

什么是网络协议呢？计算机网络中独立的计算机要做到互相通信，即信息交换，通信双方就必须遵守一些事先约定好的规则，即明确规定了所交换数据的格式以及有关的同步问题的规则、标准或约定，这些统称为网络协议。网络协议是计算机网络的核心问题，是通信双方为了实现通信而设计的规则，由以下 3 个部分组成。

（1）语法：通信时双方交换数据与控制信息的结构或格式。

（2）语义：需要发出何种控制信息，完成何种动作以及做出何种响应。

（3）同步：事件实现顺序的详细说明。

计算机网络中所采用的通信协议是如何设计的呢？由于计算机网络是相当复杂的系统，要使通信双方高度协调通信，使用的通信协议也是相当复杂的。近代计算机网络采用分层的层次结构，将网络协议功能划分成若干较小的问题，相似的功能划分到同一层来制定协

计算机网络基础与应用

议,这些简单协议的集合称为协议栈,计算机网络的各层及其协议的集合就是计算机网络的体系结构。世界上最著名的网络体系结构有 OSI 参考模型和 TCP/IP 体系结构。

2) OSI/RM 参考模型

国际化标准组织 ISO(International Standards Organization)于 1978 年提出了网络国际标准开放系统互连参考模型 OSI/RM(Open System Interconnection Reference Model),简称 OSI。OSI 开放系统模型自下而上共有 7 个层次,如图 7-6 所示。

图 7-6　OSI 体系结构

假设主机 H_1 和主机 H_2 通过一个通信网络传送文件,首先由主机 H_1 的应用进程把数据交给本主机的应用层,应用层加上必要的首部控制信息交给下一层——表示层,表示层再加上本层的控制信息交给下一层,各层依次添加首部信息后最后交给物理层,物理层通过网络传输媒体透明地传输比特流。当这一串比特流到达接收端 H_2 的物理层时,接收端的物理层交给数据链路层,数据链路层去掉添加的控制信息后交给上一层,依次递交最终交给应用层,H_2 的应用进程接收到数据。

OSI 模型作为一个完整的体系结构,具有层次分明、概念清楚的优点,但是过于复杂,不实用,因此目前规模最大的、覆盖全球的 Internet 使用 TCP/IP 体系结构作为通信标准。

3) TCP/IP 体系结构

TCP/IP 体系结构来源于 Internet,主要目的是实现网络与网络的互连。TCP/IP 体系结构同样采用分层结构,将计算机网络分为应用层、传输层、网络层、网络接口层 4 个层次,如图 7-7 所示。应用层通过应用进程的交互来完成特定的网络应用;传输层通过数据复用和分用技术实现端到端的逻辑通信;网络层实现 Internet 中主机与主机之间的通信;网络接口层相当于物理层和数据链路层两层的功能,负责接收和发送数据帧,实现两个相邻节点之间的数据传输。随着 Internet 的发展和 TCP/IP 的不断完善,TCP/IP 已成为事实上的互联网国际标准。

图 7-7　TCP/IP 体系结构

7.2 局域网简介

局域网 LAN(Local Area Network)是在一个局部的地理范围内使用的网络,在企/事业单位以及学校、机关等单位得到广泛应用。目前应用最为广泛的局域网是以太网(Ethernet),传输速率可高达 10Gb/s。

7.2.1 局域网概述

1. 局域网的概念

局域网是由若干计算机、网络设备(集线器和交换机)和传输媒体组成的网络。局域网一般为一个单位或企业所拥有,但随着局域网技术的发展,其应用范围越来越广。

局域网覆盖的地理范围较小,一般为 10m～10km(例如一幢办公楼、一个企业内等),具有较高的数据传输率(通常为 1～20Mb/s,高速局域网可达 100Mb/s～10Gb/s)、较低的误码率,可支持的工作站数可达几千个且各站之间地位平等,可使用多种传输媒体,支持多种媒体访问协议(例如令牌环、令牌总线和 CSMA/CD)。

2. 局域网技术

局域网的关键技术主要有网络组网的拓扑结构、数据通信的传输媒体和共享信道的媒体访问技术。

1) 网络拓扑结构

局域网的拓扑结构主要有星形拓扑、环形拓扑、总线型拓扑、树形拓扑和混合型拓扑,其中最常见的基本拓扑结构是星形、环形和总线型结构 3 种。

(1) 星形拓扑结构:由一个中心节点(例如集线器)与其他终端主机连接组成的网络称为星形网,如图 7-8 所示。在这种结构中计算机之间不能直接通信,必须由中心节点接收各节点的信息再转发到相应的节点,因此对中心节点的性能要求较高。

星形拓扑结构网络的主要优点是结构简单、组网容易、线路集中、便于管理和维护;主要缺点是中心节点负荷重,一旦出现故障系统将无法工作,容易在中心节点形成系统瓶颈。

(2) 环形拓扑结构:在环形拓扑结构中,入网的计算机通过通信线路连成一个封闭环路,如图 7-9 所示。环形网络中的数据沿着一个方向在各节点之间传输,当信息流中的地址与环上的某个节点地址相符时信息被该节点复制,然后该信息被送回源发送点,完成一次信息的发送。

图 7-8 星形拓扑结构

图 7-9 环形拓扑结构

计算机网络基础与应用

环形拓扑结构的主要优点是结构简单,实时性强,节点之间发送信息不冲突(单向传输);主要缺点是可靠性差,当环路上的任何一个节点发生故障时都将导致整个网络的瘫痪,且节点增/删复杂,组网灵活性差。早期的令牌环网采用的就是环形拓扑结构,环形拓扑结构目前主要运用于光纤网中。

(3) 总线型拓扑结构:将所有的计算机连接在同一根总线上,如图 7-10 所示,称为总线型拓扑结构。在总线型拓扑结构中,所有节点共享一条总线进行信息传输,任何一个节点发出信息,其他所有节点都能收到,故总线网络也被称为广播式网络。总线型拓扑结构是 LAN 技术中使用最普遍的一种。

总线型拓扑结构的主要优点是结构简单、布线容易、可靠性较高、易于扩充;主要缺点是所有数据都需经过总线传送,总线成为整个网络的瓶颈,出现故障时诊断较为困难。

图 7-10 总线型拓扑结构

2) 媒体访问技术

局域网的信道大多是共享的,例如星形网和总线型网,共享信道存在着使用冲突问题,可以通过媒体访问控制方法进行解决。局域网最常用的媒体访问控制方法是 CSMA/CD(Carrier Sense Multiple Access with Collision Detection),意思是载波监听多点接入/碰撞检测。

CSMA/CD 协议的工作要点是"先听后发,边听边发,发生冲突等待时机再发"。"先听后发"即发送信息前先检测信道是否空闲,如果空闲则发送;"边听边发"是指站点一边发送一边继续检测信道,检测信息在发送过程中是否发生碰撞;"发生冲突等待时机再发"是指发送过程中如果发生冲突立即停止发送,等待一段时间再重新检测信道。采用 CSMA/CD 协议无法完全避免冲突,但可以减少冲突发生且规定冲突发生后如何及时处理,把冲突所造成的损失降到最小。

7.2.2 以太网简介

1. 以太网概述

局域网有一系列标准,其中采用 IEEE 802.3 标准或 DIX Ethernet V2 标准组建的局域网就是以太网(Ethernet)。以太网易于安装、可使用多种传输媒体、易于扩展,在局域网中技术最成熟,目前组建的局域网绝大多数采用以太网技术。

以太网技术的发展经历了下面 4 个阶段。

(1) 传统的 10Base-T 以太网:1975 年推出 10Base-T 以太网,10 代表网络的数据传输速率为 10Mb/s,Base 表示网络传输的信号是基带信号,T 表示使用的传输媒体为双绞线,工作在半双工模式下,需要使用 CSMA/CD 避免冲突。

(2) 快速以太网(Fast Ethernet):1995 年推出快速以太网,网络的传输速率达到100Mb/s,其适配器有很强的适用性,能自动识别 10Mb/s 和 100Mb/s,以太网交换机提供全双工和半双工两种工作方式,传输媒体可使用双绞线或光纤。

(3) 吉比特以太网(Gigabit Ethernet):1996 年问世的吉比特以太网的传输速率可达到1Gb/s。

(4) 10 吉比特以太网(10 Gigabit Ethernet)：2002 年推出 10 吉比特以太网,网络的传输速率达 10Gb/s,其只工作在全双工方式下。

随着技术的发展,现在以太网的数据传输速率可达到 100Gb/s,传输媒体大多采用光纤,工作范围也从局域网扩大到广域网和城域网,从而实现了端到端的以太网传输。

2. 对等以太网的组网

局域网的工作模式有客户/服务器方式和对等方式。在客户/服务器方式中一台主机作为服务器,为其他客户提供服务。在对等方式中所有主机地位平等,没有主次之分,可以实现相互通信和资源共享。如图 7-11 所示,两台计算机连接到集线器的两个接口,组成对等网络。

1) 硬件与安装

本网络所需硬件：计算机两台(安装 Windows 7 操作系统),集线器一台,为每台计算机配置一块 100Mb/s 网卡和一根 RJ-45 接头的 5 类非屏蔽双绞线。利用 5 类非屏蔽双绞线将各台计算机与集线器的接口连接起来,形成如图 7-11 所示的局域网。

2) 协议安装与配置

网卡安装完毕后重新启动系统,计算机会自动安装网卡驱动程序和 TCP/IP 协议,然后自动创建一个网络连接,名称默认为"本地连接",如图 7-12 所示。右击"本地连接",在弹出的快捷菜单中选择"属性"命令,打开如图 7-13 所示的对话框,双击"Internet 协议(TCP/IPv4)",打开如图 7-14 所示的属性配置对话框,对 IP 地址和子网掩码进行配置。每台连网的计算机必须配置一个唯一的 IP 地址,本例中两台主机的 IP 地址分别配置为 172.16.0.1 和 172.16.0.2,子网掩码都为 255.255.0.0,单击"确定"按钮完成配置。

图 7-11　对等以太网　　　　　图 7-12　本地连接

3) 测试网络的连通性

在网络配置好以后,需要使用连通测试命令测试网络是否连通。在"开始"选项卡的"附件"组中选择"命令提示符"命令,打开"命令提示符"窗口,输入"ping 172.16.0.1",如果 TCP/IP 协议正常工作,则会显示如图 7-15 所示的从另一台主机返回的 4 个回答报文,表示两台计算机连通正常。

如果执行 ping 命令后返回 4 个 Request time out 信息,则意味着目的计算机没有响应,网络没有连通,检查网线接口是否连通、网络配置信息是否正确后重新测试。

266

图 7-13　本地连接属性

图 7-14　配置 IP 地址

```
PC>ping 172.16.0.1

Pinging 172.16.0.1 with 32 bytes of data:

Reply from 172.16.0.1: bytes=32 time=1ms TTL=128
Reply from 172.16.0.1: bytes=32 time=2ms TTL=128
Reply from 172.16.0.1: bytes=32 time=0ms TTL=128
Reply from 172.16.0.1: bytes=32 time=1ms TTL=128

Ping statistics for 172.16.0.1:
    Packets: Sent = 4, Received = 4, Lost = 0 (0% loss),
Approximate round trip times in milli-seconds:
    Minimum = 0ms, Maximum = 2ms, Average = 1ms
```

图 7-15　ping 命令显示的信息

4) 设置资源共享

资源共享是计算机网络最主要的功能之一，可共享的资源包括软件、硬件、文件和打印机等，一般需要用户根据所处网络的位置来设置是否共享文件夹和打印机。

(1) 设置共享资源：由于资源共享存在安全风险，因此资源共享需要根据所在的网络环境进行设置文件和打印机共享。在安装 Windows 7 时系统会自动创建一个家庭组，下面以家庭网络为例设置资源共享。

首先设置网络位置。Windows 7 系统有家庭网络、工作网络和公用网络，打开"网络和共享中心"窗口可查看当前所属网络，图 7-16 所示的网络属于家庭网络，单击"家庭网络"可打开"设置网络位置"对话框，选择网络类型就可以改变当前网络类型，如图 7-17 所示。

然后设置共享资源。单击"网络与共享中心"窗口中的"家庭组"，打开如图 7-18 所示的窗口，在"共享库和打印机"选项组中选择共享的项目，单击"保存修改"按钮保存设置。家庭

图 7-16 "网络和共享中心"窗口

图 7-17 "设置网络位置"对话框

计算机网络基础与应用

组共享文件需要设置密码,单击"查看或打印家庭组密码",打开如图 7-19 所示的窗口查看打印密码。

图 7-18　设置共享库和打印机

图 7-19　查看并打印家庭组密码

最后设置共享文件。打开资源管理器,选择需要共享的文件夹右击,在弹出的快捷菜单中将鼠标放在"共享"链接上,选择"家庭组(读取)"或"家庭组(读取/写入)",弹出如图 7-20 所示的对话框,单击"是,共享这些项"完成共享设置。

图 7-20 文件共享设置

(2) 访问共享资源:在桌面上双击"网络"图标,在"网络"窗口中即可查看当前局域网工作组中的计算机,如图 7-21 所示。双击要访问的计算机,打开共享资源,如图 7-22 所示,然后双击打开要访问的文件夹复制/粘贴到本地计算机。

图 7-21 工作组中的计算机

7.2.3 无线局域网

采用 IEEE 802.11 标准组建的局域网就是无线局域网(Wireless LAN,WLAN),它是 20 世纪 90 年代局域网技术与无线通信技术相结合的产物。无线局域网由无线接入点(Access Point,AP)、无线网卡、计算机和智能设备等组成。无线局域网采用的主要技术有红外、Wi-Fi、蓝牙和符合 IEEE 802.11 标准的无线射频技术等,在家庭、办公室、商场等小

图 7-22　共享资源

范围内的应用非常广泛。本节简要介绍 Wi-Fi 技术和蓝牙技术。

1. Wi-Fi 技术

Wi-Fi 是一个无线网络通信技术的品牌,由 Wi-Fi 联盟所持有,目的是改善基于 IEEE 802.11 标准的无线网络产品之间的互通性。Wi-Fi 是一种有密码保护功能的接入无线局域网(WLAN)的技术,通常使用 2.4G UHF 或 5G SHF ISM 射频频段。Wi-Fi 也可以是开放的,这样就允许在 WLAN 范围内的任何设备可以连接上。目前很多公共场合(例如商场、地铁和公园等)几乎都提供免费的 Wi-Fi。

Wi-Fi 通过无线电波来联网。常见的无线接入点就是一个无线路由器,在这个无线路由器的电波覆盖的有效范围都可以采用 Wi-Fi 连接方式进行联网,如果无线路由器连接了一条 ADSL 线路或者其他上网线路,则又被称为热点。由 Wi-Fi 技术传输的无线通信质量不是很好,数据安全性较差,但不需要布线,发射信号功率低、传输速度非常快,可以达到 54Mb/s,适合移动办公用户的需要,符合个人和社会信息化的需求。几乎所有智能手机、平板式计算机和笔记本式计算机都支持 Wi-Fi 上网,Wi-Fi 应用于网络媒体、日常休闲、掌上设备、客运列车等移动场所,是当今使用最广泛的一种无线网络传输技术。

2. 蓝牙技术

蓝牙(Bluetooth)是一种无线技术标准,使用 2.4～2.485GHz 的 ISM 波段的 UHF 无线电波,可实现固定设备、移动设备和楼宇个人区域网之间的短距离数据交换。蓝牙技术最初由电信巨头"爱立信公司"于 1994 年创制,当时是作为 RS232 数据线的替代方案,可连接多个设备,克服了数据同步的难题。

如今蓝牙由蓝牙技术联盟(Bluetooth Special Interest Group,SIG)管理。蓝牙技术联盟在全球拥有超过 25 000 家成员公司,它们分布在电信、计算机、网络和消费电子等多个领域。制造商的设备必须符合蓝牙技术联盟的标准才能以"蓝牙设备"的名义进入市场。蓝牙技术拥有一套专利网络,可发放给符合标准的设备。蓝牙的传输距离近、功耗低,常用于移动设备的数据传输。

7.3　Internet 基础

Internet 又称因特网或互联网,是当今世界上最大的计算机网络,是借助于现代通信和计算机技术实现全球信息传递的一种快捷、有效、方便的工具。

7.3.1 Internet 的概述

Internet 的前身是 ARPA(美国国防部高级研究计划局)于 1969 年为军事目的而建立的 ARPANET(阿帕网),最初只连接了 4 台主机,目的是将各地的不同计算机以对等通信的方式连接起来。ARPANET 在发展的过程中提出了 TCP/IP 协议,为 Internet 的发展奠定了基础。Internet 负责把不同的网络通过路由器连接起来,实现全球范围的通信和资源共享。

1. Internet 的概念和组成

Internet 是当今全球最大的、开放的、由众多网络互连而成的特定计算机网络,它采用 TCP/IP 协议族作为通信的规则。Internet 由边缘部分和核心部分组成。边缘部分由所有连接在互联网上的主机组成,这些主机又称为端系统;核心部分起重要作用的是路由器,负责转发网络中的分组,完成网络之间连通的任务。

在网络边缘的端系统中运行的程序之间的通信方式通常可划分为以下两类。

1) 客户服务器方式(C/S)

客户(Client)和服务器(Server)是指通信中所涉及的两个应用进程,客户是服务的请求方,服务器是服务的提供方。通信时客户启动客户进程主动发出请求,服务器的服务器进程被动接受客户的请求并返回给客户请求的内容。服务器可同时接受多个客户的请求,要求它必须具有强大的硬件和软件系统。

2) 对等方式(P2P)

两个主机在通信时并不区分哪一个是服务请求方哪一个是服务提供方,只要两个主机都运行了对等连接软件(P2P 软件),它们就可以进行平等的对等连接通信,双方都可以下载对方已经存储在硬盘中的共享文档。

网络核心部分的路由器以分组交换的方式完成分组转发。在发送端,先把较长的报文划分成较短的、固定长度的数据段,在每一个数据段前面添加上首部构成分组,以分组作为数据传输单元依次把各分组发送到接收端,接收端收到分组后剥去首部还原成报文。分组交换高效、灵活、迅速、可靠,提高了网络的利用率。

2. Internet 使用的协议

协议指计算机相互通信时使用的标准、规则或约定,Internet 采用 TCP/IP 协议族作为通信的规则。TCP 即传输控制协议,用于实现 Internet 中端到端的可靠传输;IP 即网际协议,负责实现一个网络中的主机和另一个网络中的主机的通信。下面简单介绍 TCP/IP 协议族的主要协议。

1) 网络层协议

- IP(Internet Protocol):网际协议,详细定义了计算机通信应该遵循的规则,其中包括分组数据包的组成以及路由器的寻址等,其作用是实现不同网络的互联和路由选择。

- ICMP(Internet Control Message Protocol):网络控制报文协议,主要是为了提高 IP 数据报交付的成功机会而设置,有差错报告报文和询问报文两种,传送分组发送过程中出错信息和测试主机之间的连通性。

- ARP(Address Resolution Protocol):地址解析协议,实现 IP 地址和物理地址的解析。

2）传输层协议

- TCP(Transmission Control Protocol)：传输控制协议，通过"超时重传"等机制确保数据端到端的可靠传输，同时有流量控制和拥塞控制策略。
- UDP(User Datagram Protocol)：用户数据报协议，提供端到端的用户的不可靠数据传输，可用于实时通信，减少等待时延。

3）应用层协议

- FTP(File Transfer Protocol)：文件传输协议，用来实现文件的传输服务。
- Telnet(Remote Login)：远程登录协议，提供远程登录服务。
- Http(HyperText Protocol)：超文本传输协议，用来实现万维网文档的传输服务。
- SMTP(Simple Mail Transfer Protocol)：简单邮件传送协议，实现邮件传输服务。
- POP3(Post Office Protocol 3)：邮局协议，实现邮件读取功能。
- DHCP(Dynamic Host Configuration Protocol)：动态主机配置协议，提供为主机自动分配 IP 地址的服务。

7.3.2　Internet 的地址

1. IP 地址

连接在互联网上的主机相互通信需要在网络中定位标识，给每台主机分配一个唯一的地址，即 IP 地址，IP 地址由 Internet 网络信息中心——INTERNIC 进行管理和分配。IP 协议主要有 IPv4 协议和 IPv6 协议两个版本，前者的 IP 地址为 32 位，而后者为 128 位。目前，因特网广泛使用的 IP 协议，正处在由 IPv4 向 IPv6 过渡的时期。本节主要介绍 IPv4 的 IP 地址。

32 位 IP 地址使用点分十进制的记法，每 8 位构成一组，每组所能表示的十进制数的范围是 0～255，组与组之间用"."隔开。例如，202.198.0.10 和 10.3.45.24 都是合法的 IP 地址。

分类 IP 地址把 IP 地址分为 5 类(见表 7-1)，由网络号标识和主机号标识两部分组成，最常用的是 A、B、C 三类，D 类作为组播地址，E 类作为保留地址以便今后使用。

表 7-1　分类 IP 地址

类型	网络号	主机号	地址范围
A 类	8 位	24 位	0.0.0.0～127.255.255.255
B 类	16 位	16 位	128.0.0.0～191.255.255.255
C 类	24 位	8 位	192.0.0.0～223.255.255.255
D 类	组播地址		224.0.0.0～239.255.255.255
E 类	保留地址		240.0.0.0～247.255.255.255

划分子网即在分类 IP 的基础上将一个 IP 地址块再划分为若干个子网，每个子网的网络号长度可用子网掩码(32 位二进制数)表示，其中 1 代表网络号和子网号，0 代表主机号。例如 B 类 IP 地址 170.10.0.0 的默认子网掩码为 255.255.0.0，网络号为 16 位，主机号为 16 位，如果将主机号的前 8 位作为子网号，子网掩码即为 255.255.255.0，对应的网络号为 170.10.0.0，但前 24 位为网络号，后 8 位为主机号。

由于近几年来 Internet 上主机数量的增长速度太快，IP 地址逐渐匮乏，为了解决 IPv4 协议面临的地址短缺问题，新的协议和标准 IPv6 诞生了。IPv6 协议的 IP 地址为 128 位，地址空间是 IPv4 的 2^{96} 倍，能提供超过 3.4×10^{38} 个地址。在今后的 Internet 发展中，几乎可以不用担心地址短缺的问题。

2. 域名系统

由于 IP 地址难以记忆，Internet 引入了域名（Domain Name）的概念。用户可以直接使用域名来访问网络上的计算机，每台主机都有一个全球范围内唯一的域名。

1）域名

域名，简单来说就是由一串用点分隔的名字组成，代表 Internet 上某一台计算机的名称。域名采用层次结构，各层次之间用圆点"."作为分隔符，它的层次从左到右逐级升高，其一般格式是"…….三级域名.二级域名.顶级域名"。

顶级域名分为国家顶级域名和通用顶级域名两类。几种常见的域名代码如表 7-2 和表 7-3 所示。

表 7-2　常用的通用顶级域名

域名代码	类别域名	域名代码	类别域名	域名代码	类别域名
com	商业	edu	教育	gov	政府机构
mil	军事部门	org	民间团体或组织	net	网络服务机构

表 7-3　常用的国家顶级域名

国家或地区代码	国家或地区名	国家或地区代码	国家或地区名
au	澳大利亚	cn	中国
jp	日本	fr	法国
hk	中国香港	us	美国

二级域名是指在顶级域名之下的域名。我国将二级域名划分为"类别域名"和"行政区域名"，共有 40 个，例如 GOV（表示国家政府部门）、EDU（表示教育机构）、BJ（北京市）、SH（上海市）等。

2）域名系统 DNS

域名系统 DNS（Domain Name System）是互联网的命名系统，用来实现域名和 IP 地址的解析。在 Internet 上使用域名访问站点时，域名系统首先将域名"翻译"成对应的 IP 地址，然后访问这个 IP 地址。域名解析由分布式的域名服务器完成。

7.3.3　Internet 提供的服务和接入技术

1. Internet 提供的服务

Internet 是全球最大的互联网络，可提供的服务非常多，并且不断出现新的应用，最主要的服务包括电子邮件（E-mail）服务、WWW（World Wide Web 的简称，国内称为万维网）服务、FTP（File Transfer Protocol，文件传输协议）服务、远程登录等。

1）E-mail

E-mail 又称电子邮件，是 Internet 上应用最广泛的一项服务。它是一种用电子手段提供信息交换的通信方式。通过电子邮件系统，用户可以用非常低廉的价格（不管发送到哪里，都只需负担网费即可）以非常快速的方式（几秒钟之内可以发送到世界上任何指定的目的地）与世界上任何一个角落的网络用户联系，电子邮件的内容可以是文字、图像、声音等各种形式。同时，用户可以得到大量免费的新闻、专题邮件。

2）WWW 服务

WWW 是基于超文本标记语言（HyperText Markup Language，HTML）的联机式的信息服务系统，根据用户的查询需求，从一个主机链接到另一个主机找到相关信息，它的表现形式主要为网页。WWW 服务使用 HTTP 协议（HyperText Transfer Protocol，超文本传输协议）实现客户和万维网服务器的通信，浏览器是万维网的客户。WWW 的出现极大地推动了 Internet 的发展。

3）FTP 服务

FTP(File Transfer Protocol)服务允许 Internet 上的用户将一台计算机上的文件传送到另一台计算机上。通常，用户需要在 FTP 服务器中进行注册，即建立用户账号，在拥有合法的用户名（可以是 anonymous 匿名的）和密码（可以不用）后，登录服务器可以上传和下载文件。Internet 上的一些免费软件、共享软件、资料等大多通过这个渠道发布。目前在浏览器中也可以采用 FTP 服务，访问的格式为"ftp://FTP 服务器地址"，例如"ftp://ftp.microsoft.com"，其中 ftp 代表使用 FTP 协议。

4）远程登录服务

远程登录（Telnet）是指在网络通信协议 Telnet 的支持下用户计算机暂时成为远程某一台主机的仿真终端。只要知道远程计算机的域名或 IP 地址、账号和口令，用户就可以通过 Telnet 服务实现远程登录。登录成功后，用户可以使用远程计算机对外开放的功能和资源。

5）社交网站

社交网站 SNS(Social Networking Site)是近几年发展迅速的互联网应用，其作用是聚集相同爱好或背景的人，依靠电子邮件、即时传信、博客等通信工具实现交流与互动。Facebook 是美国最流行的大型社交网站，据统计月度活跃用户可达 11.5 亿人之多。我国目前流行的社交网站如微信，用户通过手机 APP 可以收发信息、分享照片/视频信息、进行实时语音和视频聊天，还提供支付功能，在人们日常生活中的应用非常广泛。

除了上述常用的 Internet 服务以外，还有网上聊天、网络新闻、电子公告板（BBS）、网上购物、电子商务及远程教育服务等。

2. 接入技术

随着技术的不断发展，各种 Internet 接入方式应运而生，目前常见的有线接入技术主要有 ADSL 接入、局域网接入和有线电视网接入等。

1）ADSL 接入

ADSL 是非对称数字用户线路（Asymmetric Digital Subscrible Line）的简称，是一种通过电话线提供宽带数据业务的技术，其技术比较成熟，发展较快。ADSL 是一种非对称的 DSL 技术，所谓非对称是指用户线的上行速率与下行速率不同，上行速率低，下行速率高，特别适合传输多媒体信息业务。通常 ADSL 接入在有效传输距离 3～5 千米内可以提供最高 640Kb/s 的上行速率和最高 8Mb/s 的下行速率，第二代 ADSL 的上行速率可达 800Kb/s，下行速率可达 16～25Mb/s。

目前 ADSL 上网主要采用 ADSL 虚拟拨号接入,除了计算机以外,使用 ADSL 接入 Internet 需要的设备为一台 ADSL MODEM、一个 ADSL 分离器和一条电话线。

2) 局域网接入

所谓局域网接入,是指计算机通过局域网接入 Internet。目前,新建住宅小区或商务楼流行局域网接入,通常使用 FTTx(Fiber-to-the-x,光纤接入)＋LAN 方式,网络服务商采用光纤接入大楼或小区的中心交换机,再通过调制解调器进行光电转换,然后通过双绞线接入用户家里,这样可以为整栋楼或小区提供更大的共享带宽。

根据光纤深入到用户群的距离来分类,光纤接入网分为 FTTC(光纤到路边)、FTTZ(光纤到小区)、FTTB(光纤到楼)、FTTO(光纤到办公室)和 FTTH(光纤到户),它们统称为 FTTx。

3) 有线电视网接入

有线电视网接入即 Cable MODEM(线缆调制解调器)接入,是指利用 Cable MODEM 将计算机接入有线电视网。有线电视网目前多数采用光纤同轴混合网(HFC)模式,HFC 用光纤做传输干线,同轴电缆做分配传输网,即在有线电视前端将 CATV(有线电视)信号转换成光信号,然后用光纤传输到服务小区(光节点)的光接收机,由光接收机将其转换成电信号后再用同轴电缆传到用户家中,连接到光节点的典型用户数为 500 户,不超过 2000 户。

使用 Cable MODEM 通过有线电视上网,传输速率可达 10～36Mb/s。除了可以实现高速上网以外,还可以实现可视电话、电视会议、远程教学、视频在线点播等服务,实现上网、看电视两不误,成为事实上的信息高速公路。

7.4 互联网的应用

7.4.1 WWW 信息资源和浏览器的使用

WWW 信息服务是使用客户/服务器方式进行的,客户指用户的浏览器,最常用的是 IE (Internet Explorer)浏览器,服务器指所有储存万维网文档的主机,称为 WWW 服务器或 Web 服务器。用户要想访问 Web 服务器中的文档,必须使用浏览器输入网址或使用搜索引擎搜索相关内容通过链接访问。

1. WWW 信息资源

1) 统一资源定位符 URL

URL(Uniform Resources Locator)用来标识万维网上的各种文档,表示从互联网得到的资源位置和访问这些资源的方法。URL 由 4 个部分组成,即协议、主机域名、端口和路径,其中协议为因特网使用的文件传输协议,常用 FTP、HTTP 协议,端口为 80,通常省略,路径也可以省略。以下是一些 URL 的例子。

http://www.baidu.com
http://www.pku.edu.cn/about/index.htm

2) 超文本传输协议 HTTP

HTTP 协议定义了浏览器向万维网服务器请求万维网文档使用的报文格式、操作方法和请求报文类型,以及服务器收到请求之后返回响应的状态及客户所需文档传递的格式与命令。当在浏览器上输入某个 URL 或单击链接以后,即 HTTP 客户端向 Web 服务器发送请求文档,服务器收到请求以后,按照 HTTP 规定的格式提供相应文档返回给浏览器,用户在自己的计算机上看到返回的文档内容。HTTP 有两个版本,即 HTTP 1.0 和 HTTP 1.1,目前 IE 浏览器默认使用 HTTP 1.1。

2. IE 浏览器的使用

常用的浏览器有 IE、Firefox、Google Chrome 和 360 安全浏览器等。微软公司开发的 Internet Explorer(简称 IE)浏览器是 Windows 系统自带的浏览器,是目前使用率最高的浏览器软件。

1) 启动 IE 浏览器

在 Windows 7 中启动 IE 浏览器的方法有多种,可以单击"开始"按钮,选择"所有程序"→Internet Explorer 命令,也可以双击桌面上的 IE 浏览器快捷方式图标,或单击快速启动工具栏中的 IE 浏览器图标。

IE 浏览器的工作界面如图 7-23 所示,可以看到它与常用的应用程序相似,有标题栏、菜单栏、工具栏、工作区及状态栏等。

图 7-23 IE 8.0 浏览器的界面

2) 浏览器的常用操作

(1) 浏览网页:在 Internet 中,每一个网站或网页都有一个网址,如果要访问该网站或网页,需要在 IE 浏览器窗口的地址文本框中输入网址,例如输入"www.qq.com",如图 7-24 所示,单击"转到"按钮或者按 Enter 键,当网页下载结束后即可访问腾讯主页。

http://www.qq.com/

图 7-24 输入网址

当在 IE 浏览器窗口内打开多个网页时,可以利用工具栏中的按钮进行页面间的切换。进入 IE 浏览器界面后,在工具栏中显示了常见的网页切换按钮,如图 7-25 所示。

图 7-25　工具按钮

- 后退:单击"后退"按钮可以转到当前网页打开前的一页。
- 前进:单击"前进"按钮可以转到后一页。

【注意】　如果"后退"和"前进"按钮都呈灰色(不可用),则表明目前在 IE 窗口中只打开了一个网页。

- 刷新:单击"刷新"按钮将重新打开当前的网页。
- 停止:单击工具栏中的"停止"按钮将中止当前操作。

(2)保存网页:如果想在不接入 Internet 的情况下也能浏览网页,不妨将网页保存到自己的计算机硬盘中,IE 允许用户以 HTML 文档、文本文件等多种格式保存网页,具体操作步骤如下。

打开需要保存的网页,选择"文件"→"另存为"命令,如图 7-26 所示,弹出"保存网页"对话框,首先选择保存位置,然后在"文件名"下拉列表框中输入指定的一个文件名,例如"腾讯首页",在"保存类型"下拉列表框中选择"网页,全部(* .htm;* .html)",如图 7-27 所示。

图 7-26　选择"另存为"命令

图 7-27　"保存网页"对话框

单击"保存"按钮,即可将网页以指定的名称、类型保存到本地计算机指定的位置上,以后用户可以随时使用相关程序(例如 IE 或 Word)打开网页进行浏览。

(3)保存网页中的图片:对于网页上的一些图片,如果用户喜欢,可以将网页中的图片单独保存到计算机中,保存图片的步骤如下。

在需要保存的图片上右击,在弹出的快捷菜单中选择"图片另存为"命令,如图 7-28 所示,弹出"保存图片"对话框,选择图片的保存路径,填写图片的保存名称,单击"保存"按钮,即可将图片保存到自己的计算机指定的位置上,如图 7-29 所示。

(4)将网页添加到收藏夹:利用 IE 浏览器的"收藏夹"功能可以将感兴趣的网页收藏起来,方便以后查阅和浏览。打开要收藏的网页,选择"收藏夹"→"添加到收藏夹"命令,如图 7-30 所示,在弹出的"添加收藏"对话框中选择保存位置,在"名称"文本框中输入名称,单击"添加"按钮,如图 7-31 所示。

278

图 7-28 选择"图片另存为"命令

图 7-29 "保存图片"对话框

图 7-30 收藏网页

图 7-31 "添加收藏"对话框

(5) 网页被收藏后,单击"收藏夹"菜单项,在弹出的下拉菜单中即可看到已经收藏的网页名称,单击即可打开并浏览,如图 7-32 所示。

3. 搜索引擎的使用

搜索引擎是万维网中用来搜索信息的工具,依据一定的算法和策略,根据用户提供的关键词搜索相关内容,为用户提供检索服务,从而起到信息导航的目的,也被称为"网络门户"。常用的全球最大的搜索引擎是谷歌,中国著名的全文搜索引擎是百度,下面以百度为例介绍搜索引擎的使用。

图 7-32 使用收藏网页

1) 启用 IE 浏览器,定位搜索引擎

在浏览器窗口的地址文本框中输入网址"www. baidu. com",按 Enter 键打开主页,如图 7-33 所示。

2) 搜索"一带一路网"

在搜索文本框中输入"一带一路网",单击"百度一下"按钮或按 Enter 键立即搜索到相关信息,如图 7-34 所示。在浏览网页时,当鼠标指针移动到某个链接上时,鼠标指针变成手

图 7-33 百度主页

形,表示此处存在超链接,单击即可打开网页内容。选择自己感兴趣的链接单击即可查看详细信息。

图 7-34 搜索结果

7.4.2 电子邮件

电子邮件是一种用电子手段提供文字、图像、声音等多种形式的信息交换的通信方式,方便、快速、不受地域或时间的限制、费用低廉,极大地方便了人与人之间的沟通与交流,促进了社会的发展。

1. 电子邮件的概念

电子邮件(E-mail)的英文全称是 Electronic Mail,它是一种用电子手段提供信息交换的通信方式,是 Internet 应用最广的服务。类似于普通生活中邮件的传递方式,电子邮件采

280

用存储转发的方式进行传递,发件人使用用户代理撰写电子邮件,然后发送到自己的邮箱所在的邮件服务器上,邮件服务器存储下来再根据电子邮件地址把邮件发送到接收方邮箱所在的邮件服务器上,邮件服务器将邮件放入用户邮箱中,等待用户方便的时候读取邮件。

电子邮件系统由 3 部分组成,即用户代理、邮件服务器和协议。

- 用户代理:用来完成电子邮件的撰写、发送和读取的客户端软件,即用户用来写信的软件,例如 Windows 系统中的 Microsoft Outlook 就是常用的用户代理。
- 邮件服务器:邮件服务器包括邮件发送服务器和邮件接收服务器。邮件发送服务器是专门用于发送邮件的服务器,用户首先通过用户代理将邮件发送到邮件发送服务器上,然后该服务器根据邮件地址发送邮件到邮件接收服务器上。邮件接收服务器将接收到的邮件存储到用户的邮箱中,等待用户读取。
- 协议:SMTP 和 POP3(或 IMAP)。SMTP 是简单邮件发送协议,用来制定邮件发送服务器根据邮件中收信人的地址将邮件传递给对方接收服务器上的规则和命令。POP3 是邮件接收协议,专门用于接收由其他邮件发送服务器所传递的邮件。邮件首先在邮件接收服务器中保存起来,用户只有使用其账号登录到邮箱服务器后才能打开邮箱接收发来的邮件。

电子邮件由内容和信封两部分组成,信封中最重要的是收件人的地址,电子邮件按照收件人的地址发送邮件。

电子邮件地址的通用格式为"用户名@主机域名"。

用户名代表收件人在邮件服务器上的邮箱,用户可以免费申请,通常要求 6～18 个字符,包括字母、数字和下画线等,以字母开头且不区分大小写。用户的邮箱名在该邮件服务器上必须唯一。

主机域名是指提供电子邮件服务的主机的域名,代表邮件服务器。

例如"swsm_sj@163.com"就是一个电子邮件地址,它表示在域名为"163.com"的邮件服务器上有一个用户名为 swsm_sj 的电子邮件账户。

2. 使用 Microsoft Outlook 管理电子邮件

目前电子邮件客户机软件很多,例如 Foxmail、金山邮件、Outlook 等都是常用的电子邮件客户机软件。

下面介绍如何使用 Microsoft Outlook 2010 管理电子邮件。

1) Microsoft Outlook 2010 简介

Microsoft Outlook 2010(以下简称 Outlook)是 Office 2010 套装软件的组件之一,其主要功能是进行电子邮件的收发和个人信息管理。使用 Outlook 可以撰写电子邮件、收发电子邮件、管理联系人信息、记日记及安排日程等。

启动 Microsoft Outlook 2010 的方法如下。

- 单击"开始"按钮,选择"所有程序"→Microsoft Office→Microsoft Outlook 2010 命令。
- 双击桌面上的 Microsoft Outlook 2010 快捷方式图标。

启动 Microsoft Outlook 2010 进行邮箱账户设置,成功后即打开如图 7-35 所示的 Microsoft Outlook 2010 主界面。

图 7-35　Microsoft Outlook 2010 主界面

2）使用 Outlook 收发电子邮件

创建与管理账户是 Outlook 的基本功能,利用该功能可以设置多个账户,但设置的这些账户必须是用户事先在任何一个打开的浏览器中已经申请注册的账户,OutLook 不具备申请邮箱账户的功能。

在使用 Outlook 收发电子邮件之前,必须首先对 Outlook 进行账户设置,具体操作步骤如下。

（1）设置邮箱账户。

步骤 1: 在 Microsoft Outlook 2010 主界面中选择"文件"→"信息"命令,打开"账户信息"窗口,如图 7-36 所示。

图 7-36　"账户信息"窗口

步骤2：单击"添加账户"按钮，打开"添加新账户"对话框，如图 7-37 所示；选中"电子邮件账户"单选按钮，单击"下一步"按钮，打开如图 7-38 所示的"添加新账户"对话框的"自动账户设置"界面。

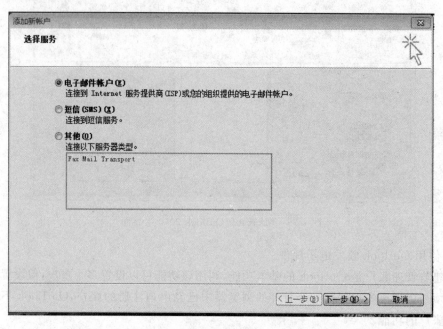

图 7-37　"添加新账户"对话框

步骤3：在"您的姓名"文本框中输入账号的名称，例如"涉外商贸学院"，在"电子邮件地址"和"密码"文本框中分别输入电子邮件地址和密码等信息，如图 7-38 所示。

图 7-38　"添加新账户"对话框的"自动账户设置"界面

步骤4：单击"下一步"按钮，打开"正在配置"界面，其中显示了配置电子邮件服务器的进度，如图 7-39 所示。

图 7-39　配置电子邮件服务器

步骤5：设置完成后会在"添加新账户"对话框中显示"祝贺您！"的提示信息，如图 7-40 所示。

图 7-40　添加账户成功

计算机网络基础与应用

步骤 6：选择"文件"→"信息"命令，在"账户信息"列表中会显示出新创建的账户信息，此时就可以使用 Outlook 进行邮件的收发了，如图 7-41 所示。如果还需要设置其他账户，可以继续按以上方法添加。

图 7-41　查看账户信息

（2）接收电子邮件：使用 Outlook 接收电子邮件的具体方法如下。

步骤 1：启动 Outlook，在主界面的左侧窗格中单击"收件箱"按钮，则中间窗格中列出收到邮件的列表，右部是邮件的预览区，如图 7-42 所示。

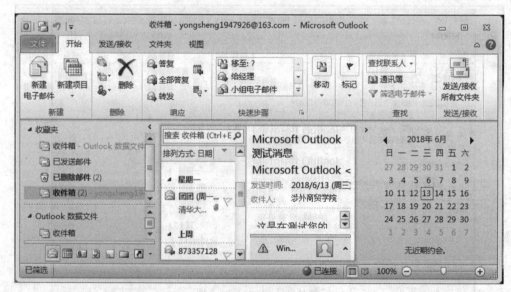

图 7-42　Outlook 收件箱

步骤 2：在功能区中单击"发送/接收所有文件夹"按钮，如果有邮件到达，会出现如图 7-43 所示的"Outlook 发送/接收进度"对话框，并显示出邮件接收的进度。

图 7-43 Outlook 发送/接收进度

步骤 3：双击中间窗格的邮件列表区中需要阅读的邮件，则右侧窗格中显示邮件内容，如图 7-44 所示。

图 7-44 右侧窗格显示的邮件内容

步骤 4：如果收到的邮件带有附件，则在右侧窗格的邮件图标右侧会列出附件的名称。右击文件名，在弹出的快捷菜单中选择"另存为"命令，如图 7-45 所示，在打开的"保存附件"对话框中指定保存路径，然后单击"保存"按钮，即可把附件保存到计算机中指定的位置。

（3）撰写与发送邮件。

步骤 1：单击 Outlook 主界面左侧的"邮件"按钮，然后单击常用工具栏中的"新建电子邮件"按钮打开撰写邮件窗口。在"收件人"文本框中输入收件人的 E-mail 地址；在"主题"文本框中输入邮件的主题；在邮件文本区域输入邮件的内容；如需抄送其他人，在"抄送"文本框中输入抄送人的电子邮件地址；如需添加附件，单击"附加文件"按钮，在弹出的"插

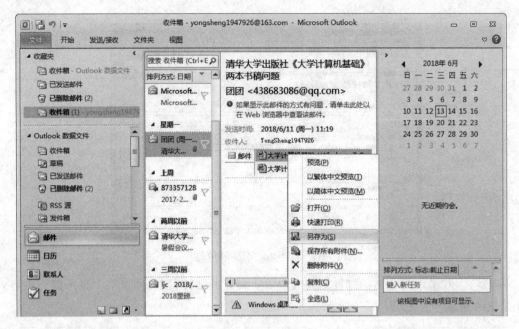

图 7-45　保存附件

入文件"对话框中选择要附加的文件,如图 7-46 所示。

图 7-46　撰写邮件

步骤 2:完成所有操作后单击"发送"按钮,即可将邮件发送到指定邮箱。

【说明】　使用 Outlook 设置邮箱账户和收发电子邮件的具体操作步骤可参阅本书课件系统中习题 7.4 的解答。

3. 基于浏览器的电子邮件收发

使用浏览器收发电子邮件,用户无须安装电子邮件用户代理软件,只要打开浏览器登录网站即可操作,由于使用方便、快捷,这也是人们经常使用的一种方法。在因特网上有很多免费提供电子邮件服务的网站,例如新浪、搜狐、网易等。

【说明】 在浏览器中申请网易电子邮箱、接收和发送电子邮件的操作与在 Outlook 软件环境下的操作类似,这里不再赘述,其详细操作步骤可参阅本书课件系统中习题 7.3 的解答。

7.4.3 文件传输

文件传输是互联网实现的主要功能之一,互联网上的一些主机中存放着供用户下载的文件。文件传输通常有 FTP 文件传输和 Web 文件传输两种方法。

1. FTP 文件传输

FTP 文件传输是基于客户/服务器方式工作的,用户需要在本地计算机上运行 FTP 客户程序,提供文件的主机需要运行 FTP 服务器程序,需要下载文件的客户端向服务器端发出请求,服务器返回客户所需要的文件,下载完成。FTP 文件下载,允许匿名的 FTP,不需要账号和密码,但 FTP 上传文件一般需要权限允许,具体操作方法如下。

1) 使用 Windows 资源管理器上传和下载文件

打开 Windows 资源管理器,在最上方的输入栏中输入"ftp://IP 地址"(该 IP 地址为 FTP 服务器的 IP 地址),然后按 Enter 键,即打开了 FTP 服务器的资源管理器,如图 7-47 所示,可以对该文件夹中的文件进行复制/粘贴,完成下载文件和上传文件。

图 7-47 FTP 服务器资源管理器

2) 使用浏览器上传和下载文件

打开浏览器,在地址栏中输入 FTP 服务器的 URL(例如 ftp://192.168.0.1),打开如图 7-48 所示的界面,选择需要的文件单击下载或单击在 Windows 资源管理器中打开 FTP 站点,使用复制/粘贴对所需要的文件进行下载和上传,上传有时候需要权限允许。

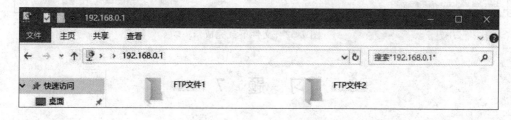

图 7-48 FTP 服务器站点

计算机网络基础与应用

2. Web 服务器下载文件的方法

在用户浏览网页时,可以把所需要的文本、图片和视频等信息下载保存到本地计算机中,常用的下载方法如下。

1) 网页下载

选择需要的下载文字或图片链接,右击网页上的超链接,弹出如图 7-49 所示的快捷菜单,选择"目标另存为"命令,出现"另存为"对话框,选择保存路径和输入文件名,单击"保存"按钮保存即可,如图 7-50 所示。

图 7-49 下载快捷菜单　　　　　　图 7-50 保存网页

2) 文件下载

某些软件在网页中建立了下载超链接,单击该软件的下载链接,弹出"文件下载"工具条,如图 7-51 所示,单击"保存"按钮,弹出"另存为"对话框,选择保存位置,输入文件名后单击"保存"按钮,文件下载完成后保存到指定位置。下载完成会弹出如图 7-52 所示的提示信息,用户可单击"打开文件夹"或"查看下载"按钮查看文件内容。

图 7-51 "文件下载"工具条

图 7-52 文件下载完成

习 题 7

1. 单项选择题。

(1) 计算机网络的主要功能是实现(　　)。

　　A. 数据处理　　　　　　　　　　　　B. 文献检索

C. 信息传输和资源共享　　　　　　　　　　　D. 信息传输

(2) 若要将计算机与局域网连接,至少需要具有的硬件是(　　)。

A. 集线器　　　　　　B. 网关　　　　　　　C. 网卡　　　　　　D. 路由器

(3) 下列用来传输文件的协议是(　　)。

A. FTP　　　　　　　B. DNS　　　　　　　C. SMTP　　　　　　D. PPP

(4) 下列用来发送邮件的协议是(　　)。

A. FTP　　　　　　　B. DNS　　　　　　　C. SMTP　　　　　　D. PPP

(5) 关于电子邮件的说法,下列不正确的是(　　)。

A. 电子邮件的英文简称是 E-mail

B. 加入因特网的每个用户都可以免费申请电子邮箱

C. 在计算机上申请的电子邮箱,以后只有通过这台计算机上网才能收信

D. 一个人可以申请多个电子邮箱

(6) Internet 网上不同网络之间的计算机相互通信的协议是(　　)。

A. ATM　　　　　　　B. TCP/IP　　　　　　C. Novell　　　　　　D. X.25

(7) 通常,网络用户使用的电子邮箱建在(　　)。

A. 用户的计算机上　　　　　　　　　　　　B. 发件人的计算机上

C. ISP 的邮件服务器上　　　　　　　　　　D. 收件人的计算机上

(8) E-mail 地址的格式是(　　)

A. 用户名@域名　　　　　　　　　　　　　B. 用户名.域名

C. 主机名@域名　　　　　　　　　　　　　D. 主机名.域名

(9) WWW 的中文名称是(　　)。

A. 互联网　　　　　　B. 万维网　　　　　　C. 教育网　　　　　　D. 数据服务网

(10) 下列说法中正确的是(　　)。

A. 域名服务器(DNS)中存放 Internet 主机的 IP 地址

B. 域名服务器(DNS)中存放 Internet 主机的域名

C. 域名服务器(DNS)中存放 Internet 主机域名与 IP 地址的对照表

D. 域名服务器(DNS)中存放 Internet 主机的电子邮件的地址

2. 请通过 IE 浏览器访问"一带一路网",进入该网站,并将其收藏到收藏夹中,以便下次直接访问;在该网站上下载相关文字和图片,制作简单的图文说明文档,同时将该网站的首页保存为网页;将图文说明文档和已保存的网站首页保存到"第 7 章 素材库\习题 7"下的"习题 7.2"文件夹中,具体设计样例可参看"习题 7.2"文件夹下的相应文件。

3. 任选浏览器申请免费的网易电子邮箱,并利用该邮箱接收和发送电子邮件,具体要求请进入"第 7 章 素材库\习题 7"下的"习题 7.3"文件夹中参看相应文件。

4. 使用 Outlook 设置邮箱账户,并利用该账户接收和发送电子邮件,具体要求请进入"第 7 章 素材库\习题 7"下的"习题 7.4"文件夹中参看"发送电子邮件要求"。

5. 任选浏览器搜索并下载暴风影音播放器,并将其保存到"第 7 章 素材库\习题 7"下的"习题 7.5"文件夹中,然后将其安装在自己的计算机上。

第8章　网页制作

随着计算机网络技术的飞速发展,以网页为载体的信息传播方式变得异常便捷,最大限度地实现了信息的共享。如今网站已在各个行业领域大范围普及,甚至已经深入到人们的个人生活及工作当中,各种网站也以惊人的速度不断增加,所以网站的建设不再是计算机专业人员的专利,更多非计算机专业人员同样应具备网页制作的能力。众多的网页制作工具让人眼花缭乱,难以取舍。本章将使用 Dreamweaver CS5 作为开发工具,并以网站建设流程为主线,结合综合实例,介绍网页制作的基础技术。

学习目标:
- 了解网页、网站的相关基本概念。
- 了解网站开发的基本流程。
- 了解常用网页制作工具。
- 掌握 HTML 文档基本结构。
- 掌握利用 Dreamweaver CS5 制作网页的基本方法。
- 理解网页测试发布的作用及方法。

8.1　网页制作的基础知识

本节主要介绍在网站建设与网页制作中涉及的基本概念、网页设计语言及进行网页制作所需要的软件和网站的开发流程。

8.1.1　认识网页与网站

1. 网页与网站

网页是构成网站的基本元素,是网络上信息传递的主要媒介。网页(Web Page)是一个包含 HTML 标记的纯文本文件,是存放在世界某个角落被称为 Web 服务器的某一台计算机中的,能给客户机用户提供浏览的页面;网页是一种综合了文字、图片、动画和音乐等内容的超文本文件,具有可视性和交互性的特点。通常大多数网页以.html 为扩展名,俗称 HTML 文件。不同的扩展名分别代表不同类型的网页文件,例如.xml、.asp、.php、.cgi、.jsp 等。

网站是网页的集合,是指存放在 Web 服务器中的完整信息的集合体,其中包括一个首页(Home Page)和若干个网页。这些网页以超链接的方式连接在一起,形成一个整体,描述一组完整的信息。网站主要由主机、域名、网页等组成。建设网站,就是在本地计算机上安装 Web 服务器,然后设计、制作相关网页并通过 Internet 发布出去的过程。

首页是一个网站的门面,也是访问量最大的一个页面,访问者可以通过首页进入到网站的各个分页。因此,网站首页的制作是很重要的,它给浏览者一个第一印象;首页也奠定了网站的主题和整个基调,使访问者进入首页就能清楚地知道该网站所要传递的信息。

2. 网页的基本要素

网页一般包含 Logo、Banner、导航栏、文本、图像、动画等基本要素。

Logo 是徽标或者商标的英文说法,网页中的 Logo 即网站标识。网站标识如同商品的商标,是独特的形象标识,在网站推广中能起到事半功倍的效果。网站标识应该体现该网站的特色和内容。

Banner 是网幅广告,是网络广告的主要形式,一般使用 GIF 格式的图像文件,也可以制作成动画形式。Banner 一般位于网页的顶部或底部,有的被放在网页的两侧。

导航栏是网页设计中不可缺少的部分,一般用于网站各部分内容之间相互链接的引导。导航栏的形式多样,可以是简单的文字链接,也可以是精美的图片或者丰富多彩的按钮,还可以是下拉菜单导航。

文本以及图像、动画等多媒体信息是网页中具体信息的表达形式,根据网页内容的需要进行合理设计及应用。

3. 网站的开发流程

在网站建设之初就应该有一个整体的规划和目标设计,首先要明确网站的主题及最终期望达到的效果,然后才可以选择合适的技术进行网页的制作。在网页实现了设计要求之后就可以发布到互联网上,并进行必要的宣传推广。网站在后期还需要定期维护,以保持内容新颖和功能完善。

对于初学者而言,对网站的开发流程有一个大致的认识是很有必要的。网站开发是一个循环往复的过程。

1) 规划阶段

网站规划是指在网站建设前对市场进行分析、确定网站的目的和功能,并根据需要对网站建设中的技术、内容、费用、测试、维护等做出规划。

2) 设计阶段

通俗地说,网页设计就是对页面结构定位、合理布局、图片文字处理、程序设计及数据库设计等一系列工作的总和。设计阶段包括两个方面,一方面要决定网页的内容、导航结构和其他制作要素;另一方面要根据内容设计网页的外观,包括排版、文字字体设置、导航栏设计等。

3) 发布阶段

网页设计完成,经过测试确定无误后,即可发布到和 Internet 相连的服务器上,这时通过访问域名就可以正式访问网站了。为了让更多的人访问网站,进行网站推广是很重要的,其目的在于让尽可能多的潜在用户了解并访问网站,以便通过网站获得有关产品和服务等信息。

4) 维护阶段

建站容易维护难。对于网站来说,只有不断地更新内容才能保证网站的生命力,否则网站不仅不能起到应有的作用,反而会对企业或个人自身形象造成不良影响。如何快捷、方便地更新网页,提高更新效率,是很多网站面临的难题。内容更新也是网站维护过程中的一个瓶颈。

8.1.2 网页编程语言介绍

1. 网页设计语言——HTML

HTML(HyperText Markup Language)即超文本标记语言,或称为超文本链接标识语言,是目前万维网(WWW)上应用最为广泛的语言。它是用来描述网页的一种语言,强调把数据和数据的显示放在一起,使用标记来描述网页,将数据按照不同的格式显示出来。HTML 是网页制作的基础,是初学者必学的内容。

创建和浏览一个 HTML 文档需要两个工具,一个是 HTML 编辑器,用于生成和保存HTML 文档的应用程序;另一个是 Web 浏览器,用来打开 Web 网页文件,提供查看 Web资源的客户端软件。

以下是一个最基本的 HTML 文档的代码:

```
< html >
< head >
< meta http - equiv = "Content - Type" content = "text/html; charset = utf - 8" />
< title >我的主页</title>
</head >
< body >

欢迎光临我的主页。

</body >
</html >
```

其在 Web 浏览器上的显示效果如图 8-1 所示。

图 8-1　简单 HTML 文档在浏览器中的显示效果

2. 网页制作工具

网页的本质是纯文本文件,因此可以用任何文本编辑器制作网页,这种方法必须完全手工书写 HTML 代码。为了提高网页制作的效率,许多图形化网页制作工具相继问世,并且具有"所见即所得"的特点,提供图形化操作界面就能插入各种网页元素,例如图像、表格、超链接等,而且可以在设计视图中实时看到网页的大致浏览效果。目前流行的专业网页开发工具主要有以下几种。

1) FrontPage

FrontPage 是微软公司推出的一款集网页设计、制作、发布和管理于一体的软件,用它可以快速地编好一个网页,具有上手快、易学、易用的特点,它是微软公司出品的一款网页制作入门级软件。由于它易学、易用,所以很受初学者的欢迎,但是微软公司在 2006 年年底停止了对 FrontPage 的开发。

2）SharePoint Designer

SharePoint Designer 是微软公司继 FrontPage 之后推出的新一代网站创建工具。它包含不少新特性，具有全新的视频预览功能。其内嵌了 Silverlight 功能（一种工具，用于创建交互式 Web 应用程序）和全站支持 AJAX 功能，让企业用户很方便地给网站添加丰富的多媒体和互动性体验。

3）Dreamweaver

Dreamweaver 是 Macromedia 公司（后被 Adobe 公司收购）开发的集网页制作和管理于一体的网页编辑器，是第一套针对专业网页设计师特别发展的视觉化网页开发工具，使用它可以轻而易举地制作出跨越平台限制和跨越浏览器限制的充满动感的网页。

Dreamweaver 现已成为专业级网页制作开发工具，支持 HTML、CSS、PHP、JSP 以及 ASP 等众多网页设计技术，同时提供不同代码着色，提供模板套用功能，支持快速生成网页框架功能。Dreamweaver 是初学者或专业级网站开发人员必备的选择工具。

8.1.3 Dreamweaver CS5 窗口

Dreamweaver CS5 的启动、退出与其他软件的方法几乎完全相同，此处不再叙述。

在启动 Dreamweaver CS5 之后就打开了 Dreamweaver CS5 窗口，如图 8-2 所示。

图 8-2　Dreamweaver CS5 窗口

Dreamweaver CS5 窗口由菜单栏、文档工具栏、"属性"面板、"插入"面板、"文件"面板、文档编辑区和状态栏组成。

- 菜单栏：主要包括"文件""编辑""查看""插入""修改""格式""命令""站点""窗口"及"帮助"等菜单，单击某菜单，在弹出的下一级菜单中可以选择要执行的命令。

- 文档工具栏：在文档工具栏中包含了一些按钮，可以帮助用户在文档的不同视图间快速切换，还包含一些与查看文档、在本地和远程站点间传输文档有关的常用命令。
- "属性"面板：用于检查和编辑当前选定页面元素(例如文本和插入的对象)最常用的属性。
- "插入"面板：包含用于创建和插入对象(例如表格、图像和链接)的按钮。
- "文件"面板：可查看和管理 Dreamweaver 站点中的文件及远程站点中的内容。
- 文档编辑区：用于创建或编辑网页文件的操作区。
- 状态栏：提供了与正在创建的文档有关的相关信息，包括"标签选择器""缩放工具""窗口大小"等。

8.2 基本网页的制作

本节主要结合综合实例介绍使用 Dreamweaver CS5 进行网页制作的基本方法，例如创建站点，创建文件夹及网页文件，对网页中的文本进行编辑，插入图像、动画等多媒体信息，设置超链接等。

8.2.1 站点的建立

站点是网站中所有文件和资源的集合。如果要制作网页，首先需创建站点，为站点内的所有文件建立联系。制作一个网站一般需要先将制作好的这个网站的所有网页暂时保存在自己的计算机上，最后再上传到拥有使用权限的服务器上。Dreamweaver CS5 可以将本地计算机上的一个文件夹作为一个站点。

【例 8.1】 在"第 8 章 素材库"下的"例题 8"文件夹中创建名为"废旧电池回收－节能环保"的站点。

其操作步骤如下。

(1) 在"第 8 章 素材库"下的"例题 8"文件夹中创建一个文件夹，命名为"废旧电池回收－节能环保"。

(2) 启动 Dreamweaver CS5，在菜单栏中选择"站点"→"新建站点"命令，弹出"站点设置对象"对话框。

(3) 在左侧窗格中选择"站点"选项，右侧窗格的第一个选项要求输入站点名称，以便于在 Dreamweaver CS5 中标识该站点，这里输入"废旧电池回收－节能环保"；第二个选项要求填写本地站点文件夹，可以手工输入，也可以通过浏览文件夹功能直接选择本地现有文件夹，如图 8-3 所示。

(4) 在左侧窗格中选择"服务器"选项，在右侧窗格中对站点所需的服务器进行配置，在这里可以进行远程服务器和测试服务器配置。

【注意】 这个服务器配置是一个可选配置，如果不需要，则可以忽略这一步配置。

(5) 单击"保存"按钮，完成"废旧电池回收－节能环保"本地站点的创建。

使用 Dreamweaver CS5 的管理站点功能还可以对已创建的站点进行编辑、删除和复制等操作。在创建站点之后可以根据需要对站点进行相应的管理，在菜单栏中选择"站点"→

图 8-3 "站点设置对象"对话框

"管理站点"命令,打开"管理站点"对话框,选中需要编辑的站点,然后单击右侧的相应按钮,即可完成相应的功能,如图 8-4 所示。

图 8-4 站点的管理

8.2.2 创建文件夹及网页文件

例 8.1 创建了一个名为"废旧电池回收-节能环保"的本地文件夹作为站点,不过,当前的站点还是空的,没有实际内容,接下来的工作就是根据网站的事先规划向站点中添加必要的文件夹及网页文件。

1. 创建文件夹

在站点中创建文件夹用于形成结构清晰的网站目录结构,这与 Windows 的资源管理器的原理是一致的。创建文件夹可以将网站中所有的文件进行分门别类地存放,这样可以有效地管理各种资源,例如 Images 文件夹专门用于存放图像等资源文件。

创建文件夹的方法有两种,其中一种与创建本地文件夹的操作相同,找到本地站点文件夹并打开,在其中创建相应文件夹即可;另一种需要在 Dreamweaver CS5 中创建文件夹,这也是最常用的一种方法,即在"文件"面板中选中站点根目录右击,在弹出的快捷菜单中选择

"新建文件夹"命令，完成文件夹的创建。

2. 创建网页文件

网页（Web Page）是网站中的一"页"，通常是 HTML 格式（文件扩展名为. htm 或. html）。创建网页文件主要有两种方法，其中一种方法和在 Dreamweaver CS5 中创建文件夹的方法类似，此处不再重复；另外一种则是在菜单栏中选择"文件"→"新建"命令来创建。

【例 8.2】 在"废旧电池回收－节能环保"站点下分别创建名为"Images"和"common"的文件夹，创建首页文件并命名为"index. html"，然后分别创建子页面"dccz. html"和"dcwh. html"。

其操作步骤如下。

（1）启动 Dreamweaver CS5，打开"废旧电池回收－节能环保"站点。

（2）在"文件"面板中选中"站点－废旧电池回收－节能环保"站点根目录，然后右击，在弹出的快捷菜单中选择"新建文件夹"命令，将新建的文件夹命名为"Images"。然后用同样的方法创建文件夹"common"，如图 8-5 所示。

（3）创建首页：在菜单栏中选择"文件"→"新建"命令，弹出"新建文档"对话框，在左侧窗格中选择"空白页"选项，在中间窗格的"页面类型"列表框中选择 HTML，在右侧窗格的"布局"列表框中选择"无"，将"文档类型"设为 XHTML 1.0 Transitional，如图 8-6 所示。

图 8-5　在站点中创建文件夹

图 8-6　"新建文档"对话框

【注意】 XHTML 1.0 Transitional 是更加宽容的 XHTML 规范。Transitional 页面对于使用旧式浏览器或不能识别样式表的用户来说也是可以访问的。

（4）单击"创建"按钮，在文档编辑区中生成新创建的网页文档。

（5）选择"文件"→"保存"命令，弹出"另存为"对话框，在"保存在"文本框中设置当前站点所在的路径，此处应为"F:\第 8 章 素材库\例题 8\废旧电池回收－节能环保"，在"文件名"文本框中输入网页文件名"index. html"（首页的名称一般设置为"index"），单击"保存"按钮，新建的网页文档即可保存到站点根目录下，也可按需要将网页文件保存到站点的任意一个文件夹中。

（6）子页面"dccz. html"和"dcwh. html"的创建方法重复步骤（3）～（5）即可完成。

8.2.3　网页中文本的编辑

在 Dreamweaver CS5 中对文本进行的编辑操作包括输入文本、设置段落格式以及设置文字样式等。

1. 在网页中输入文本

文本是网页中最重要的信息表现形式，在 Dreamweaver CS5 中可以在设计视图下进行文本的输入。其最常用的方法主要有两种,一是通过键盘直接输入,二是通过复制和粘贴的方法将外部文本添加到网页中,粘贴可以使用"粘贴"或"选择性粘贴"命令。"选择性粘贴"命令允许以不同的方式指定所粘贴文本的格式。例如,如果要将文本从带格式的 Microsoft Word 文档粘贴到 Dreamweaver 文档中,想要去掉所有格式设置,则可以使用"选择性粘贴"命令中的"只允许粘贴文本"选项。

【例 8.3】 打开例 8.2 中创建的 index.html 网页文档,输入标题文本"废旧电池回收利用",并将"第 8 章 素材库"下"例题 8"文件夹中的"废旧电池回收利用.txt"文档内容复制、粘贴到网页中。

其操作步骤如下。

(1) 启动 Dreamweaver CS5,打开"废旧电池回收-节能环保"站点下的 index.html 文件。

【注意】 本章后续实例中对文件的编辑均需在 Dreamweaver CS5 中打开文件。

(2) 切换至设计视图,将光标定位在编辑窗口中,选择某种输入法,输入文本"废旧电池回收利用",通过按 Enter 键分段,实现换行,如图 8-7 所示。

(3) 打开"第 8 章 素材库"下"例题 8"文件夹中的"废旧电池回收利用.txt"文档,选中需要复制的文本进行复制。然后切换至 Dreamweaver CS5 的编辑窗口中右击,在打开的快捷菜单中选择"选择性粘贴"命令,如图 8-8 所示。添加文本后的效果如图 8-9 所示。最后保存文件。

图 8-7　在设计视图下的编辑窗口中输入文本

图 8-8　选择性粘贴文本

图 8-9　添加文本后的效果图

在网页中除了基本的文本以外,大家还会经常遇到一些特殊字符,例如换行符、不换行空格、版权符号等。如 HTML 只允许字符之间有一个空格,若要在文档中添加其他空格,则需要插入不换行空格。在 Dreamweaver CS5 中插入特殊字符对象的方法如下。

方法一:在菜单栏中选择"插入"→HTML→"特殊字符"命令。

方法二:在"插入"面板中的"文本"类别下单击"字符"按钮。

方法三:某些特殊字符可以使用快捷键或组合键,例如在网页文档中需换行分段,可以直接按 Enter 键;如需换行但不分段,可以按 Shift+Enter 组合键;如需添加空格,可以使用由 Ctrl 键、Shift 键、空格键构成的组合键。

2. 编辑与设置段落格式

Dreamweaver CS5 中段落格式的设置与使用标准的字处理程序(例如 Microsoft Word 软件)类似,用户可以为文本块设置段落、标题、列表、段落缩进等样式,主要通过"属性"面板进行段落格式的设置,除此之外还可以通过菜单栏中"格式"菜单下的相应命令设置,如图 8-10 所示。

图 8-10 "格式"菜单下的命令

在"属性"面板中集成了两个属性检查器,分别为 CSS 属性检查器和 HTML 属性检查器。在使用 CSS 属性检查器时,Dreamweaver 使用层叠样式表(CSS)设置文本格式。CSS 使 Web 设计人员和开发人员能更好地控制网页的表现,同时能够减小文件的大小。虽然 CSS 是设置文本格式的首选方法,但对于网页制作初学者来说,笔者还是推荐学习使用 HTML 属性设置段落格式。

【注意】 由于使用 HTML 属性检查器的设置有一定的局限性,所以本书中会涉及部分 CSS 属性检查器的内容,以达到更好的网页设计效果。

使用 HTML 属性检查器主要设置段落样式、列表、区块缩进,如图 8-11 所示。

图 8-11 在 HTML 属性检查器中设置段落样式

使用 CSS 属性检查器主要设置段落对齐方式,如图 8-12 所示。

图 8-12 在 CSS 属性检查器中设置段落对齐方式

【**例 8.4**】 打开例 8.3 中创建的 index.html 网页文档,设置标题及段落文本,将第 1 段"废旧电池回收利用"设置为"标题 1"格式并居中显示,将第 2 段至第 6 段设置为"标题 4"格式,将最后一段设置为"段落"格式,并设置为区块缩进。

其操作步骤如下。

(1) 打开 index.html 文件,选中第 1 段文本"废旧电池回收利用",在 HTML 属性检查器的"格式"下拉列表中选择"标题 1"选项。在 CSS 属性检查器中单击"居中对齐"图标,随即打开"新建 CSS 规则"对话框,如图 8-13 所示。在"选择器名称"栏中输入自拟名称"bt1",然后单击"确定"按钮。

【**注意**】 选择器名称不能使用中文及特殊字符,首字母不能使用数字。

图 8-13 "新建 CSS 规则"对话框

(2) 选中第 2 段至第 6 段文本,在 HTML 属性检查器的"格式"下拉列表中选择"标题 4"选项。

(3) 选中最后一段文本,在 HTML 属性检查器的"格式"下拉列表中选择"段落"选项,并单击"内缩区块"按钮。

(4) 保存文件,在文档工具栏中单击"在浏览器中预览/调试"按钮,切换至 IE 浏览器中查看效果,如图 8-14 所示。

【**注意**】 用户可以对段落应用多重缩进,每单击一次该命令,文本都会从文档的两侧进一步缩进。

3. 编辑与设置文字格式

1) 设置页面默认文字格式

页面默认文字格式主要设置文字的默认颜色,以及超链接文字的 4 种状态的颜色,分别通过"文本""链接""已访问链接"和"活动链接"选项选择颜色。

【**注意**】 "活动链接"颜色是单击链接时链接变成的颜色,有些 Web 浏览器可能不显示指定的颜色。

其设置方法如下。

方法一:单击"属性"面板中的"页面属性"按钮,打开"页面属性"对话框,如图 8-15 所

图 8-14　设置文本段落格式后的效果图

示,选择"外观(HTML)"命令。

方法二:在菜单栏中选择"修改"→"页面属性"→"外观(HTML)"命令。

图 8-15　设置页面默认文本颜色

2) 设置已选文本的文字格式

设置文字格式主要设置所选文本的字体、大小、颜色,或者应用文本样式,例如粗体、斜体等。

其设置方法如下。

方法一:使用 HTML 属性检查器,主要设置文字加粗或斜体。

方法二:使用 CSS 属性检查器,主要设置文字的字体、颜色、大小、加粗、斜体。

方法三:在菜单栏中单击"格式"菜单,选择相应的命令设置文字格式。

【例 8.5】　打开例 8.4 中创建的 index. html 网页文档,设置文字格式,将标题 1 文本"废旧电池回收利用"设置为红色,将最后一段文本设置为仿宋字体、16px 大小。

其操作步骤如下。

(1) 打开 index. html 文件,选中标题 1 文本"废旧电池回收利用",在 CSS 属性检查器中设置颜色为红色。因为在例 8.4 中已经为该标题 1 文本创建了名为"bt1"的 CSS 样式,此时将不会弹出"新建 CSS 规则"对话框,而是在名为"bt1"的 CSS 样式的基础上继续设置新的样式内容。

(2) 选中最后一段文本,在 CSS 属性检查器中设置大小为 16px,此时将弹出"新建 CSS 规则"对话框,在"选择器名称"框中输入自拟名称"p_style",单击"确定"按钮,然后设置字体为仿宋,注意字体中默认不显示中文字体库,应选择编辑字体列表进行添加。

(3) 保存文件,在 IE 浏览器中查看显示效果,如图 8-16 所示。

图 8-16 设置文本字体格式后的显示效果

4. 设置水平线

在网页中为了使版面层次更加明显,可以利用水平线分隔页面中的内容。插入水平线的方法如下。

方法一:在菜单栏中选择"插入"→HTML→"水平线"命令。

方法二:在"插入"面板中的"常用"类别下单击"水平线"按钮。

在网页中插入水平线之后,可以在"属性"面板中对其进行相关设置,例如设置水平线的宽度、高度以及对齐方式。

【注意】 仅当水平线的宽度小于浏览器窗口的宽度时该设置才适用。

【例 8.6】 打开例 8.5 中创建的 index. html 网页文档,在标题 1 文字"废旧电池回收利用"的下方插入水平线,并设置其高度为两个像素。

其操作步骤如下。

(1) 打开 index. html 文件,在文档窗口中将插入点定位在标题 1 文字"废旧电池回收利用"的下方。

(2) 选择"插入"→HTML→"水平线"命令。

(3) 在"属性"面板的"高度"文本框中输入 2。

(4) 保存文件,在 IE 浏览器中查看显示效果,如图 8-17 所示。

图 8-17　插入水平线后的显示效果

8.2.4　网页中多媒体元素的插入与编辑

1. 图像的插入与编辑

图像是网页最主要的元素之一。虽然图形文件格式有很多,但网页中通常使用的只有 3 种,即 GIF、JPEG 和 PNG,其中使用最广泛的是 GIF 和 JPEG 文件格式。

在将图像插入到使用 Dreamweaver 创建的文档时,HTML 源代码中会生成对该图像文件的引用。为了确保此引用的正确性,该图像文件必须位于当前站点中。如果图像文件不在当前站点中,Dreamweaver 会在插入图像时弹出一个提示框,如图 8-18 所示,询问用户是否确定将图像复制到当前站点中,此时应单击"是"按钮。

图 8-18　询问是否将图像复制到站点中

插入图像的方法如下。

方法一:在菜单栏中选择"插入"→"图像"命令。

方法二:在"插入"面板中的"常用"类别下单击"图像"按钮。

【例 8.7】 打开例 8.6 中创建的 index.html 网页文档,在文档下方插入图像,图像文件为"第 8 章 素材库"下"例题 8"文件夹中的"image1.jpg"。

其操作步骤如下。

(1) 打开 index.html 文件,在编辑窗口中将插入点定位在要插入图像的位置。

(2) 在菜单栏中选择"插入"→"图像"命令,打开"选择图像源文件"对话框,选择要插入的图像文件,这里选择一张站点之外的图像,如图 8-19 所示。

图 8-19 "选择图像源文件"对话框

(3) 单击"确定"按钮,弹出一个系统提示对话框,如图 8-18 所示,单击"是"按钮,弹出"复制文件为"对话框,选择网站文件夹 Images,然后单击"保存"按钮,则将当前所选图像保存在了当前站点的 Images 文件夹中。

【注意】 如果需要插入的图像是站点内的图像,则不会显示步骤(3),直接跳至步骤(4)。

(4) 在步骤(3)完成后将弹出"图像标记辅助功能属性"对话框,在"替换文本"框中输入"废旧电池回收","详细说明"文本框中为图片的来源或说明信息,此处可不填。

(5) 保存文件,在 IE 浏览器中查看显示效果,如图 8-20 所示。

【注意】 如果在浏览器中图像不能正常显示,将显示为"替换文本"中的文本信息。

对于插入到网页中的图像,可以通过"属性"面板设置其属性,编辑图像的"属性"面板如图 8-21 所示。最常用的操作是使用"宽"和"高"文本框重设图像的大小,使用"对齐"下拉列表设置对齐方式。另外,"链接"文本框用于创建超链接,"边框"文本框用于设置图像边框的宽度,以像素为单位(默认为无边框),"源文件"文本框显示该图像文件的 URL 地址,通过此处可重新载入其他图像。

2. 网页背景的设置

网页中的背景设计是相当重要的,好的背景不仅能影响访问者对网页内容的接受程度,国内使用最多的工业电池为铅蓄电池，铅占蓄电池总成本50%以上，主要采取火法、湿法冶金工艺以及固相电解还原技术。外壳为塑料，可以再生，基本实现无二次污染。

图 8-20　图像插入后的效果图

图 8-21　设置图像的"属性"面板

还能影响访问者对整个网站的印象。在不同的网站上，甚至是同一个网站的不同页面上，会有各种各样不同的背景设计。常见的网页背景包括颜色背景和图像背景。

颜色背景的设计是最简单的，但同时也是最常用、最重要的，因为相对于图像背景来说，它有显示速度上的优势。颜色背景虽然比较简单，但需要注意根据不同的页面内容设计背景颜色的冷暖状态，还要根据页面的编排设计背景颜色与页面内容的最佳视觉搭配。

单一的背景颜色可能会使页面在效果上显得单调，使用图像背景会达到更美观的效果。设置背景颜色与设置背景图像的方法类似，均可在"页面属性"对话框中完成。

【例 8.8】　打开例 8.7 中创建的 index.html 网页文档，为其设置网页背景颜色，将颜色设置为"♯FFFFCC"。

其操作步骤如下。

(1) 打开 index.html 文件，单击"属性"面板中的"页面属性"按钮或在菜单栏中选择"修改"→"页面属性"命令，弹出"页面属性"对话框，如图 8-22 所示。

图 8-22 "页面属性"对话框

(2) 在"分类"列表框中选择"外观(HTML)"选项,单击右侧窗格中"背景"标签后的色板,再选择需要的颜色"♯FFFFCC"。

(3) 单击"确定"按钮,网页背景即被设置成需要的颜色。

(4) 保存文件。

3. 影音文件的插入与编辑

在 Dreamweaver CS5 中不仅可以插入图片,还可以插入 Flash 动画和视频文件等多媒体信息,设置背景音乐,增加网页的视/听觉效果。

1) 插入 Flash 动画

Flash 动画文件的扩展名为.swf,其插入方法如下。

方法一:在菜单栏中选择"插入"→"媒体"→SWF 命令。

方法二:在"插入"面板中的"常用"类别下单击"媒体"按钮,选择 SWF 命令。

2) 插入 FLV 视频

FLV 是随着 Flash 系列产品推出的一种流媒体格式,插入 FLV 视频的方法如下。

方法一:在菜单栏中选择"插入"→"媒体"→FLV 命令。

方法二:在"插入"面板中的"常用"类别下单击"媒体"按钮,选择 FLV 命令。

3) 设置背景音乐

在网页设计中除了尽量提高页面的视觉效果及互动功能以外,还可以通过声音的方式传达情感,因此可以为网页添加背景音乐,目前各大主流浏览器在不安装插件的基础上可支持大多数主流音乐格式,例如 WAV、MID、MP3 等。其主要的设置方法如下。

方法一:在菜单栏中选择"插入"→"媒体"→"插件"命令。

方法二:在"插入"面板中的"常用"类别下单击"媒体"按钮,选择"插件"命令。

在影音文件插入完成后,如果要编辑其属性,可在相应的"属性"面板中进行设置。

【例 8.9】 打开例 8.8 中创建的 index.html 网页文档,为其设置背景音乐,音乐文件为"第 8 章 素材库"下"例题 8"文件夹中的"Earth Melody.mp3"。

(1) 打开 index.html 文件,在菜单栏中选择"插入"→"媒体"→"插件"命令,打开"选择文件"对话框,选择要插入的音乐文件。

【注意】 网页中涉及的所有文件,例如图像、视频、音乐等,均需要保存在站点文件夹下,如果插入的源文件为站点外的文件,将会弹出与插入图像时同样的"询问是否将文件复制到站点中"对话框,如图 8-18 所示,其操作方法与图像的插入相同。

(2)单击"确定"按钮,弹出一个系统提示对话框,如图 8-18 所示,单击"是"按钮,弹出"复制文件为"对话框,选择网站文件夹 common,然后单击"保存"按钮,即将当前所选的音乐文件保存到了当前站点中的 common 文件夹。

(3)此时已完成音乐的插入,在页面中会出现一个小矩形,该矩形为相应的控制面板的大小。在本例中需设置背景音乐,在浏览器显示的时候需将此控制面板隐藏,只需将该插件的"属性"面板中的"宽"、"高"设置为 0 即可,如图 8-23 所示。最后保存文件。

图 8-23 设置插件的"属性"面板

【注意】 在"属性"面板中将"宽""高"设置为 0 后,该插件在浏览器中将不会显示出来,而在 Dreamweaver CS5 的设计视图中仍会显示出小矩形,以方便设置该插件的属性。

8.2.5 超链接的创建与编辑

超链接是网页之间联系的"桥梁",浏览者可以通过它跳转到其他页面,可以说超链接是整个网站的"灵魂"。它所指向的目标可以是另一个网页,也可以是相同网页上的不同位置,还可以是图片、电子邮件地址、文件,甚至是应用程序。当浏览者单击已设置超链接的文字或图片后,链接目标将显示在浏览器上,并且根据目标的类型打开或运行。

每个 Web 页面都有一个唯一的地址,称为统一资源定位器(URL)。超链接正是以URL 的表达方式来书写链接路径的。不过,在创建本地链接(即从本地的一个文档到同一站点上另一个文档的链接)时通常不指定作为链接目标的文档的完整 URL,而是指定一个始于当前文档或站点根文件夹的相对路径。链接路径有以下 3 种类型。

1)绝对地址

链接中使用完整的 URL,包含所使用的协议、主机名称、文件夹名称等,而且与链接的源端点无关。绝对地址是一个精确地址,一般用来创建对当前站点以外文件的链接。例如"http://www.163.com/news.html"。

2)根路径

从站点根目录开始的路径称为站点根目录,使用斜杠"/"代替站点根目录,作为其开始路径,然后书写文件夹名,最后书写文件名。例如"/dreamweaver/index.html"。

3)相对路径

相对路径就是相对于当前文件的路径。在相对路径中不包括协议和主机地址信息,只包含文件夹名和文件名或只有文件名,通常用来创建同一个站点内的文件的链接,与当前文档的相对关系有以下 3 种情况。

- 如果链接到同一目录中的文件,则只需输入要链接文件的名称。
- 如果要链接到下级目录中的文件,只需先输入目录名,然后加"/",再输入文件名。
- 如果要链接到上一级目录中的文件,则先输入"../"(代表上一层目录),再输入文件名。

创建超链接的方法如下。

方法一:在"属性"面板中通过"链接"文本框来创建超链接,如图 8-24 所示。

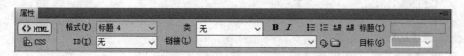

图 8-24 在"属性"面板中创建超链接

【注意】 链接路径可以通过"链接"文本框手工输入路径,或者单击"链接"文本框后的按钮打开"选择文件"对话框选择要链接的文件。

"属性"面板中的"目标"列表与超链接的行为有关,用于指定打开链接文件的目标窗口,设置的内容如下。

- _blank:将链接的文档载入一个新的、未命名的浏览器窗口。
- _parent:将链接的文档加载到该链接所在框架的父框架或父窗口。如果包含链接的框架不是嵌套框架,则所链接的文档加载到整个浏览器窗口。
- _self:将链接的文档载入链接所在的同一框架或窗口。此目标是默认的,所以通常不需要指定它。
- _top:将链接的文档载入整个浏览器窗口,从而删除所有框架。

方法二:在菜单栏中选择"插入"→"超链接"命令。

【例 8.10】 打开例 8.9 中创建的 index.html 网页文档,分别创建两个文本超链接,将文本"废电池的材质"设置为超链接,并链接至同一站点内的网页文件"dccz.html",要求在新的浏览器窗口中显示;将文本"废旧电池的危害"设置为超链接,并链接至同一站点内的网页文件"dcwh.html",同样设置在新的浏览器窗口中显示。

其操作步骤如下。

(1) 打开 index.html 文件,在编辑窗口中选中文本"废电池的材质"。

(2) 单击"属性"面板中"链接"文本框后面的按钮,打开"选择文件"对话框,选择该站点下的"dccz.html"文件,单击"确定"按钮。

(3) 在"属性"面板的"目标"列表中选择"_blank"选项。

(4) 重复步骤(1)~(3),即可创建与"废旧电池的危害"相对应的超链接。

(5) 保存文件,设置超链接后的效果如图 8-25 所示。

【注意】 当网页中包含超链接时,设置为超链接的元素,其外观形式一般为彩色(默认为蓝色)且带下画线的文字,或边框为彩色(默认为蓝色)的图片,单击这些文本或图片可跳转到相应的目标位置。超链接的外观形式可通过"页面属性"对话框进行设置,如图 8-22 所示。设置后,将鼠标指针指向设置为超链接的文本或图片时,光标将变成手形。

图 8-25 设置文本超链接后的效果

8.3 网页布局

本节主要介绍网页制作过程中网页布局的设计方法,并结合实例使用表格完成页面的布局。

8.3.1 网页布局基础

网页作为互联网信息传递的主要媒介,是提供绝大部分信息的平台,若网页结构混乱,内容杂乱无章,用户需花费大量的时间在查找信息上,用户体验会极差,不能留住客户,尤其对于企业网站来说是极大的损失,因此网页需要精心设计才能吸引用户的眼球。为保证网页结构清晰,在网页设计阶段对页面进行合理布局是非常关键的。布局就是将有限的视觉元素进行合理的排列组合,表现出更强的逻辑性以及个性化。

通常,网页布局中使用的版式有"T"结构布局、"口"形布局、"田"形布局、"三"形布局、"川"形布局等。网页的信息内容将直接影响到布局结构,因此在设计网页布局前要根据网页的信息类型、信息量等进行合理的规划,做好充分的前期准备。一个页面的主要骨架结构大体可分为头部、Logo 标志、导航栏、侧栏、页脚以及内容显示区。页面整体宽度避免超过显示器分辨率,即避免出现水平滚动条。由于显示器分辨率不同,页面的大小一般可设置为 780 像素×428 像素、1007 像素×600 像素等不同尺寸。

在设计页面的过程中,为了整体把握页面结构,首先应绘制网页草图,可通过手绘或者借助绘图软件进行设计,接下来在草图的基础上将确定需要放置的功能模块安排到页面上,最后完善细节,确定布局方案。在网页效果图绘制完成后需要相关技术手段实现效果图中的分布,将网页效果图转化成真实的网页。实现网页布局的方式主要有以下几种。

(1)表格布局:使用表格可以轻松地对页面中的各元素进行定位,且表格布局兼容性较好,基本不用考虑浏览器兼容问题,早期的网站基本上采用此种方式。表格布局相对简单、易学,是特别适合初学者学习和使用的一种布局手段。表格布局也有一定的缺点,即使用表格布局的代码较长,影响页面下载,其灵活性较差,维护较难。表格布局适合内容或数据整齐的页面。

(2)框架布局:框架布局是将浏览器窗口分割成几部分,每部分可以分别放置一个不同的网页,且具有独立的滚动条,浏览器窗口则作为最外层的框架存在。由于框架的兼容性不好,很多浏览器不支持框架结构,其应用范围有限,现在已很少使用。框架布局主要被应用于后台管理页面的设计中。

(3) DIV+CSS 布局:在新的 HTML 4.0 标准中,CSS(层叠样式表)被提出来,它能完全精确地定位文本和图片。传统的表格布局是通过大小不一的表格和表格嵌套来定位、排版网页内容,改用 CSS 排版后,通过由 CSS 定义的大小不一的盒子和盒子嵌套来编排网页。这种排版方式的网页代码简洁,表现和内容相分离,维护方便,目前已被大多数浏览器所支持。对于初学者来说,CSS 显得有点复杂,在本书中将不详细阐述。此种布局方式多见于复杂的不规则页面以及较大型的商业网站。

8.3.2 使用表格布局网页

表格是用于在 HTML 页上显示表格式数据以及对文本和图形进行布局的强有力的工具。表格由一行或多行组成,每行又由一个或多个单元格组成,虽然 HTML 代码中通常不明确指定列,但 Dreamweaver 允许操作列、行和单元格。

在网页编辑中,使用表格可以实现两方面的功能,一是用来展示文字或图像等内容,可以把相互关联的信息集中定位,使排列更有序;二是用来实现版面布局,使网页更规范、更美观。

1. 用表格规划页面结构

在设计页面时,为了整体把握页面结构,可以先用表格将网页效果图的主体框架勾勒出来,然后再针对每个部分进行内容的填充。图 8-26 所示为常见的用表格规划的页面结构,各功能模块可随着内容的变化进行删减或增加。

图 8-26　用表格规划的页面结构

2. 创建表格

常用的创建表格的方法如下。

方法一:在菜单栏中选择"插入"→"表格"命令,打开"表格"对话框进行创建,如图 8-27 所示。

方法二:在"插入"面板中的"常用"类别下单击"表格"按钮,打开"表格"对话框进行创建。

- "行数"和"列":用于确定表格的行与列的数目。
- "表格宽度":指定表格的宽度,其单位可以选择使用像素或用占浏览器窗口宽度的百分比表示。
- "边框粗细":指定表格边框的宽度。

图 8-27 "表格"对话框

- "单元格边距"：指定单元格内容与单元格边框之间的距离,默认为 1 像素。
- "单元格间距"：指定相邻单元格之间的距离,默认为 2 像素。
- "标题"组：提供 4 种设置表格的列或行作为标题的样式。
- "辅助功能"组：提供一个显示在表格上方的表格标题以及表格的说明。

【注意】 若使用表格进行页面布局,通常将"边框粗细"设置为 0。

【例 8.11】 打开例 8.10 中创建的 index. html 网页文档,为该网页的内容进行页面的布局设置,将光标定位于页头位置,创建一个 4 行 6 列、宽度为 780 像素的表格作为布局框架。

其操作步骤如下。

(1) 打开 index. html 文件,在编辑窗口中将光标定位于页头位置,在菜单栏中选择"插入"→"表格"命令,打开"表格"对话框。

(2) 在"行数"和"列"文本框中分别输入 4、6；在"表格宽度"文本框中输入 780；将"边框粗细"设置为 0；其他设置均为默认。单击"确定"按钮完成表格的创建。

【注意】 设置的表格宽度为表格的整体宽度。

3. 表格的选定与编辑

在创建好表格后通常还会根据需要对表格进行相关的编辑,在编辑之前应首先选中整个表格。表格的选定方法如下。

方法一：将鼠标指针移到表格的边框上单击鼠标左键即可选中整个表格。

方法二：先在表格内的任意处单击一次鼠标左键,然后在"属性"面板上方的标记选择器上单击"<table>"标记,也可以选中这个表格。

对表格进行编辑的操作主要有重新修改行/列数、表格的宽度、边框的粗细以及设置表格的对齐方式等,当表格作为布局使用时,一般将表格设置为居中对齐。表格的编辑主要在表格的"属性"面板中完成,表格的"属性"面板如图 8-28 所示。

图 8-28 表格的"属性"面板

4. 单元格的选定与编辑

在进行编辑操作之前应首先选中单元格、单元格区域、行或列,其操作方法与 Word 中的表格类似,在此不再叙述。

对单元格进行编辑的操作主要有设置单元格的宽和高,将单元格设置为标题单元格,设置单元格的背景,设置单元格内容的对齐方式。单元格的编辑主要在单元格的"属性"面板中完成,单元格的"属性"面板如图 8-29 所示。

图 8-29 单元格的"属性"面板

【注意】 单元格宽/高的设置还可以通过鼠标拖动边框的方式进行不精确的调整。

5. 拆分/合并单元格

在表格中可以根据实际需要对单元格进行拆分与合并。

1) 拆分

注意,只能针对某一个单元格进行此操作。首先选中要进行拆分的单元格,在"属性"面板中单击"拆分单元格"按钮,如图 8-30 所示,弹出"拆分单元格"对话框,如图 8-31 所示,选择拆分的类型为行或列,并设置要拆分成的行数或列数,然后单击"确定"按钮,即可将单元格拆分成指定的多行或多列。

图 8-30 "属性"面板中的拆分按钮

图 8-31 "拆分单元格"对话框

2) 合并

注意,需至少选中两个连续的单元格才可进行此操作。首先选中需要合并的多个连续的单元格,然后在"属性"面板中单击"合并单元格"按钮,如图 8-32 所示,即可将选中的多个单元格合并为一个单元格,效果如图 8-33 所示。

图 8-32 "属性"面板中的合并按钮

图 8-33 单元格合并效果

【例8.12】 打开例8.11中创建的index.html网页文档,根据该页内容对表格及单元格进行适当的操作,以完成该页的布局设置。

其操作步骤如下。

(1) 打开index.html文件,选中整个表格,在"属性"面板的"对齐"下拉列表中选择"居中对齐",则可以将网页的内容在浏览器中居中显示。

(2) 在第1行第1列单元格中定位鼠标,插入Logo图像,图像文件为"第8章 素材库"下"例题8"文件夹中的"logo.jpeg",通过鼠标调整该单元格的宽度到适当的位置。

(3) 选中第1行中的第2～6个连续的单元格,在"属性"面板中单击"合并单元格"按钮,将标题1文本"废旧电池回收利用"剪切并粘贴至合并后的单元格中。

【注意】 为了能够同时选中文本的格式和内容,在选择文本时可以将鼠标定位在文本的任意位置,然后在"属性"面板上方的标记选择器上单击相应标记(此处练习为"< h1 >"标记)。

(4) 右击水平线并选择"剪切"命令,然后在文本"废旧电池回收利用"右侧进行粘贴。

(5) 为了使水平线与Logo图像底端平齐,可选中该单元格,在"属性"面板的"垂直"下拉列表中选择"底部"选项。

(6) 选中文本"废电池的材质",在"属性"面板上方的标记选择器上单击"< h4 >"标记,将其剪切并粘贴至第2行的第2个单元格中,通过拖动该单元格边框调整其宽度至合适,然后用同样的方法分别将后续4段文本"废旧电池的危害""处理方式""预约回收""联系方式"剪切并粘贴至第2行的第3～6个单元格中。

(7) 选中第3行中的所有单元格,在"属性"面板中单击"合并单元格"按钮。然后将余下的所有内容(包括正文以及"废旧电池回收"图片等)剪切并粘贴至第3行单元格中。本行作为主要内容显示区。

(8) 选中第4行中的所有单元格,在"属性"面板中单击"合并单元格"按钮。然后在"属性"面板的"水平"下拉列表中选择"居中对齐"选项,再通过键盘输入相关的版权等信息。本行作为页脚部分。

(9) 保存文件,布局后的效果如图8-34所示。

图8-34　首页布局后的效果图

【注意】 该网站中的另外两个子页面可以按照首页"index.html"的制作方法来完成。

8.4 网站的测试与发布

在网页制作完成后要进入最后一个环节——网站的测试与发布。

8.4.1 网站的测试

在将站点上传到服务器之前必须先对站点进行测试,主要包括测试浏览器的兼容性、测试超链接的有效性、在浏览器中测试网页的正确性等,这样才能保证发布站点以后尽可能少地出现错误。

(1) 测试浏览器的兼容性:一般情况下,在本地计算机上创建的站点和网页不一定能在所有的浏览器中正常显示,因此在发布站点之前需要测试浏览器的兼容性,以便发现问题及时修改。

(2) 测试超链接的有效性:在站点中,网页之间的相互跳转是通过超链接来实现的,因此在发布站点之前一定要确保站点中每一个超链接的有效性,避免产生断开的超链接。

(3) 在浏览器中测试网页的正确性:通过在浏览器中预览网页的方法来测试网页是一个非常有效的途径,这种方法贯穿于整个网页设计和创建的过程中,通过它可以及时发现网页中存在的错误,避免重复出现相同的错误,也有利于及时纠正。

在 Dreamweaver 中,用户可以在任何时间通过目标浏览器预览网页,而不必首先保存文档,这时浏览器中的所有功能都将发挥作用,包括 JavaScript、相对链接、绝对链接、ActiveX 控件等。使用这种方法测试网页的最大好处是可以及时地改正网页中存在的错误。

8.4.2 网站的发布

在完成了站点的测试,确保站点能够正常运行以后,就可以发布站点,使其成为一个真正的网站了,以在互联网中能被访问到。目前,大多数 ISP 都支持 FTP 上传功能,用户可以使用 Dreamweaver CS5 的站点发布功能发布站点。

1. 定义远程站点

在发布站点之前,首先应该定义远程站点,并设置上传参数,具体步骤如下。

(1) 在"文件"面板中打开要上传的本地站点。

(2) 选择"站点"→"管理站点"命令,弹出"管理站点"对话框,选择需要上传的站点的名称。

(3) 单击"编辑"按钮,打开"站点设置对象"对话框。

(4) 在对话框的左侧窗格中选择"服务器"选项,单击 ➕ 按钮添加新服务器。

(5) 在"基本"设置页面的"连接方法"下拉列表中选择 FTP,输入相关连接参数,如图 8-35 所示。另外,"服务器名称"用于输入当前连接服务器的名称;"FTP 地址"用于输入 FTP 主机的名称,必须是完整的 Internet 名称,例如"ftp.163.com";"用户名"用于输入用户在 FTP 服务器上的注册账户;"密码"用于输入账户的密码。

(6) 单击"保存"按钮,返回"站点设置对象"对话框。

图 8-35　远程服务器设置对话框

　　(7) 单击"保存"按钮完成设置。

　　(8) 在定义完远程站点设置以后,单击"文件"面板中的 按钮连接远程服务器。

　　(9) 在连接成功以后,"文件"面板中的 按钮的左下角的黑点变为绿点,表明已经连接成功。

　　(10) 在"文件"面板中单击 按钮上传网站内容,如图 8-36 所示。

　　在本地计算机与远程服务器成功连接以后就可以发布站点了,既可以发布整个站点,也可以发布站点的一部分内容。

图 8-36　网站发布窗口

习　题　8

　　1. 进入"第 8 章 素材库\习题 8"下的"习题 8.1"文件夹,按照题目要求完成下面的操作。

　　儿童失踪对于每个家庭都是一个沉重的打击,为了帮助寻找失踪儿童,利用互联网建立一个共享平台来扩大寻找范围,请根据"习题 8.1"文件夹中的素材制作一个相关网站,具体要求如下。

　　(1) 新建首页,利用表格进行布局,在表格的第 1 行中输入标题文字"儿童失踪信息平台",并设置文字格式为"标题 1",文字样式为红色、粗体、居中对齐。

　　(2) 在首页的第 2 行的各单元格中分别输入首页、家寻宝贝、宝贝寻家、流浪乞讨、活动报道,将文字格式设置为"标题 3"。

　　(3) 在首页中的第 3 行插入图片"sy.jpg",图片素材已存放在"习题 8.1"文件夹中。

　　(4) 在首页中的第 4 行输入素材中的文本"sy.txt",文本素材已存放在"习题 8.1"文件夹中。然后将文本标题格式设置为"标题3",将正文文字样式设置为区块缩进、仿宋、18px。

（5）在首页中的第5行插入水平线,输入版权信息及友情链接。

（6）新建第2张网页,标题为"家寻宝贝",内容自行设计,素材已存放在"习题8.1"文件夹中。

（7）新建第3张网页,标题为"宝贝寻家",内容自行设计,素材已存放在"习题8.1"文件夹中。

（8）打开首页,对"首页""家寻宝贝""宝贝寻家"设置超链接,分别链接到首页、第2张网页、第3张网页。

（9）设置首页中的友情链接,将其链接至"http://www.baobeihuijia.com"。

2. 进入"第8章 素材库\习题8"下的"习题8.2"文件夹,按照题目要求完成下面的操作。

我国是一个历史悠久的文明古国,不仅有大量的物质文化遗产,而且有丰富的非物质文化遗产。请根据"习题8.2"文件夹中的素材制作一个用于宣传中国非物质文化遗产的网站,具体要求如下。

（1）新建首页,利用表格进行布局,在表格的第1行中输入标题文字"中国非物质文化遗产",并设置文字格式为"标题1",文字样式为粗体、居中对齐,颜色为"#600"。

（2）在表格的第2行中插入一条水平线,并设置其高度为两个像素,对齐方式为"居中对齐"。

（3）在首页设置背景图片"bj.jpg",图片素材已存放在"习题8.2"文件夹中。

（4）在首页设置背景音乐"bwbj.mp3",音乐素材已存放在"习题8.2"文件夹中。

（5）在表格的第3行中创建一张表格,将图片素材"cate_01.jpg"至"cate_10.jpg"依次展示在首页中。

（6）在表格的第4行中插入一条水平线,并输入版权信息及友情链接,然后设置友情链接,将其链接至"http://www.zgfy.org/"。

（7）新建第2张网页,标题为"民间文学",内容自行设计,文字素材已存放在"习题8.2"文件夹中。

（8）打开首页,将图片"民间文学"设置为超链接,链接到第2张网页。

参 考 文 献

[1] 王文博.最新计算机应用基础培训教程[M].北京：清华大学出版社,2006.

[2] 梁其文.大学计算机应用基础[M].北京：中国水利水电出版社,2010.

[3] 洪汝渝.大学计算机应用基础[M].重庆：重庆大学出版社,2008.

[4] 隋红建,张青春.计算机导论[M].北京：北京大学出版社,1996.

[5] 杨振山,龚沛曾.大学计算机基础简明教程[M].北京：高等教育出版社,2006.

[6] 谭世语.计算机应用基础[M].重庆：重庆大学出版社,2006.

[7] 褚宁琳.大学计算机应用基础[M].北京：中国铁道出版社,2010.

[8] 杨振山,龚沛曾.大学计算机基础[M].4 版.北京：高等教育出版社,2004.

[9] 王移芝,罗四维.大学计算机基础教程[M].北京：高等教育出版社,2004.

[10] 李秀.计算机文化基础[M].5 版.北京：清华大学出版社,2005.

[11] 乔桂芳.计算机文化基础[M].北京：清华大学出版社,2005.

[12] 白煜.Dreamweaver 4.0 网页设计[M].北京：清华大学出版社,2001.